Eibl-Eibesfeldt
Sein Schlüssel zur Verhaltensforschung

Eibl-Eibesfeldt
Sein Schlüssel zur Verhaltensforschung

*Herausgegeben von Wulf Schiefenhövel,
Johanna Uher und Renate Krell*

Mit 590 Abbildungen

Langen Müller

INHALT

6	Vorwort der Herausgeber

Der Forscher

8	
10	**Irenäus Eibl-Eibesfeldt** *von Hubert Christian Ehalt* **Begleittext »EE«** *von Wulf Schiefenhövel* *als Marginalie ab Seite 10*

Die Kulturen

14	
16	**Die Buschleute** *von Polly Wiessner*
26	**Die Eipo** *von Wulf Schiefenhövel*
36	**Die Yanomami** *von Harald Herzog*
46	**Die Himba** *von Kuno Budack und Irenäus Eibl-Eibesfeldt*
56	**Die Trobriander** *von Ingrid Bell-Krannhals*
66	**Die fünf Kulturen im Überblick** *von Wulf Schiefenhövel*

Das Kind

68	
70	**Das Kind auf die Erde legen** *von Grete und Wulf Schiefenhövel*
78	**Hier bin ich – wo bist Du?** *von Margret Schleidt*
92	**Oben und unten** *von Barbara Hold-Cavell*
100	**Mwasawa** *von Barbara und Gunter Senft*
110	**Spielend lernen** *von Heide Sbrzesny-Klein*
118	**Kindsymbole** *von Christa Sütterlin*

		Das Erbe
126		

128 **Universalien**
von Irenäus Eibl-Eibesfeldt

134 **Subtile Ermutigung**
von Christiane Tramitz

138 **Stadtethologie**
von Karl Grammer und Irenäus Eibl-Eibesfeldt

142 **Das »Böse«**
von Irenäus Eibl-Eibesfeldt

146 **Angst und Angstbewältigung**
von Christa Sütterlin

152 **Die Macht der Zeichen**
von Christa Sütterlin und Johanna Uher

160 **Schützende Muster**
von Johanna Uher

		Das Geben
164		

166 **Neigung oder Norm?**
von Gerhard Medicus

174 **Hxaro**
von Polly Wiessner

180 **Rahaka**
von Gabriele Herzog-Schröder

		Das Fest
188		

190 **Schön von innen und außen**
von Wulf Schiefenhövel

196 **Höhepunkte des Lebens**
von Wulf Schiefenhövel

		Die Sammlung
202		

204 **Beschreibung der Ethnographika**
von Johanna Uher, Renate Krell und Wulf Schiefenhövel

216 Das Autorenteam
218 Literaturverzeichnis
221 Bildnachweis
222 Register

Vorwort

Wenn fremd aussehende Menschen in den fernen Bergen Neuguineas zur Begrüßung Körperkontakt aufnehmen, wenn sie Überraschung, Unsicherheit, Selbstsicherheit, Skepsis, Angewidertsein, Angst, Wut, Zweifel, Trauer, Freude, Liebe, Eifersucht und andere Gemütsregungen in ähnlichen Situationen verspüren und mit denselben mimischen und gestischen Zeichen signalisieren wie wir, dann ist das ein Indiz dafür, daß sich dieses Grundrepertoire an Emotionen und zwischenmenschlicher Kommunikation in stets gleicher Weise entwickelt. Das Indiz wird zum Beleg, wenn diese Verhaltensmuster sich in anderen Gesellschaften wiederfinden, die sehr weit voneinander entfernt siedeln und zwischen denen über lange Zeiträume kein Kontakt bestand.
Dieses allen Menschen gemeinsame Erbe formte sich auf der Basis unserer tierischen Natur in einem evolutionsbiologischen Prozeß der Anpassung an Lebensbedingungen, wie sie in der Frühzeit unserer Vorfahren bis zum Beginn der Neusteinzeit vor etwa 10 000 Jahren charakteristisch waren. Die so entstandenen Gemeinsamkeiten unserer Wahrnehmungen, Bewertungen, Motivationen und Handlungen, die sogenannten Universalien, gehen weit über »einfache« gefühlsbestimmte Verhaltensweisen hinaus. Sie beeinflussen vielmehr auch die komplexen sozialen Strategien, die Menschen in allen Kulturen in sehr ähnlicher Weise einsetzen, wenn sie bestimmte Ziele erreichen wollen. Im »Spiegel der anderen«, im Leben von Menschen, die uns zunächst exotisch erscheinen, erkennen wir uns also selbst.
Die traditionellen Kulturen stellen eine Art natürliches Experiment dar. Unter zum Teil schwierigen äußeren

Lebensbedingungen haben sie bis in unsere Tage überlebt und verraten uns, als moderne Modelle der Vergangenheit, das Wesen des Homo sapiens.

Diesen Forschungszugang nutzend hat Irenäus Eibl-Eibesfeldt seit fast drei Jahrzehnten in solchen ethnischen Gruppen gearbeitet, die noch ganz oder weitgehend dem von den Vorfahren tradierten Muster der Lebensbewältigung folgten und die wegen der Beschwerlichkeit des Zugangs und des Aufenthalts bei ihnen noch kaum kontaktiert oder von Wissenschaftlern untersucht worden waren. Durch den explosiven Prozeß des Kulturwandels sind einige der in diesem Buch vorgestellten fünf Kulturen inzwischen schon so stark verändert, daß die erfolgte Dokumentation im wörtlichen Sinne unwiederbringlich und damit Geschichte geworden ist.

Von »EE«, wie er im Begleittext der Marginalie genannt wird, sowie wichtigen Ausschnitten und Weiterführungen seines Lebenswerks berichtet dieses Buch. Die Marginalie zieht sich in der Funktion des roten Fadens durch den Band und stellt Querbezüge her zwischen den Beiträgen der verschiedenen Autorinnen und Autoren sowie der Person und dem Werk des bedeutenden Verhaltensforschers und Begründers der fächerübergreifenden Disziplin Humanethologie.

Durch seine Bücher, wissenschaftlichen Aufsätze und Fernsehsendungen hat »Renki« Eibl, wie ihn seine Freunde nennen, die von ihm erarbeiteten Forschungsergebnisse, Ideen und Synthesen in ungewöhnlich erfolgreicher Weise auch einem breiteren Publikum bekannt gemacht.

Mit diesem Buch, das anläßlich der Ausstellung »Im Spiegel der anderen« im Salzburger »Haus der Natur« erarbeitet wurde, möchten wir zu seinem 65. Geburtstag eine Seite des Biologen Eibl-Eibesfeldt beleuchten, die weithin unbekannt ist: die des ethnographischen Sammlers und Kenners jener Kulturen, in denen er schon so lange arbeitet. In seinem Lebenswerk spiegeln sich diese faszinierenden Gesellschaften wider. Die Beiträge seiner langjährigen Mitarbeiterinnen und Mitarbeiter sind andererseits Reflexionen seiner Entdeckungen und Gedanken. So erscheint die Metapher des Spiegels in mehrfacher Hinsicht berechtigt.

Es ist das Verdienst Cornelius Büchners und seines Realis Verlags, daß trotz des Zeitdrucks ein ansehnliches Werk entstanden ist. Unser Dank gilt ebenfalls vielen hilfreichen Köpfen und Händen in der Andechser Forschungsstelle für Humanethologie, insbesondere Sabine Eggebrecht, Annette Heunemann, Rita Knoller, Margret Schleidt und Sibylle Schütz. Annette Heunemann hat auch die Übersetzungen aus dem Englischen besorgt.

Ohne die Geduld und Gastfreundschaft der Menschen in den fünf Kulturen hätte die humanethologische und ethnologische Arbeit nicht vonstatten gehen können. Ohne ihren pädagogischen Eros, ihren Ehrgeiz, uns Fremden Grundzüge ihres Lebens verständlich zu machen, hätten wir nur oberflächlich Sichtbares erkennen können. Ihnen schulden wir besonderen Dank. Bei nächster Gelegenheit werden sie dieses Buch und damit das Ergebnis unserer Bemühungen zu sehen bekommen und dann sagen können, ob sie sich ihrerseits in dem von uns errichteten Spiegel wiedererkennen. Wir hoffen auf Kopfnicken – in den fünf Kulturen wie bei uns Zeichen des Einverständnisses.

Andechs, im Juni 1993
Die Herausgeber

DER

FORSCHER

Irenäus Eibl-Eibe

Ein Leben für die Forschung über Natur un

Im Leben mancher Menschen scheint es eine Art Plan zu geben, eine Linie, die sich ununterbrochen von der Kindheit in die Zeit der Reife zieht. Gewiß, bisweilen werden biographische Striche ein wenig zu kräftig nachgezeichnet, damit aus ihnen jene durchgängige Lebenslinie besser erkennbar werde. Im Falle »EEs« ist das nicht nötig.

Irenäus, der »Friedliche«, wurde der am 15. Juni 1928 im Wiener Bezirk Döbling geborene Bub von seinen Eltern genannt. Ob sie geahnt haben mögen, daß er später ein durchsetzungsfähiger Vertreter der Evolutionsbiologie werden und sich streitbar in die geistigen Auseinandersetzungen seiner Zeit einmischen würde?

Die Bücher von Irenäus Eibl-Eibesfeldt handeln von der Natur und von der Kultur des Menschen, von den über lange Zeiträume wirkenden Kräften der Evolution, die einen großen Rahmen für die Entfaltungsmöglichkeiten und das Verhalten der pflanzlichen, tierischen und menschlichen Individuen abstecken. Seine Arbeiten haben den wissenschaftlichen Wert von im Detail genauen Feldstudien, und sie haben zugleich den theoretischen Anspruch, aus den Detailstudien ein Wissen über die multiplen Bedingungszusammenhänge des Lebens in der Zeit (Evolution) und im Raum (das geschlossene Netz ökologischer Beziehungen hier und jetzt) abzuleiten. Irenäus Eibl-Eibesfeldt ist ein Forscher, dessen Detailstudien ebenso anregend sind wie seine großen Interpretationen der Vorgänge im »Menschenzoo«.

Als Kulturwissenschafter, der aufgrund seiner in relativ überschaubaren historischen Zeiträumen gewonnenen Erkenntnisse den Menschen als ein in bestimmten Maßen flexibles Kulturwesen ansieht, habe ich von den Arbeiten meines Freundes Eibl-Eibesfeldt sehr profitiert. Denn er geht ja von der den Kulturwissenschaften diametral gegenüberstehenden These aus, daß der Mensch in einem evolutionären und über viele Jahrhunderttausende gehenden Prozeß der Anpassung an die damaligen Lebensbedingungen »vorprogrammiert« wurde. Ich bin der Überzeugung, daß beide Ausgangspunkte für die Anthropologie wichtig und unabdingbar sind, und daß es notwendig ist, in viel stärkerem Maß als dies bisher geschah, die Natur- und die Kulturwissenschaften in einen Diskurs miteinander zu bringen. Die Forschungen von Eibl-Eibesfeldt liefern dafür profunde Thesen von der Seite der Ethologie und Humanethologie. Ich weiß, daß er den Dialog der Disziplinen gern aufnimmt.

Als gelernter Historiker, als Wissenschaftler, der sich mit den Menschen und ihren Verhältnissen beschäftigt, interessiere ich mich für Biographien, für die Verknüpfung von Lebensgeschichten mit den großen historischen Entwicklungslinien. Wenn ich ein Buch aufschlage, lese ich zuerst die meist lapidar gehaltene Biographie des Autors oder der Autorin, bei Prüfungsarbeiten zuerst das Curriculum. Als Autoren und Leser kennen wir die Schwierigkeiten, die mit dem Verfassen einer eigenen, wenn auch tabellarisch gehaltenen Biographie verbunden ist. Bestimmte Aspekte (Publikationen, Funktionen, Würdigungen) werden – nicht selten in einem gewissen Renommiergehabe, die Humanethologen nennen es Imponierverhalten – hervorgehoben, andere Aspekte der Persönlichkeit, deren Darstellung vielleicht viel mehr über den Menschen und sein Wirken aussagen würde, unterbleiben. Dazu kommen dann die nicht nur dem Historiker vertrauten Schwierigkeiten bei dem Wunsch, zu einer objektiven Darstellung von Leitlinien zu kommen. Die Konstruktivisten in den Humanwissenschaften – sehr pointiert der Psychotherapeut Paul Watzlawick – haben darauf hingewiesen, daß »die Wirklichkeit des sozialen Handelns und Lebens« keine statische, endgültig feststehende Sache, sondern ein Konstrukt ist, das aus komplizierten Reflexionsprozessen entsteht. So gibt es in der Geschichte von einzelnen Menschen ebenso wie

Irenäus Eibl-Eibesfeldt bei einer Filmdokumentation in den Bergen West-Neuguineas. Zu Beginn der Forschungsarbeiten lebten die Eipo dort noch unter steinzeitlichen Bedingungen

Bald nach seiner Geburt zogen seine Eltern mit ihm nach Kierling, einem kleinen Dorf am Rande des Wienerwaldes. Bereits in den ersten Lebensjahren erwachte in Irenäus eine ungewöhnlich starke Neigung, der Natur, dem Lebendigen auf die Spur zu kommen. Fliegenmaden, Spinnen, Goldfische, Kröten, Kaninchen – Tiere faszinierten ihn mehr als alles andere. Seine Lehrerinnen und Lehrer müssen oft verzweifelt gewesen sein, wenn er statt in der Schule selbstvergessen an einem Tümpel saß, um den Libellen zuzuschauen.

Mit seinen Schulkameraden wurde er 15jährig als Luftwaffenhelfer in den unsinnigen, grausamen Krieg hineingezogen. Als 18jähriger begann er das Studium der Zoologie an der Universität Wien. Bald darauf erscheinen seine ersten wissenschaftlichen Publikationen, Zeugnisse seiner Beobachtungsgabe und seines kreativen, zur gedanklichen Synthese befähigten Geistes.

1948 kam Konrad Lorenz aus russischer Gefangenschaft zurück, »EE« war einer der ersten, die sich ihm anschlossen. 1951 zog man ins Münsterland, wo die Verhaltensforschung, notdürftig in den Nebengebäuden eines Wasserschlosses untergebracht, weiter entwickelt wurde. 1953/54 nahm »EE« an der ersten »Xarifa«-Expedition seines späteren Freundes Hans Hass teil und entdeckte eine Reihe biologischer Prinzipien bei Fischen und Seetieren. Die unter

in der Geschichte der Menschheit fraglos ein Gerüst aus meßbaren Fakten, wobei jene Felder des menschlichen Handelns, die ausgemessen werden, sich stets verschieben. Das was Geschichte und die wissenschaftliche Beschäftigung mit ihr jedoch immer ausmacht, ist der Interpretations- und Bewertungsprozeß. So finden sich in Lebensläufen die Einflußfaktoren und die Interpretationen und Bewertungen sich wandelnder Zeiten; und auch die Reflexionen, die man über das eigene und fremde Leben anstellt, unterliegen diesem Wandel.

Gute Biographien eröffnen meines Erachtens einen der Geschichte der Menschen besonders adäquaten Zugang. Irenäus Eibl-Eibesfeldt hat in seiner Autobiographie »Und grün des Lebens goldner Baum« die »Erfahrungen eines Naturforschers« niedergelegt. Dieses Buch vermittelt – für mich ganz besonders, da ich den Autor persönlich kenne und schätze – anhand der Darstellung einer erlebnis- und abenteuerreichen Lebensgeschichte, die durch die großen Zäsuren des 20. Jahrhunderts mitgeprägt wurde, Einsichten über den Zusammenhang von politischer Geschichte, Kultur- und Wissenschaftsgeschichte. Dieses Buch bietet eine vielschichtige Antwort auf die uralte Frage, ob und wie die Weiterentwicklungen im Wissen und in den gesellschaftlichen Organisationsformen die Persönlichkeiten und deren Ideen prägen oder durch diese geprägt werden. Lebensläufe zeigen also die Zeitläufe in den von uns nachvollziehbaren Dimensionen eines Menschenlebens. Ich fühle mich mit Irenäus Eibl-Eibesfeldt einmal auf eine sehr freundschaftliche Weise verbunden. Einundzwanzig Jahre jünger als er habe ich seinen Weg als Forscher zunächst über seine Publikationen und – da Renki eine Forscherpersönlichkeit ist, für die Wissenschaft und Vermittlung stets eine Einheit war – über die Medien verfolgt. Unabhängig von seinen großen Leistungen auf dem Gebiet der Ethologie, die ihn zum Nestor der vergleichenden Verhaltensforschung und der Humanethologie machen, freue ich mich, sein Freund zu sein, weil ich ihn wegen seiner menschlichen Qualitäten schätze, die für einen Berufserfolg, wie die Lebenserfahrung lehrt, ja nicht unbedingt erforderlich sind. Das ist sozusagen mein subjektives Interesse beim Schreiben dieser Zeilen. Mein objektives Interesse entsteht aus einer Verbindung von etwas Persönlichem und der kulturwissenschaftlichen Reflexion darüber. Irenäus Eibl-Eibesfeldt hat sich für dieselben Fragen und Themen interessiert, war für ähnliche Dinge begeistert wie ich – mit der entsprechenden zeitlichen Verschiebung und im Kontext einer anderen Wissenschaftskonstellation. Eibl kam vom Studium der Biologie unter dem Einfluß von Konrad Lorenz zur Verhaltensforschung und formulierte auf der Basis seiner langjährigen Forschungen zum Verhalten der Tiere die theoretischen Grundlagen einer Humanethologie mit dem Anspruch, gesellschaftliche und kulturelle Phänomene in das Analysefeld einzubeziehen. Seine Interessen haben ihn immer stärker zu kulturwissenschaftlichen Fragestellungen geführt; davon zeugt auch sein letztes, mit der Kunsthistorikerin Christa Sütterlin verfaßtes Buch »Im Banne der Angst«. Die Begegnung mit Renki hat meine ursprüngliche Kritik der Humanethologie als eine »biologistische« Sicht auf die Verhältnisse der Menschen durch die Überzeugung ersetzt, daß wir Wege suchen müssen, die Ansätze einer biologischen und sozialen Anthropologie zusammenzuführen.

Die Geschichte der menschlichen Vorstellungswelt über die Tiere ist durch einen Wandel charakterisiert, der von magischen über religiös-symbolische zu in immer stärkerem Maß von der Naturwissenschaft geprägten Auffassungen führte. Die entscheidenden Schritte auf diesem

Weg geschahen im 20. Jahrhundert. Forscher wie Herbert Spencer Jennings, Oskar Heinroth und vor allem Konrad Lorenz und Irenäus Eibl-Eibesfeldt haben die vergleichende Verhaltensforschung als Forschungsfeld zur Analyse der »Biologie des Verhaltens von Tier und Mensch« entwickelt und etabliert. Die Verhaltensforscher bemühen sich herauszufinden, was ein Verhalten physiologisch verursacht, in welcher Weise es zur Eignung beiträgt und wie es sich im Laufe der Stammes- und Individualgeschichte entwickelte. Die Verhaltensforschung fragt nach Zweckmäßigkeiten, das heißt nach Anpassung und Funktion und bringt damit auch die stammesgeschichtliche Dimension in die Analyse der Verhaltensweisen von Mensch und Tier ein.

Nun ist der Mensch in der Phase der Hominisation, also im geschichtlichen Prozeß der Menschwerdung, in immer stärkerem Maße vom »Natur-« zum »Kulturwesen« geworden. Von den Biologen und Ethologen wurden und werden Verhaltensstrukturen von Mensch und Tier und deren biologische Funktionalität entschlüsselt. Die Kulturwissenschaften untersuchen das Verhalten der Menschen, die Strukturen der Institutionen, die Denk- und Wahrnehmungsformen in jenen Freiräumen, die in der Menschheitsgeschichte immer größer geworden sind. Der Philosoph Herder hat – durchaus voluntaristisch, das heißt im Einklang mit der ideengeschichtlichen Strömung, den Willen als Grundfunktion des seelischen Lebens anzusehen – die These der Gestaltungsfreiheit, die die Kultur den Menschen bietet, auf den Punkt gebracht, indem er den Menschen als »Freigelassenen der Natur« beschreibt.

Das Problem, das sich bei der Diskussion zwischen Biologie und Kulturwissenschaften stellt, liegt darin, das Verhältnis zu bestimmen zwischen dem Einfluß von Verhaltensstrukturen, die sich als Anpassungsmechanismus in Jahrhunderttausenden herausgebildet haben, und jenem von Verhaltensmustern, die das Ergebnis historischer Entwicklungen sind, die über einige Jahrhunderte gehen. Der Historiker wird gut daran tun, zu akzeptieren, daß die Geschichte nicht immer aufs neue eine »tabula rasa«, ein leergefegter Tisch ist, auf dem alles »machbar« und »gestaltbar« ist. Er sollte sich mit den Vorgaben zum Beispiel in den Bereichen der Geschlechterrollen, der Sexualität, der hierarchischen Differenzierung von Gruppen und den Ausdrucksformen der Aggression beschäftigen und damit die Beschränktheit von Gestaltungsspielräumen akzeptieren lernen. Der Humanethologe wiederum sollte erkennen, daß diese Vorgaben oder »Vorprogrammierungen« im Verhaltensbereich so große Spielräume ließen und lassen, daß sie als alleiniges Erklärungsmodell für die Analyse und Interpretation konkreter historischer Ereignisse und Verläufe nicht geeignet sind.

Die Wissenschaft wurde in einem Prozeß der Ausdifferenzierung und Aufsplitterung akademischer Institutionen und Disziplinen zu einem – wenn man es mit einer gewissen Ironie betrachtet – Schrebergarten, in dem die wachsende Zahl der Fächer ihre naturgemäß immer kleineren Gärten bearbeitet und sich mit hohen Zäunen vor den Nachbarn schützt. Was die Wissenschaft heute mehr denn je braucht, ist der Blick über diese Zäune und der Versuch, über kleinmütige Partialinteressen hinweg inhaltliche und methodische Brücken zu schlagen und Synthesen zu wagen.

Irenäus Eibl-Eibesfeldt ist ein Forscher, der dies sein Leben lang und insbesondere in den letzten zwanzig Jahren konsequent versucht hat. Das vorliegende Buch, das seine Arbeiten und die seines Teams dokumentiert, ist ein Beleg dafür, daß dieser Versuch fruchtbar war.

Konrad Lorenz und Erich von Holst 1957 erfolgte Gründung des Max-Planck-Instituts für Verhaltensphysiologie im oberbayerischen Seewiesen verhalf dem neuen Fach, der Ethologie, international zum Durchbruch. »EE« hatte bedeutenden Anteil daran, insbesondere durch seinen 1967 erschienenen umfassenden »Grundriß der vergleichenden Verhaltensforschung«, das nach wie vor wichtigste und in viele Sprachen übersetzte Standardwerk. Wir nennen es das »Alte Testament«, denn 1984 erschien das zweite große Lehrbuch, »Die Biologie des menschlichen Verhaltens. Grundriß der Humanethologie«, das »Neue Testament«; damit begründete er eine neue evolutionsbiologische Disziplin. Beide Bücher umfassen je an die 1 000 Seiten.

Es gibt kaum Wissenschaftler, die zwei derart grundlegende Entwürfe vorlegen können, bevor noch der Zeitpunkt ihrer Emeritierung gekommen ist. »EE« hat aber nicht nur nachgedacht, synthetisiert und geschrieben, 14 Bücher und an die 500 Aufsätze, sondern »nebenher« ein ungewöhnlich großes Pensum an Forschung geleistet. Seit 1970 ist er Leiter der Forschungsstelle für Humanethologie in der Max-Planck-Gesellschaft und hat in dieser Zeit ein Archiv mit fast 300 000 Metern Film von ungestellten sozialen Interaktionen aus verschiedenen Kulturen aufgebaut. Weltweit gibt es nichts Vergleichbares.

KULTUREN

Die Buschleute

In Zeiten der Gewalt und Grausamkeit sehnt man sich mehr als sonst nach Frieden, nach Verständnis und gutem Einvernehmen der Menschen untereinander. Diese Sehnsucht ist wohl ein Urwunsch und in allen Menschen lebendig. Das biblische Bild vom ursprünglichen Paradies auf Erden zeugt davon. Doch bald schon tötete Kain seinen Bruder Abel. Jean Jacques Rousseau belebte mit seinen Schriften vom »guten Wilden« die Sehnsucht aufs neue. Jenseits der Grenzen des Abendlandes mußten, das war seine Wunschvorstellung, Menschen wohnen, die sich die Unschuld und Natürlichkeit des Paradieses bewahrt hatten.

**Rechts: Alt und schön. Der Perlenschmuck ist gleichzeitig Amulett gegen die Krankheiten der Kinder
Unten: Gemeinsame Mahlzeiten sind stets auch gruppenbindendes Ritual**

Während die Mutter stillt, laust die Tante. Das Bedürfnis, soziale Hautpflege auszuüben, ist tief im Tierreich verankert. Medizinischer Nutzen verbindet sich mit dem Gefühl der Zusammengehörigkeit

In unserem Jahrhundert entstand eine neue, der Rousseauschen ähnliche Metapher für Friedfertigkeit: Das Böse, Aggression und Krieg waren, so diese Theorie, erst durch den Ackerbau in die Welt gekommen. Vorher habe es keinen Streit unter den Menschen gegeben. Der erste Zaun, den ein Bauer um sein Land gezogen habe, sei der wirkliche Sündenfall gewesen. Also, sagte diese Theorie, waren die Menschen in den langen hunderttausend Jahren vor der Erfindung von Ackerbau und Viehzucht ohne Arg, »les bons sauvages«. Inbegriff dieser guten Wilden wurden die Buschleute der Kalahari, archaische Menschen auf den ersten Blick, vielleicht direkte Nachfahren der ersten Menschen auf unserer Erde überhaupt, die ja aller Wahrscheinlichkeit nach in diesem Teil Afrikas entstanden. Hier, so die gängige These der 50er und 60er Jahre, sei ein urkommunistisches Ideal verwirklicht:

Die Buschleute der Kalahari gehören zu den Khoisan oder San, die einst den gesamten Süden Afrikas bevölkerten. Obgleich ihre Herkunft nicht genau bekannt ist, spricht sehr viel dafür, daß sie Urbewohner des südlichen Afrika sind. Ihr Lebensstil als Jäger und Sammler war in den letzten 2000 Jahren unterschiedlichen Einflüssen ausgesetzt. Von Norden wanderten die Bantu mit ihren Viehherden ein, von Süden drangen holländische Siedler vor, die später große Teile der San Bevölkerung systematisch ausrotteten oder als Sklaven in die Kap Provinz verschleppten. Der Kulturwandel brachte aber auch neue Möglichkeiten der Lebensführung mit sich, wie die Viehhaltung oder die Übernahme von Arbeiten für andere ethnische Gruppen. Trotz einer Reihe von Unterschieden in der ökonomischen Grundlage ihrer Existenz stimmen alle San Gruppen überein in der Art ihrer materiellen und sozialen Kultur, in der Art der Landnutzung, ihrem Verwandtschaftssystem, in der Kunst, dem religiösen Leben und den Vorstellungen von der Entstehung der Welt.

Die Klassifikation der einzelnen Khoisan-Gruppen und ihrer Sprachen (über 100) stellt für die Wissenschaft ein äußerst komplexes Problem dar. Diese Sprachen, die durch die Verwendung von Klicklauten charakterisiert sind, lassen sich grob in drei Gruppen einteilen: Die der südlichen San, nur mehr knapp 2000 Personen im heutigen Botswana, die der Khoe oder Tshukhwe, deren Siedlungsgebiet in einem breiten Band von Zentral-Namibia bis nach Zentral- und Nord-Botswana zieht, und die der nördlichen San im nördlichen Botswana, in Namibia und in Angola.

Die drei Gruppen von Buschleuten der Kalahari, die !Xo, G/wi und !Kung gehören jeweils zu den südlichen San, den Tshukhwe und den nördlichen San (»!« und »/« stehen für verschiedene Klicklaute; die !Xo werden auch mit !Ko umschrieben, wir folgen hier der Schreibweise des Linguisten Alan Barnard). Ihre Sprachen haben kaum Gemeinsamkeiten, doch die Buschleute sind äußerst sprachbegabt. Viele beherrschen drei oder sogar vier Sprachen und können so mit ihren Nachbarn kommunizieren. Man trifft sich, heiratet, tauscht und handelt regelmäßig über die Grenzen hinweg.

Die Buschleute als »Volk aus der Steinzeit« zu bezeichnen, wie es bisweilen geschieht, ist in Anbetracht ihrer wechselvollen Geschichte und ihres

Links oben: Auf dem Weg zur Jagd. Mit der langen Sonde fängt man Springhasen
Links unten: Eine Oryxantilope ist erlegt
Rechts: Auch das Blut ist wertvolle Nahrung

früheren und heutigen Kontaktes zu anderen ethnischen Gruppen nicht berechtigt. Die hier vorgestellten Khoisan Gruppen lebten im Gegensatz zu anderen um 1960 noch so wie ihre Vorfahren, dennoch sind sie kein isoliertes »Überbleibsel« aus der Vergangenheit, sondern Menschen des ausgehenden 20. Jahrhunderts wie wir. Aber sie lehren uns, wie man mit Hilfe der altsteinzeitlichen Techniken des Jagens und Sammelns in einer für den Menschen so lebensfeindlichen Umgebung wie der Kalahari-Wüste überleben kann. Nicht zuletzt aus diesem Grund standen die Kalahari Buschleute in den letzten 40 Jahren im Brennpunkt verschiedener Wissenschaften. Sie sind daher aus nahezu jeder Perspektive eine der bestuntersuchten Bevölkerungsgruppen überhaupt. Im Gegenzug haben sie selbst die unzähligen Forscher der unterschiedlichsten Fachrichtungen beobachtet und ihre individuellen Charakterzüge und kleinen Absonderlichkeiten aufgedeckt, was ihnen viele amüsante Stunden beschert hat.

Nur wenig ist auf der Oberfläche der Kalahari zu sehen, der Reichtum an Ressourcen liegt unter der Erde. Die Buschleute benennen und gebrauchen weit über hundert Arten von Nahrungspflanzen und sie erkennen sie auch dann noch, wenn am Boden nur winzige Überreste einer vertrockneten Ranke sichtbar sind. Manche Gebiete der Kalahari liefern Nüsse und Samen und damit wenigstens für eine Jahreszeit reichlich Proteine und Fett. Das Sammeln von Pflanzen, vor allem von Frauen ausgeführt, sichert die Grundversorgung. Sie legen dabei nicht selten Strecken von 10 bis 15 Kilometer zurück und kehren am Abend mit etwa 20 Kilo Ernte heim; zusätzlich tragen sie meist noch ein Kleinkind auf dem Rücken. Fleisch ist besonders begehrt; es zu beschaffen, ist vor allem Aufgabe der Männer. Sie erbeuten kleine Tiere oder jagen Antilopen, Giraffen, Warzenschweine und andere große Tiere mit vergifteten Pfeilen. Im Falle eines Mißerfolges wenden sie ebenfalls die Strategie des Sammelns an, damit sie nicht mit leeren Händen nach Hause zurückkehren müssen.

Entgegen einer verbreiteten Meinung sind die Buschleute keine Nomaden. Sie leben in Lagern von 15 bis 40 Personen, d.h. in um etliche Verwandte erweiterten Kernfamilien, denen soviel Land gehört, daß es sie in einem durchschnittlich guten Jahr ernähren kann. Die Gruppen haben Führer, deren Einfluß ausschließlich auf ihrem Können und Wissen basiert, sie können also ihren Willen nicht kraft Amtsautorität durchsetzen. Die Landrechte werden im allgemeinen respektiert. Im Falle von Rechtsverletzungen kann es zu bewaffneten Auseinandersetzungen kommen. Im Lauf des Jahres wandern die Familien, je nach Verfügbarkeit von Wasser, Brennholz und Nahrung, in kleinen Gruppen innerhalb ihres Territoriums und schließen sich dann später an günstigen Plätzen wieder zu einer großen Gruppe zusammen.

Besonders für die G/wi der zentralen Kalahari stellt die Wasserversorgung ein ernstes Problem dar. Nur während der Regenzeit ist Oberflächenwasser vorhanden. In den Trockenperioden hingegen müssen sie auf den sauren Saft der Tsama Melone zurückgreifen. Sind auch keine Melonen mehr zu finden, graben die G/wi lange Wurzeln aus, aus denen sie bis zu zwei Liter einer sehr bitteren Flüssigkeit gewinnen. Die Nahrungsbeschaffung ist also unterschiedlich schwierig und nimmt zwischen 20 und 40 Wochenstunden in Anspruch, das Verarbeiten und Kochen nicht eingerechnet. Für ihre Freizeit haben die Buschleute ein breites Spektrum an Unterhaltung – Musik, Spiele, Geschichten erzählen oder einfach nur ein Schwätzchen halten.

Größte Sorgfalt wird bei der Herstellung von Pfeilspitzen und Pfeilgift verwendet

Egalitäre Gesellschaft, Gemeinschaftseigentum und Fehlen von Aggression. Man schrieb von der ausgeprägten Friedlichkeit der Buschleute, ihrer Abscheu vor verbalem Streit und bewaffnetem Konflikt. Unter diesem Motto wurden sie weltbekannt. Erst Richard Lee machte sich die Mühe, in seinem Buch »The !Kung San« die tatsächlichen Fälle ausgeübter Gewalt zu belegen. Nun war das Bild ganz anders. Chicago ist ein ungefährlicher Ort im Vergleich zum Land der Buschleute.

Die Buschleute faszinierten natürlich auch »EE«, der als Evolutionsbiologe von der These der Friedfertigkeit dieser Savannenbewohner nicht überzeugt war, sich aber vor allem für das Sozialverhalten der San in Botswana interessierte, die erst ab etwa 1960 von Forschern besucht wurden. Waren sie auch Menschen unserer modernen Zeit, repräsentierten sie doch Strategien des Nahrungserwerbs und eine Sozialstruktur, wie sie in ähnlicher Weise bis vor etwa 14 000 bzw.

9 000 Jahren für die Menschen typisch gewesen waren, also bis zur Entwicklung des Garten- oder Ackerbaus z.B. in Neuguinea bzw. im Zweistromland. Wie bei seinen Expeditionen zu den Yanomami fand er auch hier freundliche Unterstützung. Der Zoologe und Ethnologe Dr. Hans-Joachim Heinz lebte seit 1961 bei den !Ko Buschleuten und hatte nach Stammesbrauch Namkwa, eine ihrer Frauen, geheiratet. Als Gast der beiden begann »EE« im Sommer 1970 seine Filmdokumentation bei den Buschleuten, die er bis heute immer wieder besucht.

1972: Die !Ko lebten weitgehend wie ihre Vorfahren vom Sammeln und von der Jagd
1982: Die neue Zeit hat auch bei den !Ko Einzug gehalten. Die Einmaligkeit ihrer Kultur wird mehr und mehr verlorengehen

Diese fröhlichen Menschen, Meister des Überlebens in der Kalahari Halbwüste, waren tatsächlich in vieler Hinsicht archaisch und damit für die Wissenschaft besonders interessant; denn größere Gruppen von Jägern und Sammlern fand man auch damals nur mehr in wenigen Teilen der Welt.

Der gesamte materielle Besitz einer Person kann in einer großen Tierhaut eingepackt auf dem Rücken getragen werden. Die Technologie ist einfach, aber höchst effektiv und läßt den außenstehenden Betrachter staunen über die genialen Erfindungen. Andererseits mangelt es bisweilen, aus unserer Sicht, an Perfektion. Ein Beispiel: Die Pfeile sind mit einem tödlichen Gift bestrichen, das aus zerstampften Käferlarven gewonnen wird und ein Kaninchen in drei Sekunden töten kann; bei großen Tieren setzt die tödliche Wirkung nach 6 bis 24 Stunden ein. Die Pfeile sind aber weder besonders sorgfältig ausbalanciert, noch tragen sie Federn zur Stabilisierung. Dementsprechend ist ihre Treffsicherheit nur auf kurze Distanz gut und schon auf 25 m höchst ungenau. Obschon die San die Technik der Flugbahnstabilisierung durch Anbringen von Federn am Pfeilschaft von anderen ethnischen Gruppen her kennen, wenden sie sie nicht an. Wurde das Gift zuerst erfunden, und war es so effektiv, daß man Pfeile nur zu dessen Transport benötigte, oder konnte man auf zunächst perfekter gefertigte Pfeile verzichten, als man das Gift zur Verfügung hatte? Viele dieser Fragen werden trotz intensiver Forschungen vermutlich unbeantwortet bleiben.

Die Buschleute haben, wie erwähnt, eine zweckdienliche, in mancher Hinsicht sehr einfache Technologie, ihre sozialen Fähigkeiten sind dagegen außerordentlich reich. Bereits in der frühesten Kindheit beginnt das Leben in und mit der Gemeinschaft. Das erste Lebensjahr verbringen die Kinder in engem Körperkontakt zur Mutter. Kaum können sie gehen, stellen sie von sich aus Kontakte zu den Bewohnern des Lagers her, insbesondere zu älteren Kindern, und verbringen zunehmend mehr Zeit in Spielgruppen gemischten Alters und Geschlechts. Hier lernen sie von denen, die schon einen Schritt weiter sind in der Bewältigung des Lebens. Im Alter von drei bis vier Jahren wird der enge physische und emotionale Kontakt zur Mutter durch die Geburt eines Geschwisters stark reduziert, was durchaus ein traumatisches Erlebnis für das Kind sein kann. Doch zu diesem Zeitpunkt haben die San Kinder bereits vielfältige Beziehungen zu Tanten, Onkeln, Vettern und Basen, die ihnen neue Erfahrungen vermitteln.

Säuglinge und Kleinkinder werden sehr liebevoll und nachsichtig behandelt. Die Mütter haben ihre Kinder überall dabei und stillen sie bis zum Alter von zwei bis drei Jahren. Das häufige Saugen des Kindes fördert die Ausschüttung des Hormons Prolaktin, das zusammen mit der knappen Ernährung der Mutter verhindert, daß eine zu schnelle erneute Empfängnis eintritt. Der zeitliche Abstand zwischen den Geburten ist günstig für Mutter und Kind. Erst die größeren Kinder werden angehalten, gelegentlich beim Sammeln oder im Haushalt zu helfen.

Die Einbindung in ein soziales Netz gegenseitiger Unterstützung ist für die San der Kalahari überlebensnotwendig, denn selten haben sie Nahrungsvorräte für mehr als ein, zwei Tage. Individuelle Unterschiede in der Fähigkeit, Nahrung zu besorgen, und unterschiedliche Tagesresultate beim Sammeln und Jagen werden durch ausgedehntes Teilen im Lager ausgeglichen. Das grundlegende Gesetz für Männer und Frauen lautet: der, der hat, gibt dem, der nichts hat; immer vorausgesetzt, daß ein echter Bedarf besteht. Die Feststellung, wer etwas hat und wer etwas braucht, ist höchst komplex und zeitaufwendig, und die Buschleute nutzen oft sehr humorvolle Wege des Bittens, der Verweigerung, und anderer Strategien, um beim Verteilen nicht übersehen zu werden bzw. sich vor potentiellen »Schmarotzern« zu schützen. Trotz all dieser Maßnahmen geschieht das Teilen nicht immer problemlos.

Wenn die sozialen Spannungen im Lager zu stark werden und/oder wenn jemand erkrankt ist, versuchen die San, mittels eines »Trance« Tanzes, die Gruppe wieder zu einen und Unstimmigkeiten und Bedrohung zu beseitigen. Zu diesem eminent wichtigen Ereignis versammelt man sich am Abend, vor allem, wenn es zuvor Fleisch zu essen gab; dann ist die Stimmung gut. Die Frauen sitzen eng in einer Gruppe zusammen. Sie beginnen zu klatschen und zu singen, während die Männer mit schweren rhythmischen Schritten, den Oberkörper konzentriert nach vorn gebeugt im Kreis um sie herum tanzen. Im Verlauf der Nacht fallen diejenigen in »Trance«, die nach allgemeiner Auffassung die Fähigkeit zu heilen haben. In diesem Zustand besonderer physischer und psychi-

Oben: Auch für die Alten ist Platz im Lager
Mitte: Im Rückenbeutel mit Stirnband transportieren die Frauen Sammelgut, Geräte und die Kleinkinder
Unten: Ohne die Tsama Melone könnten die G/wi nicht überleben

23

Welch starker Eindruck muß es gewesen sein, zum ersten Mal Zeuge einer der sogenannten Trancetänze zu werden. Die gesamte Gemeinschaft eines Lagers singt und tanzt die ganze Nacht hindurch. Frauen und Kinder in der Mitte, die

Oben: Beim Trancetanz berühren ekstatisch entrückte Heiler immer wieder die in der Mitte des Kreises sitzenden Kranken
Unten: Der Heiler ist so tief in den körperlich-psychischen Ausnahmezustand geglitten, daß er seinerseits betreut werden muß

scher Erregung, so die Überzeugung der San, verläßt ihr Geist den Körper und begibt sich auf eine phantastische Reise, um mit den Geistern der Toten zu kämpfen, von denen man glaubt, daß sie Menschen zu rauben versuchen, und auch der Gemeinschaft Unbill zufügen. Diese ekstatischen Zustände dienen nicht nur der Heilung der tatsächlich Kranken, sondern sie stellen auch eine Art präventiven Schutzes der Gesunden dar. Nach einer Nacht voller Singen und Tanzen, das seinen Höhepunkt kurz vor der Morgendämmerung erreicht, lösen sich die Teilnehmer aus dem Kreis und gehen, befreit von den sozialen Spannungen der vergangenen Wochen, ihren täglichen Arbeiten nach.

Obwohl die Buschleute in einer Gesellschaft leben, die ausgesprochen friedlich und harmonisch ist, kommt es gelegentlich zu ernsten Konflikten, die mit hitzigen Diskussionen beginnen und zu Wortgefechten obzönen und beleidigenden Inhalts ausarten. Streit versuchen die San zu vermeiden, doch sie haben kaum andere herkömmliche Mittel der Konfliktlösung, als »mit den Füßen zu wählen«, d.h. ihre Sachen zu packen und wegzugehen. Wenn die Streitigkeiten so schnell eskalieren, daß Ausweichen nicht mehr möglich ist, werden die Giftpfeile hervorgeholt. Weil kulturelle Mechanismen zur Lösung von Konflikten und institutionalisierte Anführer fehlen, die Streitigkeiten ausgleichen oder ritualisieren könnten, ist die Tötungsrate bei den San, die eigentlich Frieden und Harmonie anstreben, im internationalen Vergleich sehr hoch.

In Zeiten, in denen ernsthafte Nahrungsknappheit herrscht, in denen Konflikte oder andere drückende Probleme auf der Gemeinschaft lasten, wenn Teilen und wechselseitige Unterstützung innerhalb des Lagers nicht mehr ausreichen, um mit den Problemen fertig zu werden, greifen

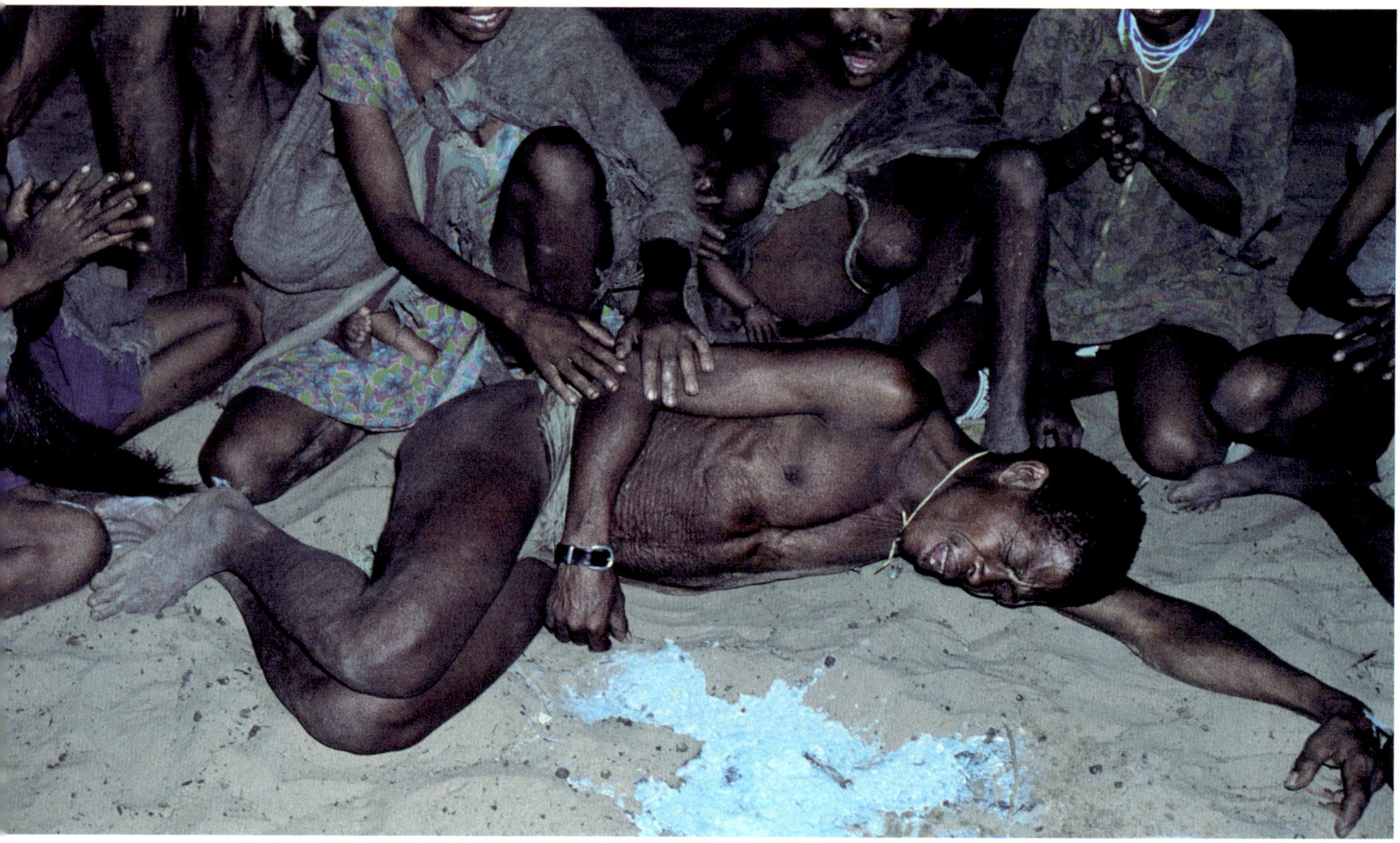

Links: Rast am Wegesrand
Rechts: Für das aus Käferlarven gewonnene Pfeilgift schnitzt dieser !Ko einen Behälter

die Buschleute auf ihre ausgedehnten sozialen Beziehungen zu Verwandten oder Tauschpartnern in anderen Gruppen zurück. Solche Gruppen können bis zu 200 km entfernt leben und werden für Monate, in extremen Fällen für Jahre besucht, bis sich die Situation im Heimatgebiet verbessert hat. Diese Partnerschaften sind auch geographisch gut verteilt und bilden so ein weites Netz sozialer Sicherheit und gegenseitiger Hilfe.

Das Leben der Kalahari San wird oft als eine Form des Ur-Kommunismus oder eine Art Wohlfahrtsgesellschaft idealisiert. Die Buschleute selbst sehen dies jedoch nicht so. Sie haben zwar meist mehr Freizeit als wir und unterliegen nicht unserem Zeitdruck – es findet dann eine gemeinsame Arbeit, eine Jagd oder ein Fest statt, wenn die Umstände es erlauben und die Menschen dazu in der Lage sind und nicht, weil ein bestimmter Zeitplan es vorschreibt. Auch fehlt in einer egalitären Gesellschaft, in der niemand größere Mengen materieller Güter anhäuft, der Druck, mehr und mehr zu produzieren. Das Leben von einem Tag zum anderen, ohne die Möglichkeit, auf Vorräte zurückgreifen zu können, ist jedoch sehr hart. Und trotz ihres ausgeklügelten Systems der wechselseitigen Hilfe ist die Angst vor der Zukunft mit ihren Ungewißheiten ein ständiger Begleiter der San.

Heute finden immer mehr von ihnen die Existenz als Jäger und Sammler weniger attraktiv als die Möglichkeiten, die ihnen Landwirtschaft und Lohnarbeit bieten. Für einige sieht die Zukunft nicht rosig aus. Es gibt keine staatlichen Gesetze, die berücksichtigen, daß die Nutzung von Land durch Jäger und Sammler gleichberechtigt mit jener durch Bauern und Viehzüchter ist. Letztere werden durch die Regierungen bevorzugt, weil die Landwirtschaft auf der gleichen Fläche mehr Menschen ernähren kann. Aus diesem Grund wurden viele Gruppen der San ihres Landes beraubt. Es ist ganz und gar unverständlich, daß in einer Zeit der ökonomischen und ökologischen Krisen eine Gesellschaft wie die der Buschleute, die ihre Bevölkerung stabil hält und ihre Umwelt nicht ausbeutet, bestraft wird zugunsten von Bevölkerungsgruppen, die sehr schnell anwachsen und ihre Ressourcen rücksichtslos ausbeuten. Für die !Kung der Nyae Nyae Bauern-Kooperative in Namibia oder die Nharo des Kuru Entwicklungs-Fonds in Botswana und andere Gruppen, die hoffentlich Erfolg darin haben werden, wenigstens einen Teil ihres angestammten Landes rechtlich zugesprochen zu bekommen, erscheint eine glücklichere, selbstbestimmte Zukunft möglich.

Männer ziehen tanzend einen engen Kreis um sie. Die ekstatisch entrückten Heiler berühren sie immer wieder, übertragen ihren Schweiß, ihre Energie, ihre Erfahrung in dieser Extremsituation der Begegnung mit dem Metaphysischen auf Kinder und Erwachsene, Kranke und Gesunde in der Gruppe. Was die Menschen an Zeit und Kraft in diese Zeremonie stecken, ist erheblich, doch es scheint sich zu lohnen. Sonst würde sich dieser beschützende Tanz wohl nicht bis in unsere Tage gehalten haben. Es gibt kaum ein Bild, das besser symbolisiert als der nächtliche Tanzkreis der Buschleute, was wir Menschen eigentlich sind: Animal sociale, ein Tier, das der Gemeinschaft bedarf, des Ritus, der außergewöhnlichen Erfahrung, des Bewußtseins, zusammengeschweißt und damit stark zu sein als kleine Gruppe in der großen Nacht des Unerklärlichen und Bedrohlichen.

Die Eipo

An einem Morgen Anfang September 1975 näherte sich in steilem Sinkflug eine einmotorige Cessna der einige Monate zuvor fertiggestellten Landebahn im Eipomek-Tal. Der Pilot hatte den Spitznamen Pablo, weil er viele Jahre in Südamerika Dienst getan hatte. Weil die Flanken der Berge nur eine enge Schneise freiließen und er froh sein mußte, das Tal durch ein Wolkenloch zu entdecken, bevor sich der Himmel wieder zuzog, ließ er die kleine Maschine schnell sinken.

Rechts: Die Dörfer der Eipo sind so plaziert, daß sie leicht verteidigt werden können. Dingerkon liegt spektakulär an einem Felsabsturz
Unten: Die Eipo beherrschen vielfältige handwerkliche Techniken. Hier entsteht ein Armband

Beim Neubau des sakralen Männerhauses von Munggona, dem Kultzentrum des Talabschnitts, beteiligen sich Männer aus der ganzen Umgebung. Ohne Architekt, Plan oder Leitung entsteht der Bau im Zusammenwirken aller Beteiligten

Insassen waren neben »EE« der Linguist Sven Walter und der Ethnologe Wolfgang Nelke. Am Rand der Landebahn stand erwartungsvoll eine große Schar Eipo, sowie die damals im Eipomek-Tal arbeitenden Kolleginnen und Kollegen. Der Strip war unter den Piloten bekannt für seine solide Oberfläche, aber er war nur 366 m lang. Landung und Start waren überhaupt nur möglich, weil das Gelände hier etwa sechs Prozent Gefälle hatte: Bergauf mußte gelandet, bergab gestartet werden, egal, von wo der Wind gerade kam.

Die bei der Bruchlandung beschädigte Cessna

Durch eine senkrechte Felswand in der Nähe entstanden beim Landeanflug Turbulenzen. Pablo kam beim Anflug in eine Aufwärtsströmung und drückte die Nase der Cessna stark nach unten, damit er nicht so viel von der knappen Länge der Landebahn verlor. Dabei riß der Sog über den Flügeln ab, die Maschine krachte in die Felsblöcke am Beginn des »Strips«. Geräusche berstenden Metalls. Teile des Fahrwerks fliegen durch die Luft. Die Cessna ist unserem Blick entschwunden, taucht aber gleich danach wieder auf, prallt vom letzten

Neuguinea, nach Grönland die zweitgrößte Insel der Erde, wird in Ost-West-Richtung über etwa 1500 km Länge von einem gewaltigen Gebirge durchzogen, das mit seinem höchsten Gipfel, der 5020 m hohen Carstensspitze, in die Zone der Gletscher reicht, obgleich der Äquator nur einige Breitengrade nördlich liegt. Die meisten der Täler dieses Berglands sind schmal und von steilen Hängen und schroffen Felsklippen eingefaßt, nur einige der Hochflächen sind weiträumig und bieten vergleichsweise großen Bevölkerungen Platz zum Wohnen und Anbauen von Nahrungspflanzen. Vor mindestens 50000 Jahren sind die Vorfahren der heutigen Papua bereits eingewandert. Wer heute die Reise zum »letzten unbekannten Teil der Erde« antritt, »The Last Unknown«, wie vor 30 Jahren G. Souter sein Buch nannte, trifft daher auf eine der ältesten permanent siedelnden Bevölkerungen überhaupt. Bereits vor etwa 14000 Jahren wurde hier eine der größten Kulturleistungen der Menschheitsgeschichte, nämlich das Züchten und Anbauen von Nahrungspflanzen vollbracht; viele tausend Jahre vor der Erfindung des Ackerbaus und der Züchtung von Getreide im Zweistromland zwischen Euphrat und Tigris. Kein Wunder, daß zunehmend mehr Archäologen, Ethnologen, Botaniker, Zoologen und Vertreter anderer Wissenschaften von Neuguinea und seiner Urbevölkerung fasziniert sind. Dazu kommt, daß an einigen Abschnitten der langen Küste und auf etlichen vorgelagerten Inseln Menschen leben, die eine ganz andere, nämlich eine viel neuere Einwanderungsgeschichte und dementsprechend ganz andere Traditionen haben. Man bezeichnet sie als Austronesier. Das Kapitel »Die Trobriander« beschreibt eine dieser Kulturen.

Zurück zu den unzugänglichen Bergen des Inlands der großen Insel. Die sehr lange Besiedlungszeit, das meist zerklüftete Terrain und einige andere Faktoren haben dazu geführt, daß die Sprachen und kulturellen Traditionen sich sehr weit auseinander entwickelt haben: Es existieren über 700 Sprachen, die untereinander mindestens so verschieden sind wie etwa deutsch und französisch! Oft ist eine solche Sprach- und Kulturgruppe nur etliche hundert Menschen stark. Damit ist Neuguinea ein eindrucksvolles Beispiel für die »kulturelle Pseudospeziation«, d.h. die Herausbildung deutlicher kultureller Unterschiede in der Tracht, den Liedern, Mythen, den religiösen Vorstellungen und eben auch der Sprache. So als sei eine neue Art (Spezies) entstanden und als handele es sich nicht bei allen Menschen um die eine Spezies Homo sapiens.

Die Eipo, Bewohner des Tals des Eipomek, des Eipo Flusses, sind Teil der Sprach- und Kulturfamilie der *Mek* (*Mek* bedeutet Wasser, Fluß, Bach) und repräsentieren solch ein kleines Volk.

Sie leben am Nordabhang des Zentralgebirges zwischen 1600 und 2100 m Höhe, in einer Zone also, in der, meist gegen Nachmittag und Abend, kaum vorstellbare Regenmengen niedergehen: 6 bis 7 Meter pro Jahr. Tagsüber ist es bei Temperaturen von 20 bis 25 Grad angenehm warm, doch nachts wird es mit oft nur 11 bis 13 Grad empfindlich kalt für die unbekleideten und ohne Zudecke schlafenden, nur vom glimmenden Feuer erwärmten Menschen. Trotzdem sind sie erstaunlich gesund.

Die Eipo sind sehr kleine Menschen, die durchschnittliche Körperlänge liegt unter 150 Zentimeter. Doch sie sind muskulös und außerordentlich leistungsfähig. Die Frauen tragen oft Lasten aus Gartenfrüchten und Brennholz bis zu ihrem eigenen Körpergewicht von etwa 40 Kilogramm. Und das über mehrere Stunden!

Die Bergpapua sind ausgezeichnete Pflanzer und bauen in ihren Gärten eine große Zahl unterschiedlicher Sorten von Süßkartoffeln, Taro, Bananen, Zuckerrohr und Gemüse an. Sie alle werden seit jeher über Schößlinge fortgepflanzt, so daß stets identische Tochterpflanzen entstehen. Die Gärtner im Gebirge Neuguineas haben auf diese Weise eine eindrucksvolle Vielfalt an Nahrungspflanzen erzeugt und bewahrt, sozusagen ein pflanzengenetisches Labor geschaffen. Tierisches Eiweiß ist rar. Die neben den Hunden als einzige Haustiere gehaltenen Schweine können sich nicht ausreichend aus der Natur ernähren und müssen daher gefüttert werden. Dementsprechend wertvoll sind sie; man kann sie, wie das die Hochland-Papua ausdrücken, als »Süßkartoffeln auf vier Beinen« betrachten. Die Eipo benutzen die wenigen Schweine als begehrte Tauschobjekte und schlachten sie nur zu besonderen Anlässen. Angehörige einiger Klane dürfen das Fleisch nicht essen, weil das Schwein als ihr mythischer Vorfahr, ihr Totem gilt. Dessenungeachtet sind sie genau so muskulös und gesund wie die anderen Dorfbewohner. Daraus kann man erkennen, daß diese Eiweißquelle eine unbedeutende Rolle für die Ernährung spielt.

Frauen und Mädchen sammeln Insekten, deren Larven sowie andere Kleintiere wie Frösche, Kaulquappen, Eidechsen etc.. Diese Nahrung, reich an essentiellen Aminosäuren, Eiweißbestandteilen also, die der menschliche Körper nicht selbst herstellen kann, wird vor allem von ihnen und den Kleinkindern verzehrt. Auf diese Weise erhalten jene äußerst hochwertige Nahrung, die sie zum Wachsen,

Die Eipo bestatten Tote in der Krone entlaubter Bäume. Mit Blättern und Rinde wird der Leichnam vor Regen geschützt. So entsteht eine Mumie, die später im Gartenhäuschen beigesetzt wird. Die Skelette einiger Toter werden in einer dritten Bestattung unter überhängende Felsen gelegt

Felsen ab, »landet« mit dem unter dem Rumpf angebrachten Gepäckabteil auf dem »Strip« und zieht eine lange, tiefe Furche in den Schotterboden. Wir rennen los. Der Propeller ist durch Bodenberührung verbogen, beide Flügel und das Leitwerk sind beschädigt, Fahrwerk und »Bauch« völlig zerstört. Durch den Druck haben sich Streichhölzer aus einer zermalmten Metallkiste entzündet. Etwas weiter oben läuft leichtentzündliches Flugbenzin aus einer zerrissenen Leitung.

Die Filmaufnahmen sind streng dokumentarisch – »EE« greift nicht in den Verlauf des Geschehens ein

Doch Pablo und seine Passagiere entsteigen der Kabine unverletzt. Wir vertreiben den Schrecken der Davongekommenen mit der letzten Flasche Gin. Sogar der wegen seiner Religionszugehörigkeit eigentlich strikt antialkoholische Pablo trinkt einen Schluck.

in der Schwangerschaft und der mehrjährigen Stillzeit am meisten benötigen. Die Ernährungskultur der Eipo ist also in dieser Hinsicht den physiologischen Bedürfnissen ausgezeichnet angepaßt. Vermutlich hat Insektennahrung während langer Zeiten der menschlichen Frühgeschichte dieselbe bedeutende Rolle gespielt, die sie heute noch für die Eipo hat. Auch der größte Teil der reichen Vogelwelt ist den Frauen, Mädchen und Kleinkindern vorbehalten. Für Männer ist eine fette und schmackhafte Taubenart reserviert, die aus eigens errichteten hochsitzähnlichen Ständen mittels Stimmenimitation angelockt wird. Auch andere wildlebende Tiere werden im Bergwald mit sinnreichen Schlingen oder mit Pfeil und Bogen erlegt. Eigens abgerichtete Hunde unterstützen die Jäger, die bevorzugt bei Vollmond auf die Pirsch gehen, weil die Beuteltiere in den Kronen der Bäume dann besser ausgemacht werden können. Diese Aktivitäten spielen keine wesentliche Rolle für den Speisezettel, werden aber von den Männern mit Begeisterung ausgeführt. Sie genießen die Jagd als aus dem Alltag herausgehobene Existenz in der gefährlichen Zone weit außerhalb des Siedlungsbereichs der Menschen, wo man der Natur und den »Geistern« trotzen und sich bewähren muß. Die meist auf Bäumen, aber auch auf dem Waldboden lebenden Wildtiere sind übrigens ausnahmslos Beuteltiere, d.h. entfernte Verwandte der australischen Känguruhs.

Vor mehr als 100 Millionen Jahren begann der ursprünglich große Südkontinent Gondwanaland auseinanderzubrechen. Bis zu diesem Zeitpunkt hatten sich die Beuteltiere entwickelt und ausgedehnt. Danach aber entstand der sogenannte Wallace Graben, der Neuguinea und Australien von der Kette der indonesischen Inseln durch eine mehr als 50 Kilometer breite Wasserstraße trennte. Sie war nun für landlebende Tiere nicht mehr passierbar. Das schaffte nur der Mensch mit Hilfe von Flößen oder Booten. Und er brachte irgendwann auch die echten Säugetiere Schwein und Hund mit in seine neue Heimat Neuguinea.

Die Eipo hatten zu Beginn der Forschungsarbeiten im Jahr 1974 ein steinzeitliches Inventar an Werkzeugen: quergeschäftete Steinbeile, Steinmesser, Knochenahlen und -dolche, Nagetierzahnschaber sowie weitere Gegenstände aus Knochen, Holz, Rinde und Fasern. Jeder konnte seinen Besitz leicht in einem der großen von den Frauen geknüpften Netzbeutel tragen. Dabei waren die Eipo keineswegs eine kleine isolierte, sozusagen von der Geschichte vergessene Gruppe. Sie hatten traditionelle Beziehungen zu ihren Nachbarn, die ebenfalls zum Teil noch nicht unter dem Einfluß christlicher Missionen standen. Große rituelle Feste verbanden weit voneinander entfernte Täler und sicherten unter anderem den Zugang zu den so lebenswichtigen Rohlingen für die Steinbeile. Sie werden heute noch, wenn auch in stark vermindertem Maße, am Ufer des Heime-Flusses durch Absprengen mit Feuer gewonnen und von Spezialisten mittels Schlagstein kunstfertig bearbeitet. Die Dörfer standen an verteidigungstechnisch günstigen Stellen und hatten eine Bevölkerung zwischen 50 und 200 Personen.

An herausgehobenen Plätzen, oft in der Mitte der Siedlung, befanden sich die sakralen Männerhäuser, die nicht nur Versammlungsort der männlichen Bewohner, sondern auch Zentrum religiöser Zeremonien und damit symbolischer Mittelpunkt der Dorfgemeinschaft waren. Etwas abseits standen die Frauenhäuser, zu denen Männern Zugang nur unter besonderen Bedingungen gestattet war. Hier wohnten die Frauen während der Menstruation und des Wochenbettes, und hier gebaren sie auch ihre Kinder – im Sitzen oder Knien, einfühlsam umsorgt von

Links: Junger Mann aus dem Bime-Tal in vollem Ornat
Rechts oben: Trauernder Eipo im Brustpanzer
Rechts unten: Auffälliger Nasenschmuck aus Eberzähnen

Die Cessna wurde übrigens zum größten Erstaunen der Eipo von drei Mechanikern der Missionsfluggesellschaft in ein paar Tagen soweit repariert, daß sie aus eigener Kraft zur Basis am Sentani-See zurückfliegen konnte. Noch heute hat »EE« eine Halskette, die ein Mädchen aus Aluminiumstückchen und Nieten der verbogenen Flügelteile gefertigt hatte. Ein Mann trug später stolz einen leuchtend roten Nasenstab. Ursprünglich war es ein Stück vom Plastikdeckel der Reiseschreibmaschine »EE«'s gewesen. Viel zu kostbar, um es einfach wegzuwerfen. Recycling à la Steinzeit.

»Eipo-Feuerzeug«. Die Liane wird hin- und hergezogen. Im Spalt des mit den Füßen fixierten Holzstücks beginnt der dort plazierte Zunder zu glimmen. Nun muß die Glut nur noch angeblasen werden. Feuermachen gelingt auch bei nassem Wetter

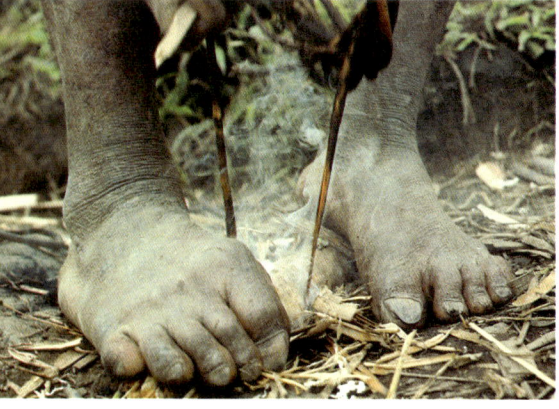

geburtserfahrenen Frauen. Die Säuglingssterblichkeit im ersten Lebensjahr war trotz des Fehlens moderner Medizin mit etwa sechs Prozent erstaunlich gering. Wie die materielle Kultur war auch die Gesellschaftsstruktur vor den Veränderungen, die vor allem durch eine fundamentalistische nordamerikanische Mission in Gang gesetzt wurden, einfach und entsprach damit vermutlich einem sehr ursprünglichen Modell menschlicher Gemeinschaft. Die Kinder wurden dem Klan des Vaters zugerechnet, Frauen- und Männerwelt waren klar getrennt, beide Geschlechter wurden aber als komplementär und notwendig für den Fortbestand der Menschen und ihrer Kultur gesehen. Führungsrollen nahmen Männer und Frauen nur aufgrund ihrer Eigenschaften wahr.

Institutionalisierte Häuptlinge gab es nicht, sondern nur Rollen als Initiatoren, die man als »Big Men« bezeichnet. Wenn jemand sein Charisma, seine rhetorischen Fähigkeiten, seine soziale Kompetenz oder seine Vitalität verlor, verlor er auch den Einfluß auf die Gemeinschaft. Die Eipo Gesellschaft wird dementsprechend als akephal (»ohne Kopf«, d.h. ohne etablierte Häuptlingsfunktion) und egalitär bezeichnet. Unterschiede in den Begabungen existieren aber natürlich; sie sind es gerade, die dazu führten, daß einige Personen Initiatorrollen ausfüllten, andere dagegen nicht. Die politische Bühne wird nach wie vor von den Männern bestimmt. Sie sind es meistens, die jene Entscheidungen treffen, die Konsequenzen für die Gesamtheit der Dorfbevölkerung oder die Allianz aus mehreren Dörfern haben.

Dazu gehörten auch die kriegerischen Auseinandersetzungen mit dem »Erbfeind« im Nachbartal und die bewaffneten Streitigkeiten innerhalb des Dorfes oder der politischen Allianz. In einem Fall kam es zum Streit wegen eines verschwundenen Hundes. Sein Besitzer bezichtigte einen Mann aus dem Nachbardorf, das Tier getötet zu haben. Auch als der Hund nach einigen Tagen unversehrt zurückkehrte, endete der Kampf nicht. Erst als drei Männer getötet waren, schlossen die beiden Parteien Frieden. Etwa ein Fünftel bis ein Viertel aller Männer starb eines gewaltsamen Todes. In einigen Fällen wurden getötete Feinde in einem kannibalischen Ritus von der Dorfgemeinschaft aufgegessen. Nur so, sagten die Eipo, sei es möglich, diese verhaßten Feinde völlig zu vernichten.

In krassem Gegensatz dazu steht die äußerst einfühlsame und liebevolle Behandlung der Säuglinge und Kleinkinder, auf deren Bedürfnisse man in geradezu idealer Weise eingeht. Sie haben einen weder durch Kleidung noch durch feste Stillzeiten behinderten Zugang zur Brust, sind weit mehr als die Hälfte der Tagesstunden in Körperkontakt mit der Mutter, dem Vater oder anderen Bezugspersonen und erfahren auf diese Weise vielfältige Stimulationen körperlicher, sozialer und intellektueller Art. Nachts schlafen sie am Körper der Mutter. Kein Wunder, daß sie sich gut entwickeln, meist schon vor dem ersten Geburtstag laufen können und von der sicheren Basis stabiler Beziehungen ihre Umwelt erobern. Mit etwa drei Jahren werden sie abgestillt, was mitunter durchaus eine psychische Belastung darstellt. Doch sie haben ja bereits ein reiches Beziehungsnetz, insbesondere zu anderen Kindern, mit denen sie zunehmend mehr Zeit verbringen. In diesen Kindergruppen geschieht, wie in allen traditionalen Kulturen, ein wichtiger Teil der weiteren Sozialisation.

Frauen üben vor allem Einfluß in der Sphäre der Familie, der Hausgemeinschaft und der Nachbarschaft aus. Sie können sich von einem ungeliebten Ehemann trennen und ziehen in solchen Fällen mit ihren kleinen Kindern zu ihrer Verwandtschaft zurück, die oft in einem anderen Tal lebt. Es besteht nämlich strikte Klanexogamie, d.h. die Ehepartner, sogar Personen, die eine vor- oder außereheliche Beziehung eingehen, müssen stets aus verschiedenen Klanen, also Sippen stammen. Die Frauen heiraten daher öfter nach »draußen«. Sie sind es, die Dörfer und Täler durch die neueingegangene Ehebeziehung und die damit verbundene Verschwägerung in ein Netz aus vielfältigen Beziehungen binden. Dabei spielen die wechselseitigen Gaben der Familien von Braut und Bräutigam ebenso eine Rolle wie das Ausrichten von Zeremonien und Festen. Leidenschaftliche Liebesgeschichten und Eifersucht sind durchaus keine Seltenheit. Junge Leute sind bisweilen nicht glücklich über die von ihren Eltern arrangierte Heirat (sie gilt als die ideale Form der ehelichen Verbindung), verlieben sich in andere Partner und versuchen, ihre Wahl durchzusetzen. Oft gelingt ihnen das.

Frauen insbesondere auch mittleren Alters sind es vor allem, die außereheliche Affären beginnen. In der Phase der heftigen Verliebtheit dichten sie Lieder, die in der formalen Gestaltung und vor allem ihren gleichnishaften Anspielungen und packenden Metaphern ohne jede Abstriche als Dichtkunst eingestuft werden können. Ähnlich hohe künstlerische Ansprüche erfüllen auch die Texte der »offiziellen« Tanzlieder und der welterklärenden Mythen, die in der schriftlosen Kultur der Eipo ausnahmslos mündlich weitergegeben werden. Hier wird klar, daß die Eipo typische Vertreter des Homo sapiens sind, des »weisen Menschen«: klug, begabt und in der Lage, nicht nur unter schwierigen Bedingungen zu überleben, sondern mit Kreativität und Phantasie eine geistige Welt, eben die menschliche Kultur, zu schaffen.

In geliehenen Shorts und mit einer geliehenen Filmkamera zog »EE« tags darauf in den »Höhenluftkurort« Malingdam und machte sich an die Arbeit. Durch seine schon recht baufällige Hütte, die zuvor Gerd Koch, dem Initiator des Projekts, als Domizil gedient hatte, zogen ab nachmittags die Nebelschwaden. Schlafsack und Kleidung waren meist feucht. Doch Forscher können sich auch unter widrigen Umständen für ihre Arbeit begeistern. Die humanethologische Filmdokumentation in einer der ursprünglichsten Kulturen der Erde konnte beginnen.

**Links: Neugieriger Blick auf die Fremden
Rechts:** Säuglinge und Kleinkinder sind fast immer in Körperkontakt mit der Mutter oder anderen Bezugspersonen. Auf längeren Strecken trägt man sie im Netzbeutel

Die Yanomami

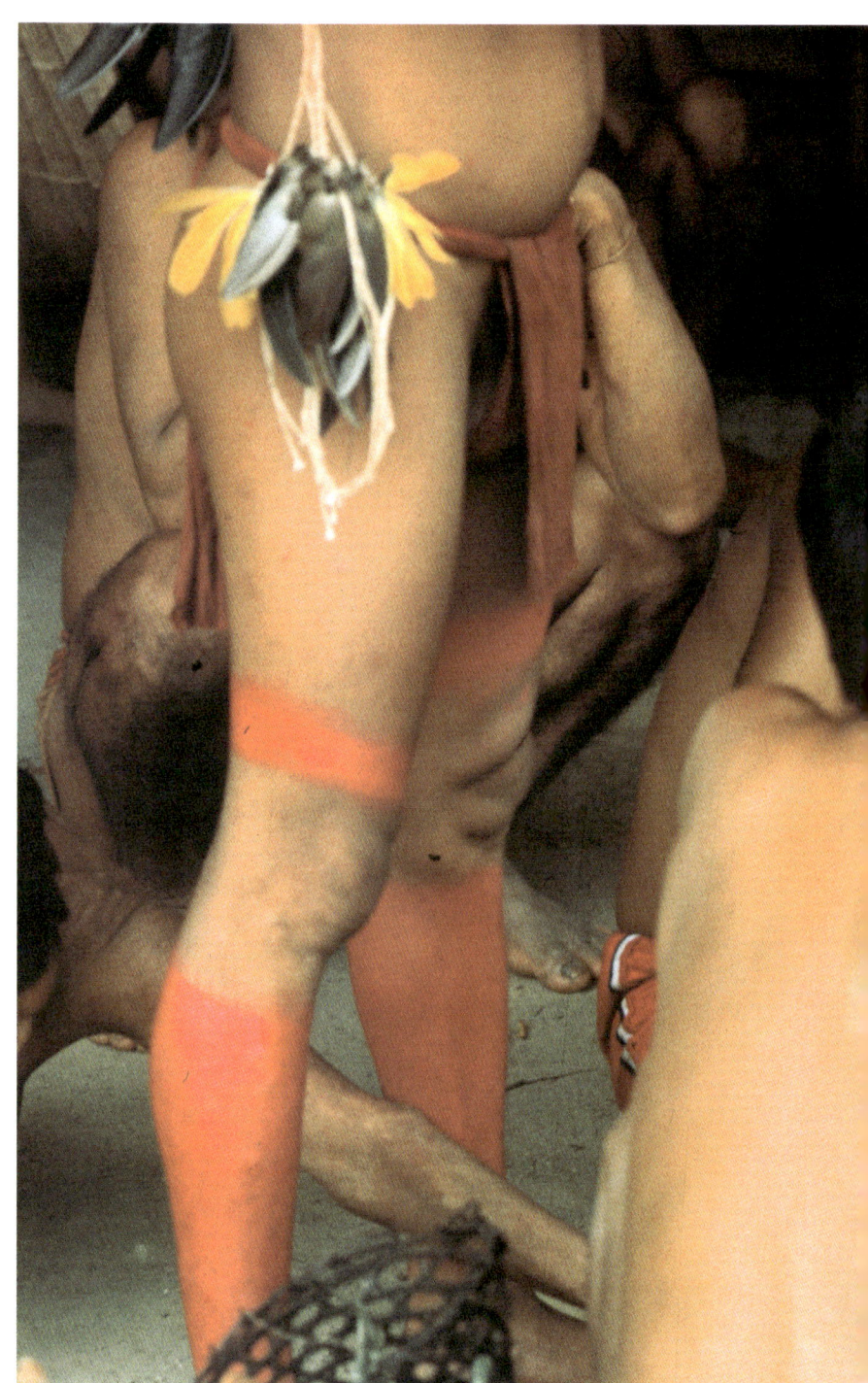

1954 ist das Gebiet zwischen Orinoco und Amazonas, in das sich die Staaten Venezuela und Brasilien teilen, noch weitgehend »Terra incognita«. Man weiß nur wenig über die indianischen Ureinwohner. Zwei junge Völkerkundler, Otto Zerries und Meinhard Schuster, machen sich in diesem Jahr auf, die Wissenslücken zu füllen. Ab 1961 unternimmt die Deutsch-Venezolanerin Inga Steinvorth-Goetz von Caracas aus ihre erste Expedition zu den Yanomami. 1968 trifft sie in München mit Irenäus Eibl-Eibesfeldt zusammen. Schon im nächsten Jahr sitzt er mit Notizbuch und Filmkamera unter dem Pultdach eines shapono.

**Rechts: Als Zeichen der Liebe zu verstorbenen Verwandten trinken die Yanomami aufgeschwemmte Asche ihrer Toten. Solche symbolischen Akte des Endokannibalismus finden sich in vielen Kulturen. Das christliche Abendmahl beruht auf demselben Konzept
Unten: »EE« mit Yanomamikind, 1973**

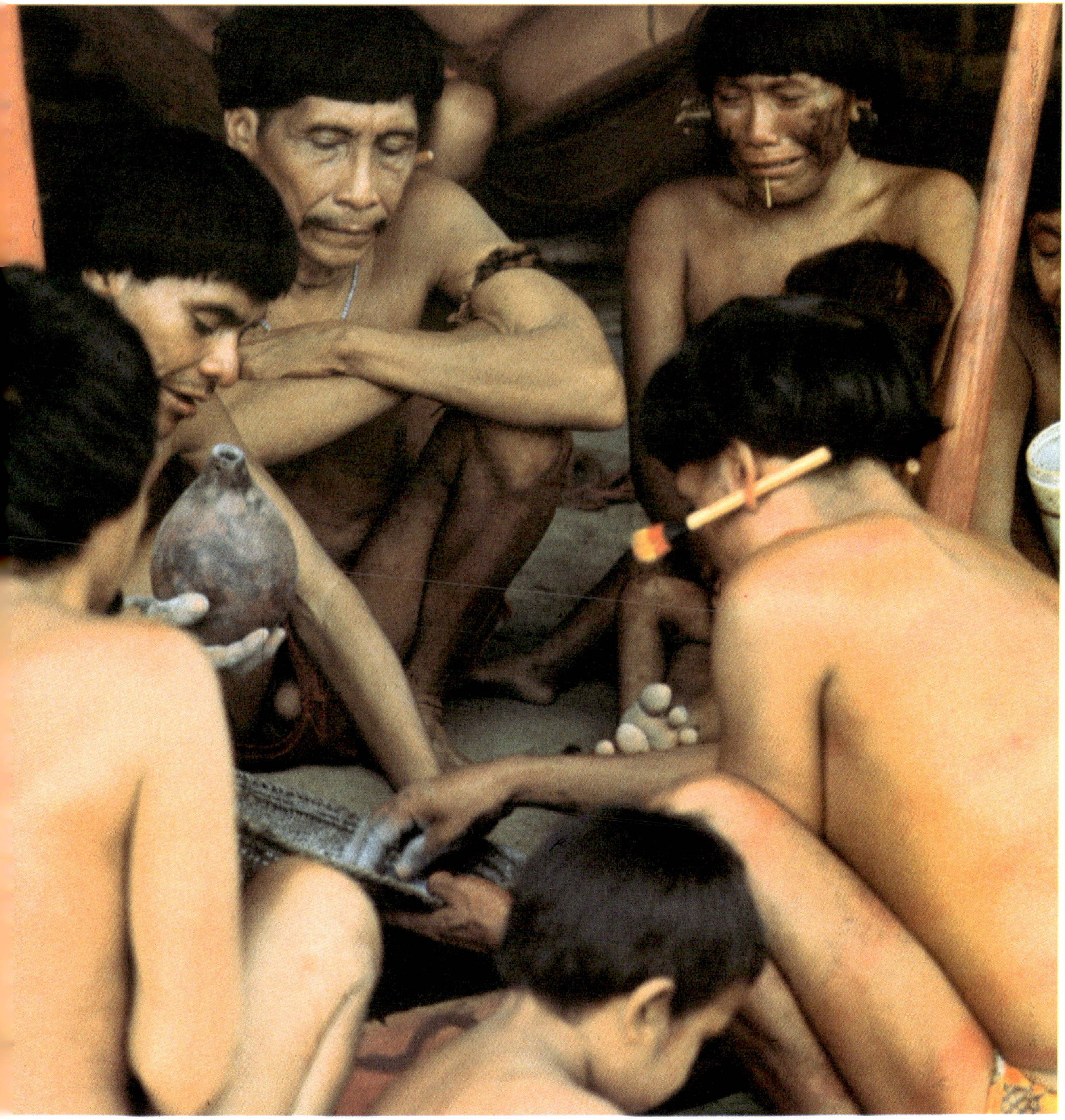

Ein junger Medizinmann-Anwärter wird durch einen bedeutenden Zauberheiler in die Heilkunst eingeführt. Bei diesen Zeremonien versetzen sich die Beteiligten durch ein Schnupfpulver in Rausch. Höhepunkt des Ritus ist ein Tanz zur Beschwörung der Geister

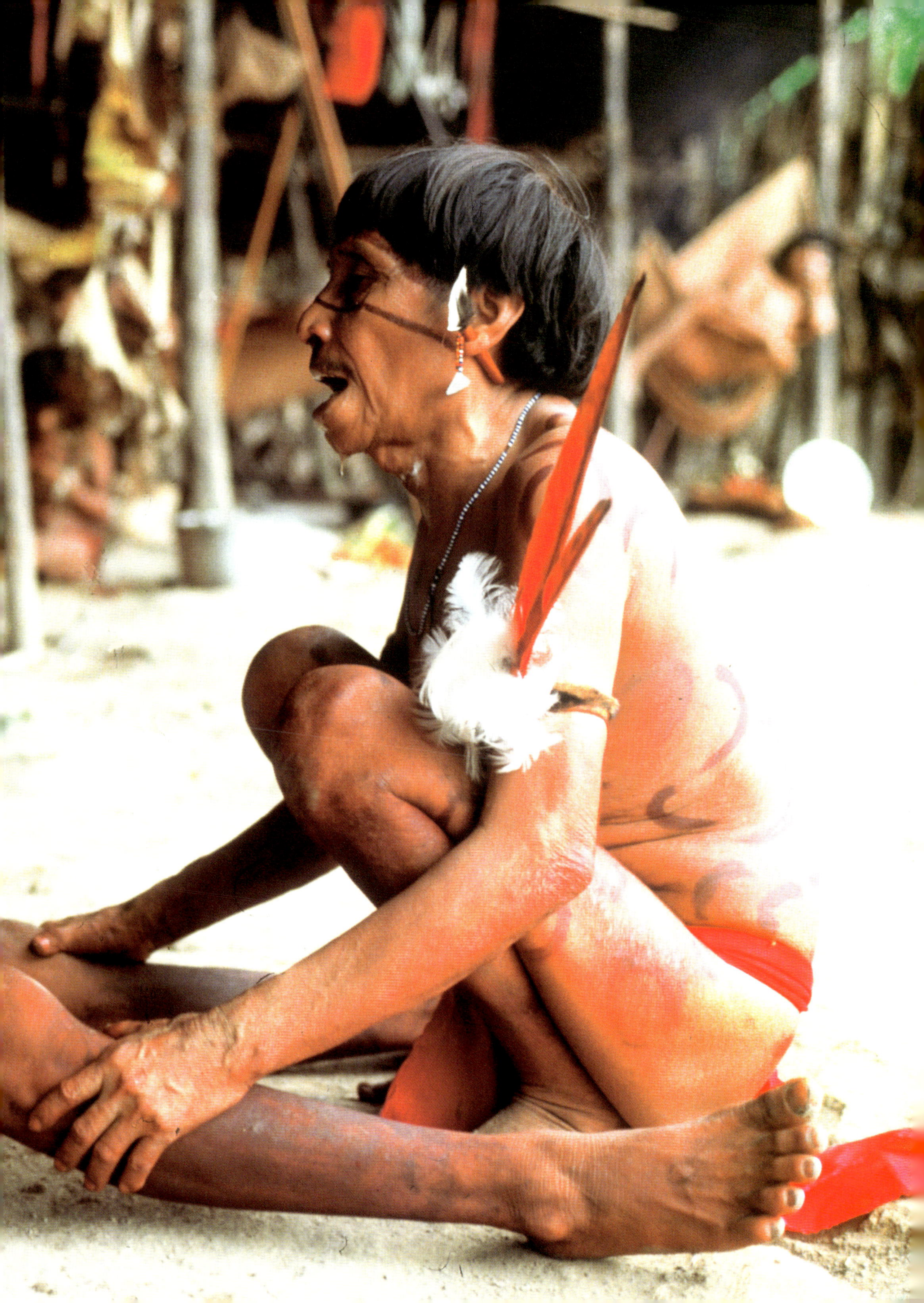

»EE« kam es vor allem zu Beginn seiner humanethologischen Dokumentationsarbeit darauf an, Menschen zu treffen, die keinen oder wenig Kontakt mit der »westlichen« Welt hatten. Denn Kritiker des Konzepts der biologischen Grundlagen des menschlichen Verhaltens versuchen bis heute, die humanethologischen Dokumente mit folgendem Argument zu entkräften: Das schnelle Hochziehen der Augenbrauen als »Ja« zu sozialem Kontakt, das Verlegenheitsverhalten und andere Verhaltensmuster seien durch Kulturkontakt, also durch Wanderung von außen zu den Ureinwohnern in die verschiedenen Teile der Welt gelangt.

Vor Festen werden die Kinder liebevoll geschmückt. Streifen und Schlangenlinien sind typische Muster der Yanomami

Nun ist es in der Tat schwer, im Einzelfall nachzuweisen, daß ein bestimmtes Element der mimischen und gestischen Kommunikation nicht durch Übernahme aus einer fremden Kultur Eingang in das Verhaltensrepertoire gefunden hat.

Die Yanomami – oder Yanoama, Yanomamö oder Yanoami, je nach lokalem Dialekt –, leben im äußersten Süden Venezuelas und den angrenzenden Gebieten Brasiliens. Die etwa 18 000 Angehörigen dieser Kultur- und Sprachgemeinschaft siedeln über ein Gebiet von rund 177 000 Quadratkilometern, zwischen dem vierten und ersten Grad nördlicher Breite und dem 74. und 66. Grad westlicher Länge. Der tropische Regenwald wird nur von wenigen Bergsavannen durchbrochen.

Die einzelnen Gruppen, die sich selbst nach dem jeweiligen Ort ihrer letzten Siedlung nennen, umfassen nicht mehr als 250, nicht weniger als 40 Individuen, der Durchschnitt einer stabilen Kommunität liegt bei 70 bis 100. Jede dieser relativ seßhaften und konstanten individualisierten Kleingruppen ist verwandtschaftlich strukturiert und gliedert sich in zwei bis sechs Familienverbände.

Nach außen unterhält die Gruppe ein differenziertes Beziehungsnetz zu erreichbaren Gemeinschaften, das sich in Besuchen, Güteraustausch und dem Eingehen von Kriegsallianzen zeigt. Verwandtschafts- und Heiratsverbindungen bilden die Basis dieser Gruppen, die sich in Blutfehden offen bekriegen. Jedes Dorf ist materiell eigenständig. Es verfügt über meist mehrere durch Brandrodung gewonnene Gartenanlagen, in denen jede Familie, zum Teil nach Geschlechtern getrennt, den Bedarf an Kochbananen (etwa dreiviertel der Anbaufläche), Maniok, Süßkartoffeln, Baumwolle, Tabak, Schilfgras für Pfeile, Farbstoff sowie Heil- und magischen Pflanzen anbaut. Das Sammeln saisonaler Waldfrüchte, der Fischfang und die Jagd vervollständigen die Nahrung und reichern sie mit Proteinen an.

Die materielle Kultur der Yanomami ist einfach, zweckmäßig und nicht auf Dauer ausgerichtet. Abgesehen von den seit 1950 in signifikanten Mengen eingeführten Metallwaren – in erster Linie Äxte, Macheten, Messer und Aluminiumtöpfe – kann ein Paar in kurzer Zeit das vollständige Inventar an Gebrauchsgegenständen reproduzieren. Die Grundstoffe liefert der Wald: Holz, Rinde, Bast, Fasern, Hanf, Lianen, Gräser, Blätter, Federn, Häute, Knochen, Erde und Harz. Das einzige Steinwerkzeug, Beilklingen aus der Vergangenheit, wird heute nur noch im kultischen Kontext, beim Zerreiben der von den Schamanen verwendeten Droge *epena*, verwendet. Nach Auskunft der Yanomami findet man die Klingen bei Rodungsarbeiten im Urwald, wo sie von sagenhaften Ahnen bereitgelegt worden seien.

Ein Grund für die nichtakkumulative Kultur der Yanomami ist sicher deren Beweglichkeit. Neben häufigen Besuchen einzelner Familien untereinander geht die gesamte Gruppe zwei bis dreimal im Jahr auf *wayumi*, d.h sie lebt jeweils für einige Wochen in Waldlagern, um sich an Ort und Stelle von Saisonfrüchten und der Jagd zu ernähren, oder sie zieht in die Nähe eines befreundeten Dorfs, das sie mit seinem Überschuß versorgen kann. Hier erwarten sie ein größeres Fest und pflegen wechselseitigen Kontakt. Auf der Suche nach neuen Siedlungsplätzen und Allianzen kann eine Gemeinschaft auch jahrelang in relativ unbefestigten Waldlagern wohnen oder zwischen verschiedenen versuchsweise angelegten Gärten hin- und herwandern.

Der *shapono*, das Gemeinschaftshaus der Yanomami, im Durchschnitt fünf Jahre genutzt, besteht aus einem Kreis oder Oval verbundener Pultdächer, die sich nach innen öffnen. Das Dach fällt nach außen bis zum Boden ab und schirmt so zugleich das Haus, wie auch das Dorf selbst gegen den »wilden Bereich« des Waldes ab. Nur drei bis vier niedrige

Öffnungen im unteren Teil des Dächerrunds bilden die Ausgänge. Der unter freiem Himmel gelegene Innenraum dient, außer bei Festen und Kriegsvorbereitungen, meist als Kinderspielplatz, der Platz vor den Dächern ist Ort kultischer und politischer Aktivität, im äußeren Ring liegen die eigentlichen Wohnstätten.

Im Dreieck, einem weiteren architektonischen Prinzip der Yanomami folgend, hängen die Hängematten einer Kleinfamilie um die gemeinsame Feuerstelle. Die Wohnbereiche der einzelnen Familien sind nicht durch Wände voneinander getrennt. Bis auf Essens- und Schlafzeiten ist die zeitliche Ordnung offen, häufig ziehen einzelne Personen oder ganze Kleinfamilien um. Auch dies basiert, wie die Wahl des Wohnplatzes innerhalb des *shapono* der Familien, auf verwandtschaftlichem Muster. Das entscheidende Charakteristikum dieser Gesellschaft drückt sich im Kriterium der »Gabelung« aus, das die Gruppe der Angehörigen einerseits in Affinalverwandte, d.h. potentielle oder tatsächliche Schwiegerverwandte, und andererseits in nichtheiratbare Verwandte aufspaltet. Die präferentielle Heirat mit der Kreuzcousine bzw. dem Kreuzcousin folgt aus dieser Regel.

Die Arbeit der Erwachsenen ist oft hart und setzt physische Stärke und Ausdauer voraus. Durchschnittlich nimmt sie, besonders bei Männern, nur einige Stunden des Tages in Anspruch. Der Rest der Wachzeit ist

Doch die Addition von Einzelbeobachtungen ermöglicht plausible Schlüsse. Zudem sind, wie man aus wissenschaftlichen Untersuchungen weiß, die im sozialen Verkehr untereinander ständig benutzten nonverbalen Zeichen gegen schnellen Kulturwandel ziemlich gut gefeit. Außerdem gibt es sogar Filme vom tatsächlich allerersten Kontakt, z.B. mit den Hochlandpapua in Neuguinea.

Familienabteil eines *shapono*. Hier lebt man auf engem Raum zusammen, in körperlicher Nähe zu vertrauten Menschen

Mit der guten Gestaltwahrnehmung der Ethologen fielen »EE« bei den Yanomami sofort verschiedene Besonderheiten auf. Eine sei hier kurz berichtet. Wenn ein fremder Krieger ein Yanomami-Dorf besucht, begibt er sich sogleich auf den Dorfplatz und demonstriert, kraftvoll tanzend, Pfeil und Bogen in Händen Kampfeswille und Selbstbewußtsein. Neben ihm tanzt ein Bub, in den meisten Fällen sein Sohn. Doch der verhält sich gar nicht kriegerisch. Im Gegenteil.

Eintanz zum Palmfruchtfest in der typischen Konstellation: kriegerischer Mann und friedliches Kind

Er trägt Palmwedel als Friedenszeichen. Warum diese Antithese von wild und sanft, von aggressiv und freundlich? »EE« sah die Parallele. Wenn Staatsmänner sich besuchen, präsentiert man sich ebenfalls in der Kombination von kriegerisch und freundlich: Man läßt seine bestgewachsenen Soldaten Parade stehen, Böllerschüsse hallen drohend über den Platz..., aber kleine Kinder, in unserem Kulturkreis meist Mädchen, überreichen Blumen und stehen für einen väterlichen Kuß oder eine andere freundliche Bezeugung des Gastes zur Verfügung.

gefüllt mit Familienleben, Streifzügen, Unterhaltungen, Kult, Besuchsangelegenheiten, Liebesaffären, Streit sowie der Herstellung von Schmuck, Waffen und Gebrauchsgegenständen.

Die Arbeitsbereiche sind stark geschlechtsgeschieden: Männer sind für größere und meist nichtalltägliche Unternehmungen zuständig, wie das Anlegen von Gärten und Wegen, den Bau von *shapono* und Brücken, Jagd, Kriegszüge, Patrouillen in der Umgebung, Verbrennung der Toten, Zerteilen und Zubereiten großer Beutetiere und Zubereitung des Fleischs, der Mehlbananen und der Fruchtkompotte bei Festen. Frauen erledigen zumeist gemeinschaftlich die alltäglichen Besorgnisse wie das Beschaffen von Wasser oder Brennholz, das Sammeln und Verarbeiten von Früchten, Fischen und Krebsen. Sie versorgen auch die Kleinkinder. Beide Geschlechter arbeiten im Garten und besorgen sich die Rohstoffe für die Dinge, die sie jeweils herstellen. Mädchen werden von der Brust weg in die Tätigkeiten ihrer Mütter einbezogen, Knaben haben, bis sie einen Brautdienst antreten oder eine Schamanenlehre beginnen, keine Pflichten, setzen aber beispielsweise ihren Stolz darein, möglichst früh an der nicht ungefährlichen Jagd auf Wildschwein-Herden teilzunehmen.

Die Sozialisation erfolgt vor allem durch Beispiel und Nachahmung. Nach der Entwöhnung im vierten Lebensjahr und häufig mit der Geburt eines Geschwisters, übernehmen ältere Geschwister und ältere Kinder der Spielgruppen die Betreuung der Kleinen, wobei Mobilität und Aggressivität der Knaben betont gefördert wird. Die Kinder haben eine ausgeprägte Neugier für alles, was sich bewegt. Neben einer Reihe von Kreisel-, Faden-, Ball- und Raufspielen werden Verhaltensformen der Erwachsenen nachgespielt: Mädchen imitieren ihre Mütter, Knaben die Väter. Sobald sie selbständig laufen können, verbringen Knaben den Hauptteil ihrer Zeit mit Pfeil und Bogen, die Mädchen mit kleineren Kindern, jungen Haustieren und Puppen. Es genügt eine Banane, ein kleiner Kürbis oder eine Avocado: Mit hineingestecktem Hölzchen ist es männlich. Geschlechtliche Exploration wird nicht unterbunden, überhaupt greifen die Erwachsenen nur selten ein: Wenn ein Raufen allzu ungleich verläuft oder die Kinder stellvertretend einen Konflikt der Erwachsenen austragen.

Fertigkeiten und Wissen werden explorativ und durch Beispiel und Anleitung von älteren Verwandten erworben.

In der Regel tradieren die älteren Frauen die Familiengeschichte und führen die Kinder in ihre Stellung im Verwandtschaftsgefüge ein, das zugleich sozial, ökonomisch und politisch determiniert, Heiraten und Freundschaften präfiguriert und Sicherheit sowie gesellschaftliche Bedeutung des einzelnen gewährleistet. Wie alle Regeln, können auch diejenigen, die aus dem Verwandtschaftssystem erwachsen, gebrochen oder besser – weil sozial akzeptiert – manipuliert werden; gleichwohl ist es unwahrscheinlich, daß ein *siyoha* (Schwiegersohn) aus einem anderen Dorf, der sich seine Frau in langjährigem Brautdienst verdienen mußte, je persönlich eine politisch gewichtige Rolle spielen könnte, bevor er nicht durch eigene Nachkommenschaft, deren Heiraten und Kinder genügend in der Kommunität verwurzelt wäre bzw. Eigenschwere gewonnen hätte.

Die quasi natürliche und nichtreglementierte, geschlechtlich spezifische Erziehung führt zur Internalisierung des Normensystems der nicht nur überschaubaren, sondern gespürten Gemeinschaft. Und zugleich werden innerhalb des Rollenrepertoires und als dessen Bestimmungsteil

Eigenständigkeit und Durchsetzungsvermögen bewußt gefördert. Da durch den Druck der umgebenden Natur und die ethnozentrisch überhöhte Isolation der kleinen Gruppen voneinander der gesellschaftliche Konsens allgemeiner Hintergrund bleibt, können Eigenarten, die integrierbar bleiben und über das Individuum die Flexibilität und Stärke der Gemeinschaften im System erhalten, im Wettbewerb untereinander bestärkt werden. Andererseits wird niemand materiell gezwungen, sich gemäß den Idealen der Kultur zu profilieren: auch weniger effiziente Mitglieder sind im Verwandtschaftsverbund abgesichert und werden ausreichend unterhalten, wenn sie auch meist im Ansehen niedriger stehen. Bei Auseinandersetzungen kann jeder darauf zählen, daß seine nähere Verwandtschaft auf seiner Seite ist, ohne Rücksicht auf Objektivität. Die im Spannungsfeld zwischen gesellschaftlichen Beschränkungen und verinnerlichten Sozialregeln entstehende persönliche Freiheit erzeugt zusammen mit dem Ideal des *waitherimou*, der Tapferkeit und Impulsivität, die sich auch durchzusetzen weiß, sehr ausgeprägte und selbstbewußte Individuen, deren Egospiel dennoch im Einklang mit der Gesellschaft steht und in ihr aufgehoben ist.

Empfindungen und Konflikte innerer und äußerer Art werden betont ausagiert, sind dabei aber in hohem Maß sozial und rituell gefaßt. Das Alltagsleben erscheint stark theatralisch. Auseinandersetzungen etwa, bei denen häufig die ganze Gemeinschaft Partei nimmt, verlaufen augenscheinlich sehr impulsiv und ungehemmt, folgen aber in ihrer Expressivität einem genau definierten eskalierenden Muster verbaler und tätlicher Konfrontation, das dazu dient,

Schönsein ist menschliches Urbedürfnis. Die Yanomami bemalen und schmücken sich effektvoll. Junge Mädchen tragen die typischen Lippenstäbe

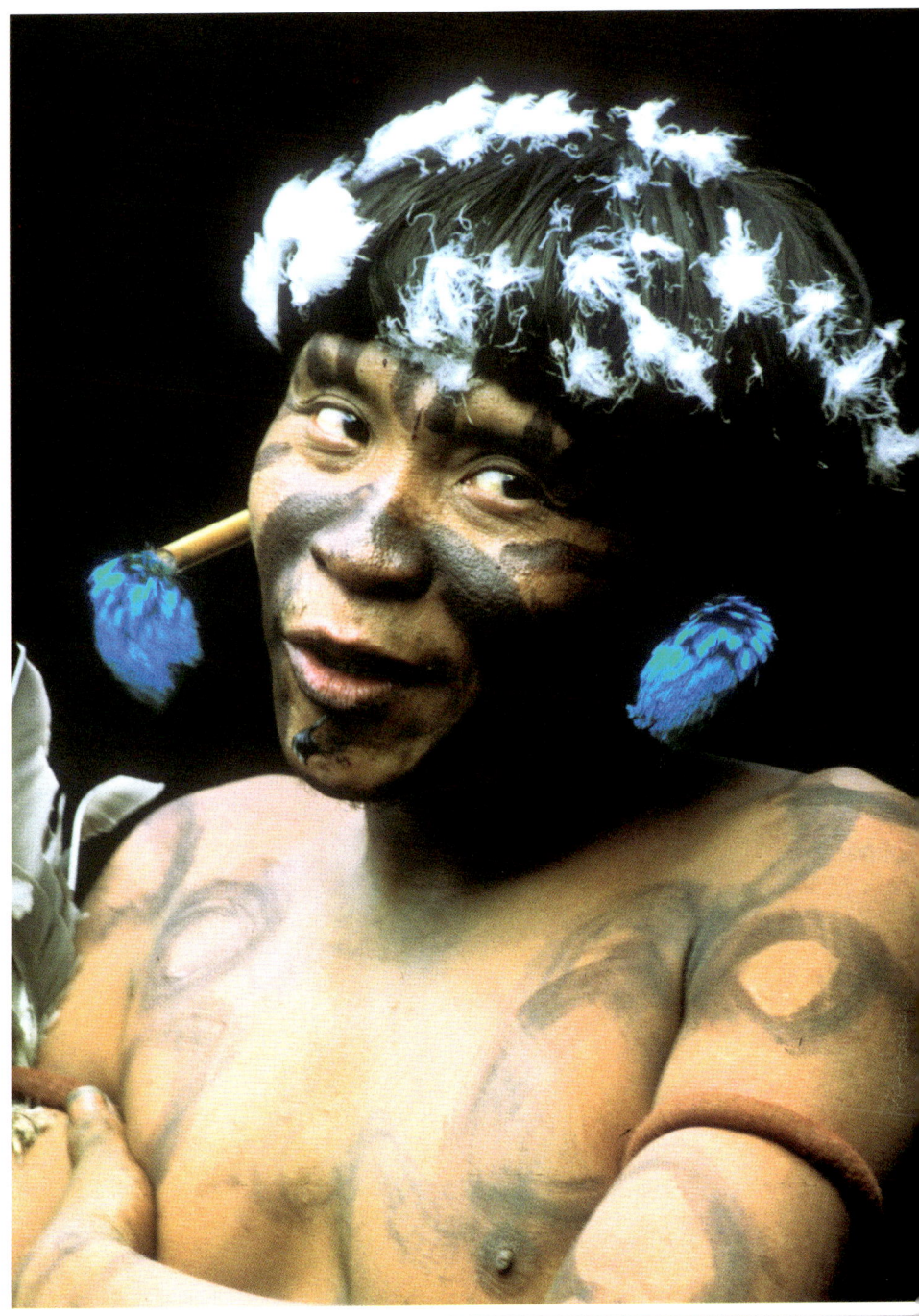

Die Hängematte gehört zum wenigen materiellen Besitz der Yanomami. Die Herstellung erfolgt nach alter Tradition mit Schnüren aus Pflanzenfasern

Eintanzende Gäste. Man beeindruckt die Gastgeber durch Kraft und kriegerisches Gehabe

Selbstdarstellung zu begünstigen und zugleich Aggressivität zu ordnen. Solange kein Unfall passiert, etwa die tödliche Verletzung eines Kombattanten bei einem Stockduell um eine Frau, bleibt der Zusammenhalt der Gruppe gewährleistet. Probleme entstehen dann, wenn die Anzahl der Personen die kritische Größe von etwa 250 übersteigt, da dadurch die Interessenkonflike der Familienverbände überhand nehmen.

Einbrüche außermenschlicher Kräfte, wie Krankheit, Siechtum, Schlangenbisse, Unfruchtbarkeit, Wetter, Unglück und Zufall sollen durch die ersten und einzigen Spezialisten in ein Sinnsystem gebracht und so handhabbar gemacht werden: die Schamanen oder *shapori*. Sie werden über Jahre hinweg in mehreren Kursen formal unterwiesen und »bezahlen« ihre Lehrmeister mit Tabak oder Gebrauchsgütern. Allgemein ist die Aufgabe des Schamanen die Abwehr schädlicher Einflüsse auf die Gemeinschaft und die Schädigung ihrer Feinde. Durchschnittlich jeden zweiten Nachmittag versammeln sich die *shapori* eines Dorfs, das ist immerhin etwa jeder vierte erwachsene Mann, schnupfen *epena*-Drogen und halten Beschwörungen ab. Dabei saugen sie als schädlich erachtete Einflüsse aus dem Körper ihrer Mitbewohner oder Gäste heraus und bemühen sich, positive Kräfte einzupflanzen. Bei Krankheiten und Besuchen steigert sich die Aktivität. Jede Nacht gegen vier Uhr morgens singen dann einer oder mehrere Schamanen: eine Wacht für die Gemeinschaft, die um diese Zeit am anfälligsten ist, zugleich ein Angriff auf spiritueller Ebene gegen feindliche Gruppen.

Shapori sind meist auch die wichtigsten Männer eines Dorfs, die einflußreichsten unter der Ratsgemeinschaft; sie wird von den Oberhäuptern der Familienlinien gebildet. Ihre Befehlsgewalt ist nie imperativ, sondern bedarf der Einsicht und Zustimmung der einzelnen, speziell der anderen wichtigen Männer des Dorfes. Die Bedeutung eines *proehewe*, eines Dorfoberen, hängt von seiner Erfahrung, seinem *waitheri*-tum – auch aus früheren Jahren –, von Freigiebigkeit, Distributionsgeschick, Anzahl und Einfluß der engeren Verwandtschaft, der Befähigung, sich

Der Tausch von Pfeilspitzen ist ein wichtiges Freundschaftsritual. Es verbindet Männer entfernter Regionen

Gefolgschaften zu machen und Einzelinteressen zu integrieren, seiner Bündnis- und Heiratspolitik und seinem Ruf als *shapori* ab. Auch junge Männer entfernter Ortschaften kommen, um sich initiieren zu lassen und bleiben verbunden.

Sowohl nach innen wie nach außen – verwandschaftlich und politisch – sind die Verbindungen durch Geben und Nehmen repräsentiert und gefestigt. Innerhalb der Gemeinschaft folgt die Verteilung von Nahrung und Beistand der Verwandtschaftsstruktur, die die natürliche Abstammung überformt, und beruht nur in größerem, oft dorfübergreifendem Rahmen auf Gegenseitigkeit. Soziale, emotionale und materielle Bindungen laufen weitgehend parallel.

Freier beweglich wird dieses Prinzip in den Beziehungen zwischen den Siedlungseinheiten. Jede politische Annäherung ist mit Gütertausch verbunden. Jeder Besuch, jedes Fest, jede gemeinsame Totentrauer oder Geisterbeschwörung, jede gemeinsame Arbeit, jeder gemeinsame Kriegszug ist vom Austausch von Nahrungsmitteln und Gütern begleitet, teilweise, wie beim Pfeilspitzentausch oder dem Bewirten mit Bananenkompott, in stark ritualisierter Form. Fordern und Versprechen von Gütern spielen in den rituellen Bindungsgesprächen (*wayamou, himou*) eine eminente Rolle und symbolisieren die Qualität der Beziehung. Auf längere Sicht muß der Austausch ausgewogen sein, es kommt aber vor, daß nach einem Besuch die Gastgeber nur noch das Notwendigste besitzen. Die Besuche ereignen sich häufig, sie konstituieren und bestimmen die freundschaftliche Nähe zwischen Gemeinschaften.

Das mußte die Lösung sein für die zunächst so exotisch wirkende Sitte der Yanomami. »EE« entwickelte seinen Gedanken weiter. Wenn sich zwei Europäer begegnen, drücken sie sich die Hand. Sind es Männer, gerät diese freundliche Kontaktaufnahme fast unwillkürlich zum Duell. Die Hände werden zum Schraubstock. »Der soll ja nicht denken, daß ich ein Schwächling bin!«

Doch ändert diese Demonstration der eigenen Stärke nichts an dem eigentlich freundlichen Grundton der Begegnung. Offenbar haben wir, so die Folgerung des Yanomami-Besuchers »EE«, ein von der jeweiligen Kultur weitgehend unabhängiges biopsychologisches Programm, das uns vorschreibt, wie wir uns in derartigen Situationen am besten verhalten: kompetent und stark, gleichzeitig zugewandt und freundlich. So wird die Tür für weitere Kontakte, den Austausch von Gedanken oder materiellen Gütern offen gehalten, aber auch dem eventuellen Versuch vorgebeugt, daß der eine den anderen »über den Tisch« zieht. – Die Yanomami hatten der Wissenschaft zu einer bedeutenden Erkenntnis verholfen.

Harald Herzog,

der Autor dieses Beitrags, arbeitete an der Forschungsstelle für Humanethologie in der Max-Planck-Gesellschaft. Im Jahre 1985 verlor der Linguist und Mitarbeiter von Prof. Irenäus Eibl-Eibesfeldt bei einem tragischen Unfall im Gebiet der Yanomami sein Leben. Der Text wurde von seiner Frau Gabriele Herzog-Schröder leicht überarbeitet.

Die Himba

Es wird wohl kaum einen Ort auf der Erde geben, wo so viele Fliegen herumschwirren wie in einem Kral der Himba. Als »EE« 1971 zum ersten Mal die Himba besuchte, begleitet vom Herero-Spezialisten Dr. Kuno Budack und dem Techniker und Kameramann Dieter Heunemann, hat es vermutlich einiger Überwindung bedurft, die ständig präsenten Plagegeister zu ertragen. Doch wenn man die entsprechenden Berichte in »EE«'s Publikationen liest, ist von diesen Unbequemlichkeiten kaum die Rede. Vielmehr werden die Himba wie die Angehörigen anderer Kulturen auch mit großer Sympathie geschildert.

Rechts: Vor einer der typischen Wohnhütten aus Lehm
Unten: Seit 22 Jahren ist »EE« zu Gast bei den Himba. Die anfängliche Fremdheit ist längst Vertrauen gewichen

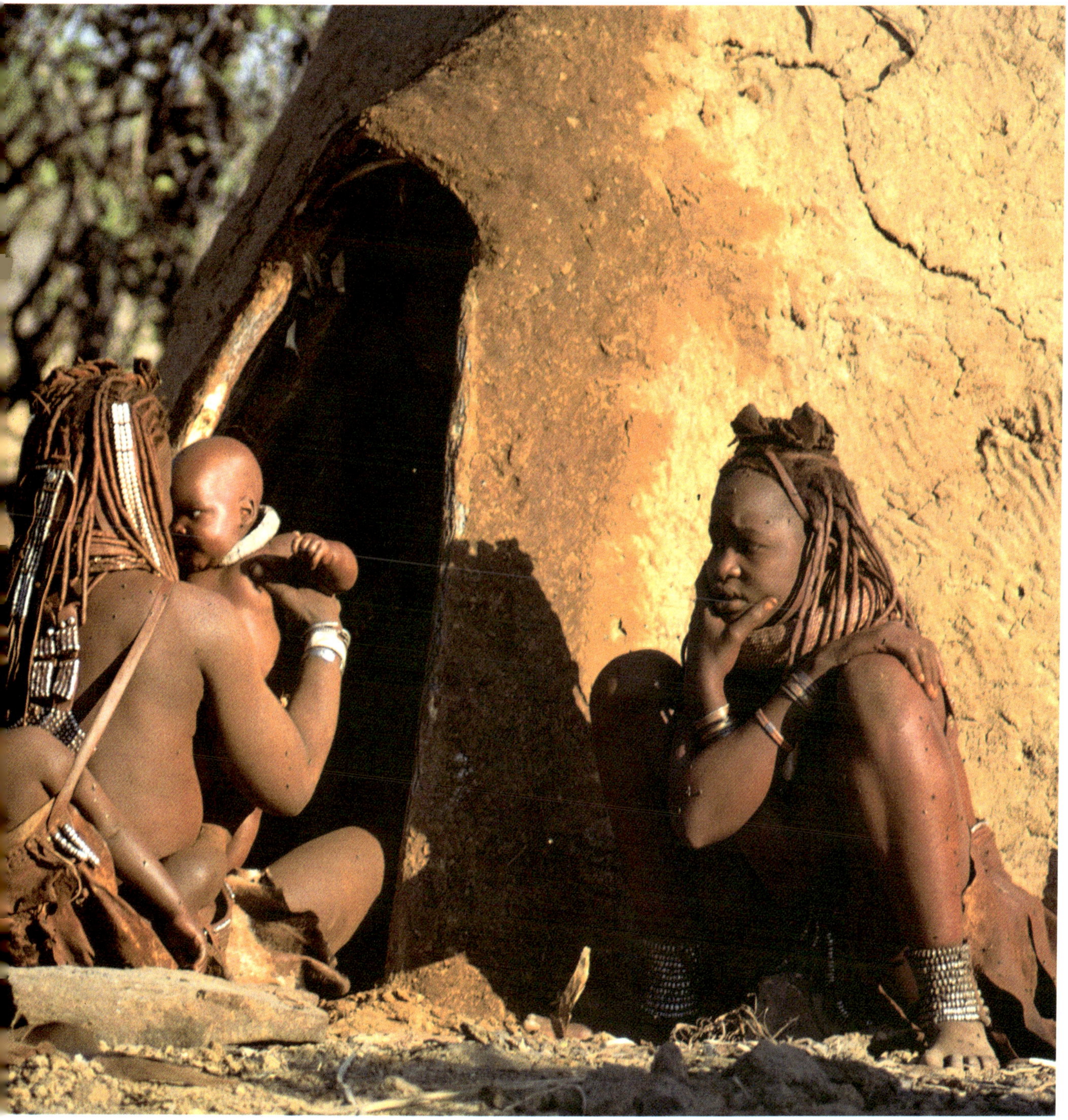

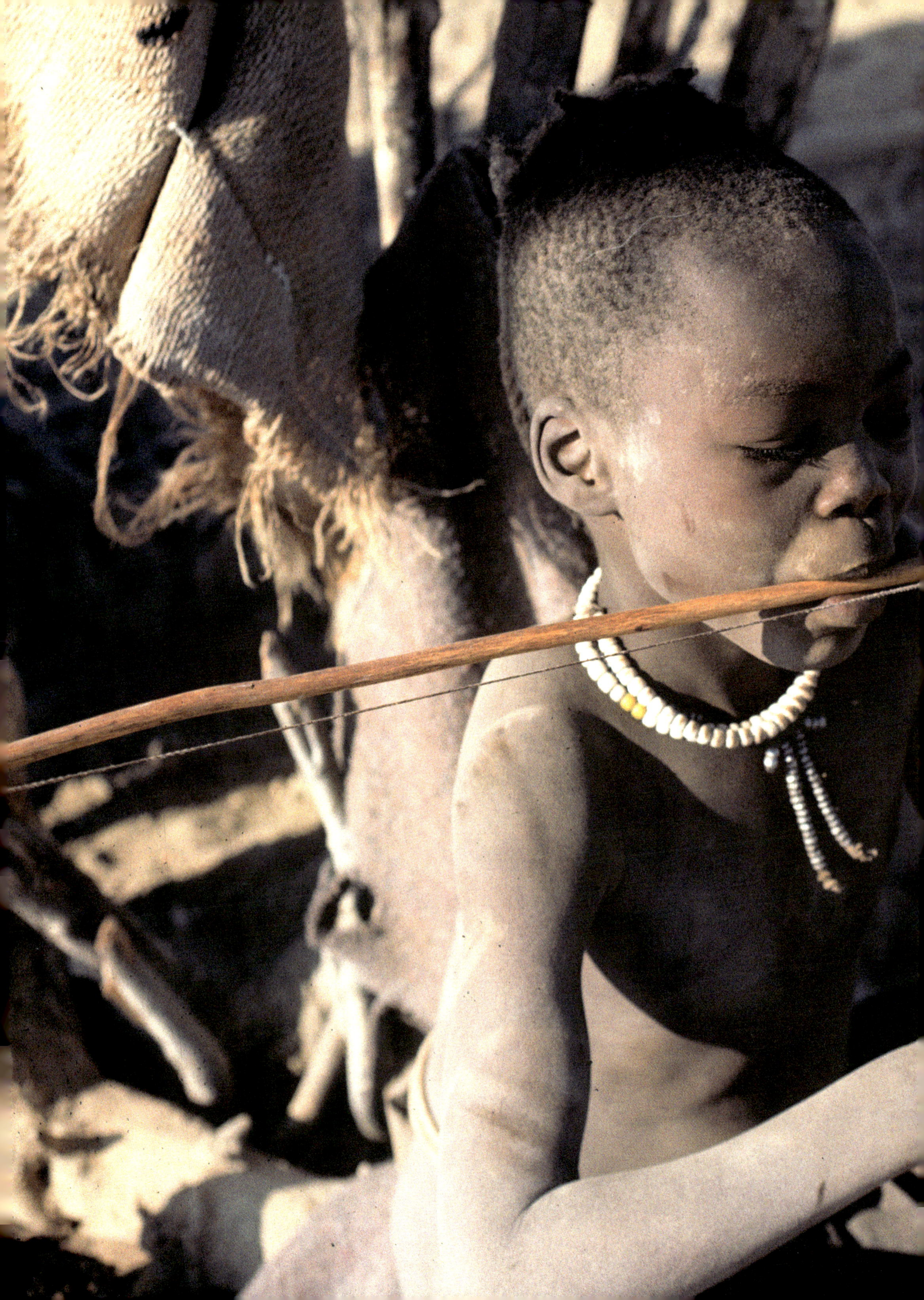

Der Mundbogen gehört zu den alten afrikanischen Musikinstrumenten. Dabei dient die Mundhöhle als variabler Resonanzkörper, die Saite wird mit einem Stöckchen angeschlagen. Freude an der Musik ist typisch für die Menschen in allen Kulturen

Rinderkral der Siedlung Ojitanga. Tagsüber weidet das Vieh in der Umgebung. Die Himba müssen ständig gewärtig sein, daß Angehörige anderer Gruppen ihre Rinder, den kostbarsten Besitz, stehlen

Vor mehr als 400 Jahren kamen die Himba, die auch Ovahimba bzw. Omuhima genannt werden, als Teil Herero sprechender Einwanderer von Nordosten nach Südwestangola. In ihren Überlieferungen wird das Gebiet der großen Seen in Ostafrika als Ursprungsort erwähnt; tatsächlich gibt es kulturhistorische Parallelen, die wahrscheinlich machen, daß die Heimat der Himba einmal der Osten des afrikanischen Kontinents war. Nach ihrem Zug durch das heutige Sambia und Südangola erreichten die Himba etwa um 1550 den Kunene Fluß.

Dort lebten sie ungefähr 200 Jahre mit den eigentlichen Herero zusammen, bis diese weiter nach Süden zogen und die Himba im Nordwesten Namibias zurückblieben. Sprachlich gehören die Himba zu den Südostbantu und stellen damit eine Untergruppe der Herero Völker in Namibia und Südwestangola dar. Etwa 11 000 von ihnen bewohnen das Kaokoland und siedeln vor allem nördlich des meist trockenen Bettes des Hoarusib-Flusses. Hinzu kommen noch etwa 6 000 Stammesgenossen in der Provincia de Namibe der Republik Angola; dort machen die Himba etwa zehn Prozent der Bevölkerung aus. Die Himba haben eine erstaunlich gute Erinnerung an Geschehnisse, die viele Generationen zurück stattfanden. Für uns, die wir daran gewöhnt sind, geschriebene Quellen befragen zu können, ist das ein bemerkenswertes Faktum.

Doch auch von anderen Kulturen ist bekannt, daß die Menschen über ausschließlich mündliche Überlieferung ein recht genaues Bild der Vergangenheit erstehen lassen können. Der Völkerkundler J.S. Malan hat durch Befragung von Himba-Informanten herausbekommen, daß um 1870 eine Gruppe der Herero vor einem feindlichen Stamm nach Angola fliehen und dort um Nahrung und Wohnraum betteln mußte. Deshalb wurden sie fortan »Himba«, d.h. »Bettler« genannt. Doch in Vita, dem 1863 geborenen Sohn einer einflußreichen Herero-Familie, fanden sie einen Häuptling, der sie aus dem Exil herausführte. Vita, oder Oorlog, wie er mit einem Afrikaanswort auch genannt wurde – beides bedeutet »Krieg« – begleitete den Forscher Frederik Green auf einer Expedition durch Angola. Dort traf er auf die geflüchteten Himba und faßte sie in einem militärischen Verband zusammen. Da er den Portu-

1973 kam »EE« erneut zu den Himba, diesmal begleitet von seiner Frau Lorle. Zu ihr faßte der große, eindrucksvolle und sich bisweilen recht autoritär gebende Häuptling des Krals überraschend schnell Zutrauen. Das hing wohl auch damit zusammen, daß sie Patientinnen und Patienten jeden Alters erfolgreich mit Augentropfen, antibiotischer Salbe und Aspirin behandelte.

Oben: »EE« bei einer der Gruppen, die er seit 1971 immer wieder besucht
Unten: Mit einem Handkuß bedankt sich der Häuptling bei Dr. Eleonore Eibl-Eibesfeldt für die Vitamintabletten, die sie ihm zur Behebung seiner Potenzschwäche gegeben hatte

Der mit vier Frauen verheiratete vielfache Großvater erklärte der weißen Frau mit deutlicher Gebärde, daß er unter Potenzschwäche leide und ebenfalls dringend eine Medizin brauche. Er erhielt Vitamintabletten. Als Lorle Eibl am nächsten Tag ins Dorf kam, umarmte er sie und küßte wiederholt laut schmatzend ihre Hand: die Pillen hatten offenbar gut gewirkt. Placeboeffekte gibt es nicht nur in Europa.

giesen half, lokale Aufstände niederzuschlagen, rüstete man ihn gut mit Waffen aus. 1906 wurde Vitas Position durch Gruppen flüchtiger Herero verstärkt. Mit dieser Streitmacht führte er Kriege, in deren Verlauf er viele Rinder raubte. Die Beute verteilte er unter seinen Gefolgsleuten. Mit ihnen überquerte er etwa 1920 den Kunene-Fluß und kehrte in das Kaokoland, die Heimat der ursprünglich geflohenen Gruppe, zurück.

Die Wirtschaftsgrundlage der halbnomadischen Himba sind ihre Herden von Rindern, Schafen und Ziegen. Rinder haben bei den Himba nicht nur eine herausragende wirtschaftliche Bedeutung, sie sind überhaupt sehr eng mit dem gesamten gesellschaftlichen und religiösen Leben verflochten. Davon zeugen unter anderem das emotionale Verhältnis zu einzelnen Tieren (sie tragen fast alle Namen und reagieren auf diesen), die hochentwickelte Technik des Züchtens von Vieh und die prominente Rolle der Rinder bei Opferhandlungen. Für einen Himba ist eine erstrebenswerte Existenz ohne Rinder kaum vorstellbar. Fleisch und Milch bilden die Nahrungsgrundlage. Für den täglichen Gebrauch wird in erster Linie Fleisch von Schafen, Ziegen und Wildtieren verwandt. Ochsen hingegen werden hauptsächlich zu zeremoniellen Anlässen geschlachtet. Vieh war lange Zeit hindurch die Grundlage des Tauschhandels mit der Bevölkerung Angolas und des Ovambolandes. Erst in jüngerer Zeit kamen die Himba mit dem modernen westlichen Wirtschaftssystem in Berührung.

Jeder Himbakral ist von einer Hecke aus abgehauenen Ästen und Büschen umgeben. Sie umschließt auch den großen Rinderkral und eine Reihe von Hütten. Zwischen der Häuptlingshütte und dem Rinderkral liegt das heilige Feuer, die wichtigste Kultstätte der Himba. Hier verehrt man die Ahnen. Auch der Platz als solcher ist heilig, und keiner darf, selbst wenn das Feuer nicht brennt, diese Stelle betreten. Das heilige Feuer gilt als Symbol des Vaters. Es heißt, man habe es vom mythischen Ahnherrn übernommen. Darin spiegelt sich die Bedeutung, die dieses von den Tieren gemiedene Element für uns hat: Die Zähmung des Feuers war der Urbeginn menschlicher Existenz. Die erste Frau des Häuptlings und deren unverheiratete älteste Tochter haben dafür zu sorgen, daß das Feuer nicht erlischt. Morgens und abends soll es entzündet, tagsüber soll die Glut in der Häuptlingshütte unterhalten werden. So jedenfalls lautet die Regel, in der Praxis ist man jedoch weniger streng. Am heiligen Feuer werden die politischen Beratungen der Männer einer Kralgemeinschaft abgehalten und Streitfälle diskutiert. Dort wird auch förmlich Recht gesprochen. Der Häuptling oder sein ältester Sohn führen hier auch in der Funktion des Priesterarztes Krankenheilungen durch.

In vielen Kulturen ist es üblich, den Körper durch chirurgische Eingriffe zu verändern. Interessanterweise hat ja auch bei uns das Durchstechen von Ohrläppchen und Nasenflügeln zum Zweck des Anbringens von Schmuck stark zugenommen. Auf diese Weise entstehen unverwechselbare, gut sichtbare Zeichen der Zugehörigkeit zu einer bestimmten Gruppe. Bei den Himba werden die beiden mittleren Schneidezähne des Oberkiefers in Form eines umgekehrten V ausgefeilt und die vier Schneidezähne des Unterkiefers gänzlich ausgeschlagen. Sowohl Buben als auch Mädchen sind diesem Eingriff unterworfen. In der Nacht vor der Operation schlafen sie in der Haupthütte unter dem besonderen Schutz der Ahnengeister. Am nächsten Morgen folgen die Kinder dem Kraloberhaupt zum heiligen Feuer, dort wird der Ahnherr angerufen und darum gebeten, daß die Zähne leicht entfernt werden können. Die

Kinder legen sich dann eins nach dem anderen auf ein gegerbtes Fell neben das heilige Feuer. Der Operateur klemmt den Kopf der kleinen Patienten zwischen seine Knie. Ein Helfer drückt die Zunge des Kindes mit einem Stück Holz zurück, dann werden die Zähne nacheinander mit Schlegeln vom Mopani-Baum ausgeschlagen. Zu einem späteren Zeitpunkt erfolgt das Feilen der oberen Schneidezähne. Das wird von einem älteren Verwandten aus der väterlichen Linie vorgenommen und ist mit keinerlei rituellen Praktiken verbunden.

Die Buben müssen sich einem weiteren körperverändernden Eingriff unterziehen: der Beschneidung. Das Kraloberhaupt nimmt am heiligen Feuer Platz und teilt den Ahnengeistern den Zweck der Zusammenkunft mit. Danach gehen die Buben einzeln zu ihm und legen sich auf ein Fell. Ihre Eltern tragen sie dann zu einem Schattenbaum außerhalb der Kralumzäunung, wo man bereits am Vortag den Platz für die Operation vorbereitet hatte. Ein erfahrener Spezialist schneidet mit einer scharfen Pfeilspitze oder einem Messer die Vorhaut ab. Auf die blutende Wunde legt man einen durchgekauten Brei aus Heilpflanzen. Nach drei Tagen ist der Penis einigermaßen verheilt. Eine Feier innerhalb des Krals beendet die Zeremonie.

Wenn auch das Ausschlagen und Feilen der Zähne und die Beschneidung sehr schmerzhaft sind, so unterwerfen sich die Kinder und Jugendlichen diesen Eingriffen doch freiwillig und gefaßt. Nur, wenn diese Veränderungen an ihrem Körper vorgenommen sind – so empfinden sie es – gehören sie wirklich als vollwertige Mitglieder zu ihrem Stamm.

Oben: Schon die kleinen Himba müssen sich an die Fliegenplage gewöhnen. Das heiße Klima und die großen Viehherden begünstigen die Vermehrung der Quälgeister
Unten: Die Kernfamilie ist überall Keimzelle der Gesellschaft

»EE« fiel bald ein interessantes Ritual auf. Häufig brachten die Frauen frisch gemolkene Milch zum Häuptling, der mit würdiger Geste einen Schluck davon kostete und seine Zustimmung ausdrückte. Das Holzgefäß konnte dann zur Weiterverarbeitung der Milch zum Haus der betreffenden Familie gebracht werden. Die völkerkundliche Literatur ist voll von Schilderungen solch merkwürdig erscheinender Sitten. »EE« erkannte die Bedeutung des Beschmeckens der Milch. Die Himba müssen eine gute Organisation besitzen, um sich gegen den Raub ihrer Rinder wehren zu können. Dazu ist es notwendig, daß eine funktionierende Hierarchie und Gefolgschaft besteht, wie sie z.B. auch in militärischen Verbänden anderer Länder oder auf allen Schiffen anzutreffen ist, die den potentiellen Gefahren des Meeres ausgesetzt sind.

**Oben: Selbstbewußte junge Frauen
Links unten: Mit einem Gemisch aus Fett und zerriebenem Roteisenstein reiben die Himba ihre Körper ein
Rechts unten: Gemahlener Mais liefert die wichtigen Kohlehydrate**

Den Kern der Kralgemeinschaft bildet die Familie. Die Eheform ist die der Polygynie, das heißt, ein Mann kann mit mehreren Frauen verheiratet sein. Der Eingang des zentralen Rinderkrals liegt der Häuptlingshütte genau gegenüber. Lebt die Mutter des Kraloberhaupts noch, hat sie ihre Hütte gleich neben der seinen. Es folgen im Gegensinn des Uhrzeigers dem Rang nach die Frauen des Kraloberhaupts, seine Brüder mit ihren Frauen, seine Söhne mit ihren Frauen und die unverheirateten Töchter. Der leibliche Vater ist nicht in allen Belangen Vormund seiner Kinder. Diese Aufgabe obliegt vor allem dem mütterlichen Onkel, also dem Mutterbruder des Kindes.

In dieser Regelung spiegelt sich die Tatsache wider, daß die Himba ihre Gesellschaft sowohl nach der väterlichen als auch nach der mütterlichen Linie ausrichten.

Die Sozialstruktur der Himba und der Herero generell unterscheidet sich nämlich von jener aller anderen Völkern Namibias durch das System der doppelten Abstammung, der dualen oder bilinearen Deszendenz. Jeder Mensch gehört danach sowohl der mütterlichen (matrilinearen) als auch der väterlichen (patrilinearen) Sippe an. Ein neu vermähltes Ehepaar nimmt seinen Wohnsitz in der Regel im Heimatkral und damit im weiteren Wohngebiet des Mannes, das heißt, die Frauen heiraten nach »draußen«, wie es in vielen traditionellen Kulturen die Regel ist. Eine Folge dieser Praxis ist, daß an einem gegebenen Ort meist viele Mitglieder der väterlichen Sippe wohnen, während die Mitglieder der mit der Frau verwandten Sippe weiter verstreut sind; bei den Himba praktisch über deren gesamtes Siedlungsgebiet. Das wiederum führt dazu, daß die Frauen zwar weniger »Hausmacht«, dafür aber den Vorteil stärker vernetzter verwandtschaftlicher Bindungen haben. Wie schon im Kapitel über die Buschleute dargestellt, sind Frauen auf diese Weise eine Art »Salz in der Suppe der sozialen Beziehungen«. Bei den Himba treffen sich die Mitglieder der Matrilinie meist nur bei Familienfeiern wie Hochzeiten und Beerdigungen.

Dessenungeachtet üben sie die eigentliche Kontrolle aus über die große Masse des gesamten Eigentums, also vor allem über die Viehherden und den Prozeß der Erbteilung. In den Zuständigkeitsbereich der lokalisierten väterlichen Sippe, der Patrilinie, hingegen fällt die Vererbung der sakralen Rinder und sakralen Gegenstände generell, die Ausübung der Familienautorität, die Regelung der Häuptlingsnachfolge, das Bewahren des heiligen Ahnenfeuers, der totemistischen Speiseverbote und anderer religiöser Überlieferungen.

Diese komplizierten Rechtsverhältnisse werden durch die Annahme erklärt, daß sich die Himba in einer Phase des Übergangs von der matrilinearen zur patrilinearen Verwandtschafts- und Erbordnung befinden. Es entstehen oft langwierige Rechtsstreitigkeiten zwischen den Erben mütterlicherseits (*eanda*) und väterlicherseits (*oruzo*), die sich jahrelang hinziehen können.

Bisher haben die Himba ihren Lebensstil und ihre Traditionen weitgehend bewahren und sich aus den kriegerischen Verwicklungen im Südwesten Afrikas heraushalten können. Man kann, wie im Fall der anderen traditionellen Gesellschaften auch, nur hoffen, daß der unausweichlich scheinende Prozeß des Kulturwandels nicht zur Aufgabe der eigenen Unverwechselbarkeit führt. Die erfolgreichen Experimente, die die Stammeskulturen ja im Prozeß der Geschichte darstellen, wären dann unwiederbringlich verloren, und auf unserem Globus würde sich eine einheitliche »Coca Cola-Kultur« ausbreiten.

Dadurch, daß die Himba ihrem Häuptling förmlich Reverenz erweisen, bestärken sie zum einen die Funktionshierarchie, zum anderen den Zusammenhalt der Gruppe, deren Oberhaupt der Häuptling ist. Das symbolische Beschmecken der Milch ist also ein politisch sehr bedeutsamer Akt, nicht eine exotische Merkwürdigkeit.

Der Häuptling beim rituellen Verkosten der Milch. Wie »EE« erkannte, dient diese Sitte der Festigung seiner Autorität

Seit dem ersten Besuch sind 22 Jahre vergangen. Wenn »EE« heute im Kral seiner Gastgeber von damals wohnt, sieht er junge Frauen liebevoll mit ihren Säuglingen umgehen, die er schon beobachtet und gefilmt hatte, als sie selbst noch kleine Mädchen waren und mit Püppchen spielten, die sie aus Stöcken und anderem Material gebastelt hatten. Eine solche Kontinuität der wissenschaftlichen Datenaufnahme ist selten, auch im internationalen Vergleich.

Die Trobriander

Ende der 70er Jahre war absehbar, daß einige der humanethologischen Feldforschungsprogramme auslaufen oder nur unter veränderten Gesichtspunkten würden weitergeführt werden können. »EE« kam daher auf einen bereits früher gefaßten Plan zurück, nämlich eine traditionale Inselbevölkerung in das Programm aufzunehmen, die ein Modell für die besonderen Lebensbedingungen auf einem beschränkten Stück Erde inmitten des Meeres darstellte.

Rechts: Eine Familie auf dem Weg zu Verwandten. Das Auslegerkanu vom Typ *nigataya* ist mit Yamswurzeln, Zuckerrohr, den begehrten Betelnüssen und anderen Geschenken beladen
Unten: Aus Meeresschnecken und anderem Zierrat sind die kostbaren *mwali* gefertigt. Sie werden im zeremoniellen *kula* Tauschsystem von Insel zu Insel weitergegeben

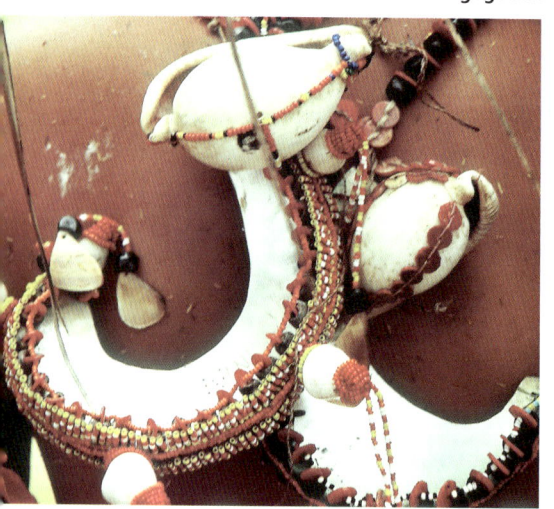

57

Boote mit herkömmlichem Segel aus Streifen von Pandanusblättern wie dieses Auslegerkanu vom *masawa* Typ sind mittlerweile selten. Mit ähnlichen Booten wurde der Pazifische Ozean besiedelt

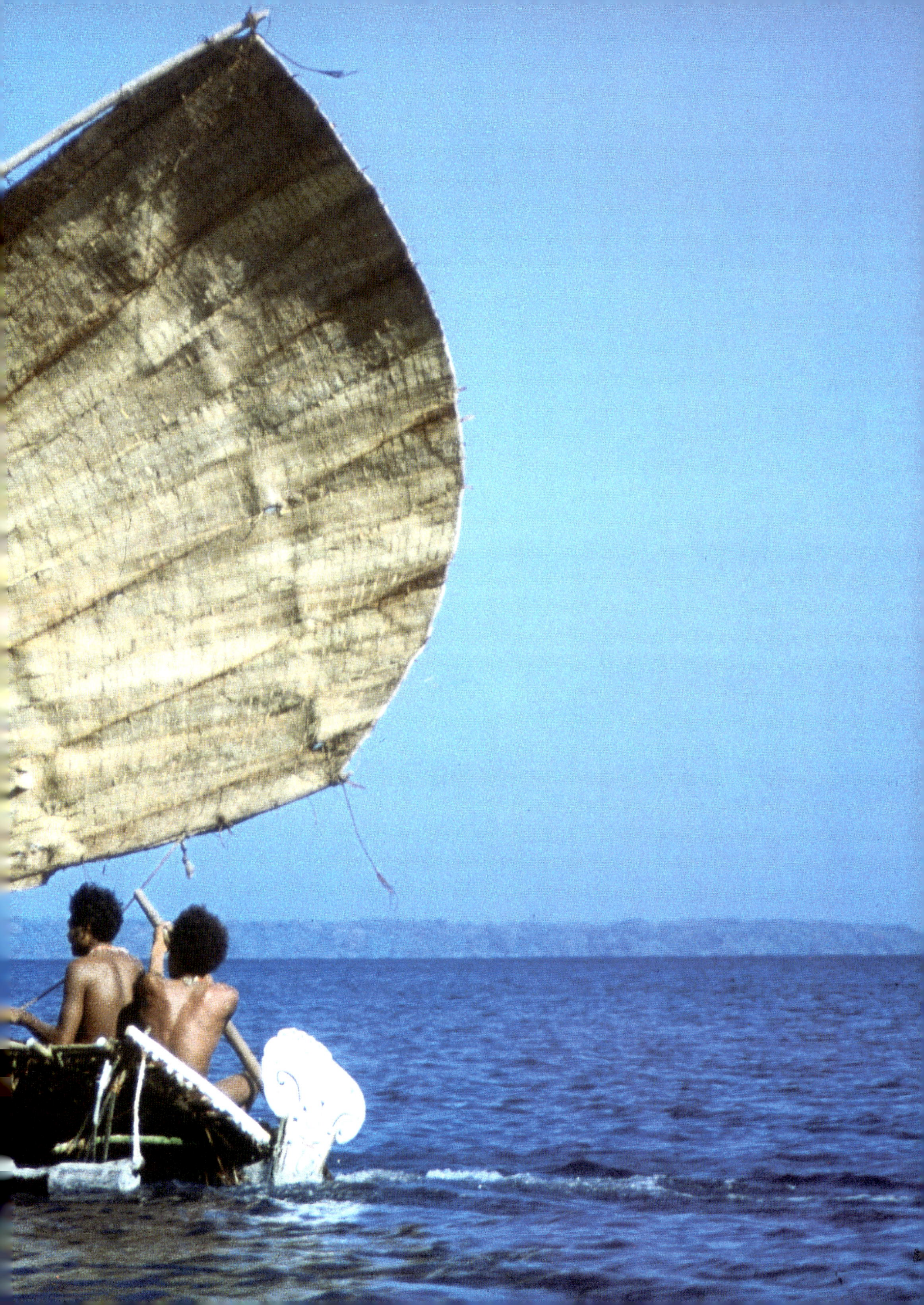

Häuptlinge und einflußreiche Männer haben besondere Vorratsspeicher für die Yamswurzeln. Bemalung und Schmuck demonstrieren die Bedeutung des Besitzers

Im Sommer 1979 machte sich »EE« daher mit Wulf Schiefenhövel auf die Suche nach »der Insel«. Es wurde bald klar, daß der Kulturwandel zu ganz grundlegenden sozialen und ökonomischen Veränderungen geführt hatte.

Die Bevölkerung der winzigen Insel Nauru war zu einer der reichsten der Welt geworden; der Kot von unzähligen Generationen von Seevögeln hatte im Verlauf der Jahrtausende

Anno 1793 entdeckte der französische Forschungsreisende Antoine d'Entrecasteau in der westlichen Südsee eine Gruppe von Inseln, die er nach seinem Leutnant Denis de Trobriand benannte. Die Trobriand Inseln liegen etwa auf dem 151. östlichen Längengrad und zwischen dem 8. und 9. Grad südlicher Breite. Sie sind Teil des seit 1975 unabhängigen Staates Papua Neuguinea. Die flachen Koralleninseln befinden sich inmitten der tropischen Klimazone, die jährliche Niederschlagsmenge beträgt 4 000 mm. Offizielle Angaben gehen davon aus, daß auf den Trobriand Inseln etwa 20 000 Menschen leben, doch dürfte die Bevölkerung mittlerweile auf mindestens 25 000 angewachsen sein. Die Trobriander sprechen Kilivila, eine austronesische Sprache. Sie gehört zu einer Familie von Sprachen, die von Hawaii, den Osterinseln und Neuseeland im Osten über den halben Globus bis Madagaskar gesprochen werden. Die Ur-Austronesier stammten aus Südchina und Taiwan und besiedelten als geschickte Seefahrer über die Philippinen und Indonesien vor etlichen tausend Jahren zunächst die Inseln des westlichen Pazifik. Von Sumatra aus gelangten sie sogar bis nach Madagaskar vor der Küste des afrikanischen Kontinents. Die Trobriander, Nachfahren der unternehmungslustigen Austronesier, legen heute noch weite Reisen in hochseetüchtigen Auslegerbooten mit Blattsegeln zurück. Der weite Pazifik wurde vermutlich mit ganz ähnlichen Fahrzeugen erobert, lange bevor die ersten Weißen, allen voran James Cook, sich mit ihren schwerfälligen Schiffen in diesen Teil der Welt wagten.

Ab dem 16. Jahrhundert hatte es Erkundungsfahrten der Europäer im Pazifischen Ozean gegeben. Da die einheimische Geschichte, wie überall in schriftlosen Kulturen, auf der mündlichen Überlieferung beruht, liegen frühe schriftliche Zeugnisse über die Trobriander erst von diesen Kontakten an vor. 1884 wurde Südost-Neuguinea einschließlich der Salomon-See, in der die Trobriand Inseln liegen, englisches Protektorat, wenige Jahre später Kolonie. Der Nordosten Neuguineas war damals als Kaiser-Wilhelms-Land und Bismarck-Archipel deutsches Schutzgebiet. Um 1900 kamen die ersten Europäer auf die Trobriand Inseln, davor hatte es nur sporadische und oberflächliche Kontakte mit der einheimischen Bevölkerung gegeben. Bald eröffneten Missionen verschiedener Glaubensrichtungen Stationen auf Kiriwina, der größten Insel der Gruppe. Man fing an, die Kultur der Trobriander zu dokumentieren. Die frühen Berichte stammen von Missionaren und Kolonialbeamten. Dann kamen die ersten Ethnologen.

Der berühmteste von ihnen war der polnische Edelmann Bronislaw Malinowski, der während des Ersten Weltkrieges zwei Jahre lang Feldarbeit in Omarakana, dem Dorf des obersten Häuptlings der Trobriander, durchführte. Er lernte die Kilivila Sprache und veröffentlichte Bücher und Aufsätze, die auch jenseits der Fachwelt große Beachtung fanden. So wurden die Trobriander zu einer der bekanntesten ethnischen Gruppen überhaupt.

Während des Zweiten Weltkrieges waren die Trobriand Inseln durch amerikanische Truppen militärisch besetzt, die mit den Australiern gegen die Japaner kämpften. Seit den 50er Jahren bildeten sich die ersten eigenständigen Verwaltungen, die sogenannten 'local government councils'. Kurz darauf setzte der Tourismus ein, der jedoch in bescheidenem Rahmen blieb.

Auf Kaileuna, einer kleinen Insel westlich von Kiriwina und abseits vom Hauptstrom des Kulturwandels, begannen wir 1982 unser Forschungsprojekt, das die drei Fachgebiete Humanethologie, Ethnologie und Linguistik vereinte. Fast jedes Jahr waren seither einzelne von uns oder kleine Teams in Tauwema, dem Dorf unserer Gastgeber. Auf diese Weise entstand eine außergewöhnliche Kontinuität der Datengewinnung.

Das Leben der Menschen auf Kaileuna folgt in wesentlichen Aspekten noch immer der Tradition. Die Dörfer haben einige Dutzend bis wenige hundert Einwohner. Bisher hat man die herkömmliche Bauweise mit Material aus dem »Busch« weitgehend beibehalten. Die Wohnhütten ruhen auf Pfosten, etwa ein Meter über dem Boden, was bei der tropischen Hitze eine wohltuende Luftzirkulation ermöglicht. Die Wände bestehen aus geflochtenen Blattwedeln der Kokospalme oder breiten Blattstreifen des Schraubenbaums (Pandanus), als Dachmaterial werden Blätter der Sagopalme bevorzugt, aber auch Pandanusblätter verwendet. Die eigentlichen Wohnhäuser sind sehr klein: Die zur Verfügung stehende Fläche beträgt im Durchschnitt sechs Quadratmeter. Allerdings hält man sich darin nur zum Schlafen oder bei Krankheit auf. Ansonsten findet das Leben auf den Veranden der Wohnhäuser oder der Yamsspeicher, aber auch auf dem Sandboden vor den Häusern statt. Diese Tatsache erleichtert natürlich die Arbeit von Forschern, die am Verhalten der Menschen interessiert sind. Sie können so, natürlich im Einverständnis mit den Gastgebern, leichter Zeuge der Ereignisse werden.

Die Trobriander sind Pflanzer und Fischer. Ihre wichtigste Nutzpflanze ist der Yams, eine Kletterpflanze aus der Familie der Schmerwurzgewächse (Dioscoreen) mit stärkehaltigen Wurzelknollen, die als Grundnahrungsmittel ca. 75 Prozent der Ernährung ausmachen. Daneben werden Taro, Süßkartoffeln und Maniok angebaut. Kokosnüsse, Bananen, einheimische und eingeführte Gemüsearten, Zuckerrohr sowie verschiedene andere tropische Pflanzen, die zum Teil wild wachsen, ergänzen den Speisezettel. Lebenswichtiges Protein liefert das Meer mit seinem ungeheuren Reichtum an Fischen und anderem Seegetier. So ist es kein Wunder, daß auf Kaileuna praktisch keine Fehl- oder Mangelernährung festzustellen ist. Auf der Hauptinsel mit ihrer stark wachsenden Bevölkerung gibt es in dieser Hinsicht mittlerweile schon eher

Witwen müssen für viele Monate zurückgezogen leben. Die Patientin hat ein tropisches Beingeschwür

riesige Phosphatlager entstehen lassen, die großtechnisch ausgebeutet werden. Die Menschen auf den mikronesischen Inseln Ponape und Majuro wurden von der amerikanischen Regierung »gefüttert« und hatten daher verständlicherweise ihre traditionellen Techniken des Nahrungserwerbs weitgehend aufgegeben. Kwajalein war eigentlich nichts weiter als eine gewaltige Landepiste für Militär- und Linienflugzeuge, und die Salomoninseln hatten sich dem modernen Massentourismus geöffnet. Zum Glück gab es die Trobriand Inseln.

Gleich bei der ersten Fahrt über die Hauptinsel Kiriwina sahen wir phantastisch geschmückte, hohe, schlanke Yamshäuser, die liku der einflußreichen Männer. In den folgenden Tagen wurden wir Zeuge der Erntefeste. Es schien, als seien die Menschen den Büchern Malinowkis entstiegen.

Bei den häufigen Wetternten türmen die Familien ihre Yamsernte zu eindrucksvollen Haufen auf. Der Organisator des Wettbewerbs zahlt den Gewinnern kostbare Preise

61

Doch wie lange würde das so bleiben? Denn Losuia, das Verwaltungszentrum der »Trobs«, würde wachsen und Kristallisationspunkt für tiefgreifende Änderungen sein.

Kaileuna im Westen bot sich als geeigneter Kompromiß an. Ausreichend weit entfernt und doch nicht aus der Welt, sieben Dörfer mit einer Gesamtbevölkerung von vielleicht 1500 Menschen. Das ist eine gute Größe für humanethologische und ethnologische Forschungsarbeiten. Denn einerseits passiert genug, um Einblicke in die Kultur zu gewinnen, andererseits läßt sich alles noch halbwegs überschauen.

Probleme. Als Genußmittel stehen Betel und Tabak hoch im Kurs bei den Trobriandern.

Hinsichtlich der politischen Organisation gibt es bedeutende Unterschiede zwischen den einzelnen Inseln. Während dem auf Kiriwina residierenden obersten Häuptling, dem sogenannten 'paramount-chief', der nach alter Sitte mit vielen Frauen verheiratet ist, große Macht zukommt, sind die Häuptlinge der kleineren Inseln weit weniger einflußreich. An der Spitze der Dörfer stehen Männer, die als »primus inter pares« zu betrachten sind und eher eine Vermittlerrolle spielen. Sie üben Einfluß nicht durch amtliche, sondern durch persönliche Autorität aus.

Auf den Trobriand-Inseln wird die Abstammung der Kinder nach der Mutter gerechnet; somit ist hier einer der weltweit eher seltenen Fälle ausschließlich mutterrechtlicher Abstammung (matrilinearer Deszendenz) gegeben. In der Praxis bedeutet das, daß die Kinder eines Ehepaares stets dem Klan der Mutter angehören und über sie wesentliche Rechte erben. Diese Abstammungsregel trifft vor allem auch für die Häuptlingswürde zu: Ein Mann, und sei er noch so befähigt und ehrgeizig, kann seinem Vater nicht als Häuptling nachfolgen. Das geht nur in der mütterlichen Linie. - Interessant ist in diesem Zusammenhang, daß die Trobriander nicht den auf den ersten Blick einleuchtenden Weg von der mutterrechtlichen Abstammung zur Frauenherrschaft eingeschlagen haben, denn die politische Macht liegt ja bei Männern, die als Häuptlinge eine besonders herausgehobene Stellung haben.

Aus der Zugehörigkeit zu einem der vier Haupt-Klane leiten sich viele Rechte, Tabus und Pflichten ab, die im täglichen Geben und Nehmen ebenso offenbar werden wie bei Ereignissen, die aus dem Alltag herausgehoben sind. Dazu gehören u.a. Heiraten und die aufwendig gestalteten Totenfeste. Sexual- und Ehepartner darf man sich nur außerhalb des eigenen Unter-Klans suchen. Das weltweite Gebot der Inzestvermeidung ist also auch hier gewährleistet.

Geradezu charakteristisch für die melanesischen Kulturen sind Tauschsysteme, die eine große räumliche und zeitliche Tiefe haben: Die Tauschpartner wohnen oft weit voneinander entfernt, z.B. auf verschiedenen Inseln, und zwischen den Tauschakten vergeht mitunter viel Zeit.

Links: Ein Boot vom *kemolu* Typ entsteht. Man benutzt es zum Fischen in Küstennähe. Am Einbaum werden später Ausleger und Plattform angebracht
Rechts: Auf einem *masawa* Boot mit den typischen Abschlußbrettern (*lagim*) sind Reusen zum Trocknen ausgelegt

Oft ist das Prinzip der Gegenseitigkeit so komplex, daß es von Kulturfremden kaum durchschaut werden kann. Das Grundmotiv jedoch folgt dem archaischen Motto, das die Römer als »do ut des« beschrieben, »Ich gebe, damit du (zurück-) geben mögest«. Durch die verschiedenartigen Tauschsysteme, nämlich zwischen Familienangehörigen und Familien, zwischen Klanen, Dörfern und weit voneinander entfernt liegenden Inseln werden enge Verbindungen zwischen den beteiligten Partnern geschaffen oder gefestigt. Die wechselseitige Verpflichtung, die aus dem Geben entsteht, stärkt so das soziale Gefüge. Neben materiellen Gütern werden auch »geistige« Güter, z.B. besondere, meist geheime Kenntnisse in dieses System des Tauschs einbezogen. Außerdem das, was wir Dienstleistungen nennen würden: Mithilfe beim Bau von Häusern oder Booten, bei der Anlage von Gärten oder dem Ausrichten von Festen.

Die Yamsernte ist jährlicher Höhepunkt des ständigen Gebens und Nehmens. Die jeweilige als Produktionseinheit zusammenarbeitende Familie behält praktisch nichts von ihrer gesamten Ernte, alles wird an den Vater, älteren Bruder oder an andere Verwandte abgegeben. Andererseits erhalten die Familien im Verlauf dieser verschlungenen Tauschhandlungen mindestens so viel an Yams von anderen, daß niemand hungern muß. Das so entstehende oft inselübergreifende Netz von Beziehungen gleicht individuelle Notlagen und allgemeine Mißernten aus. Die Tauschsysteme ermöglichen aber auch, durch großzügiges Geben zu persönlichem Ansehen zu gelangen. Denn nicht nur der, der hat, erhält hohen Rang in der allgemeinen Wertschätzung, sondern vor allem der, der gibt.

Oben: Aus Korallen entsteht ein feines Kalkpulver. Erst damit gemischt wirkt die Betelnuß anregend und berauschend
Unten: Mit Steinschleudern gehen die Männer auf Vogeljagd

In Giwa an der Ostküste Kaileunas werden wir vom Boot des Malaria-Teams abgesetzt. Ein schöner Ort am Strand. Erstaunte Menschen umringen uns. Zu Fuß machen wir uns auf den Weg nach Kaduwaga, dem Dorf des Inselhäuptlings. Als Verhaltensforscher wissen wir, wie wichtig es ist, daß Besucher die Etikette einhalten. Der Häuptling erweist sich als vitaler, selbstbewußter Mann. Seine Frau steht ihm nicht nach. Sie hat ihn dazu gebracht, auf sein Vorrecht der Vielweiberei zu verzichten.

Wir besuchen den nächsten Ort, Tauwema. Der Dorfhäuptling ist im Garten, seine Frau begrüßt uns. Eine eindrucksvolle Persönlichkeit. Man nimmt uns sehr gastlich auf. Tauwema, das ist uns sofort klar, ist der ideale Ort für das Projekt.

Links unten: Erstgebärende mit Wöchnerinnen-Stola, in die stark riechende Blätter eingebunden sind
Rechts oben: Geborgenheit bei der älteren Schwester
Rechts unten: Hibiskusblüten als Schmuck. Trobriander haben einen ausgeprägten Schönheitssinn

Die geistige Welt der Trobriander ist durch die sehr genaue Kenntnis ihrer Umwelt charakterisiert, auch durch einen großen Schatz an Wissen über das komplexe soziale Leben der Gemeinschaft. Natürliches und Übernatürliches, Religiöses und Profanes sind in der Vorstellung der Menschen dort ganz eng miteinander verflochten, dementsprechend begleiten religiöse Handlungen den Alltag in vielfältiger Weise. Jede erwachsene Frau, jeder erwachsene Mann hat ein Arsenal verschiedener nützlicher Zauber zur Verfügung, mit deren Hilfe etwa die Fruchtbarkeit der Gärten, das Gedeihen der Schweine, Erfolg bei verschiedenen Unternehmungen und Sicherheit bei Seereisen bewirkt werden soll. Mit religiösen Riten und dabei gemurmelten, in der Sprache früherer Generationen abgefaßten Formeln versucht man auch, das Wetter zu beeinflussen, also Regen für eine gute Ernte oder Sonnenschein und ruhige See für Fahrten in den offenen Booten zu bewirken. Auch uns ganz weltlich erscheinende Tätigkeiten wie das Flechten eines Korbes oder der Bau eines Auslegerkanus sind von Zaubern begleitet. Mittels verschiedener Varianten von Liebeszauber versuchen Männer wie Frauen die Gunst einer begehrten Person zu erlangen. Schmerzen und Schwierigkeiten beim Gebären sowie Krankheiten behandelt man einerseits durch Gaben von Pflanzenmedizin, andererseits durch Zauberhandlungen und das Sprechen sakraler Formeln. Schadens- und Todeszauber spielen ebenfalls eine Rolle. Teilweise wird ganz offen darüber gesprochen, daß »X« »Y« durch Zauber getötet habe. Die Trobriander führen die meisten Todesfälle auf das Einwirken solcher schädlicher Zauber oder von übelwollenden Geistern und Hexen zurück.

Aus den Wedeln der Kokospalme werden viele nützliche Dinge hergestellt. Hier werden Teile der Hauswand geflochten

Das Dorf Tauwema, dessen Bewohner seit elf Jahren liebenswerte und aufgeschlossene Gastgeber unseres Teams sind, liegt an der Nordspitze der Insel Kaileuna. In etwa 50 Wohnhäusern leben etwa 300 Menschen noch sehr ähnlich wie in der Zeit, als Bronislaw Malinowski seine bahnbrechenden Forschungen durchführte. Aus einigen wenigen Familien arbeiten jüngere Personen in einem Dienstverhältnis außerhalb ihrer Heimatinsel, alle anderen Frauen und Männer widmen sich traditionellen Tätigkeiten, in erster Linie ihren Yamsgärten. Deren Erträge sind weit mehr als nur Existenzgrundlage: Anläßlich prächtiger Erntefeiern werden die sorgfältig aufgetürmten Yamsknollen den Besuchern aus Nachbardörfern und von umliegenden Inseln stolz präsentiert. Zudem ist der Yams nach wie vor das Produkt, auf dem die meisten der so wichtigen Tauschhandlungen basieren. So sind also die großen nahrhaften Knollen nicht nur Speise, sondern auch Geld.

Musik und Schnitzkunst spielen im Leben der Trobriander eine große Rolle; für beides sind sie ungewöhnlich begabt. Die seegängigen Auslegerboote vom *masawa*-Typ haben prächtig geschnitzte und bemalte Abschlußbretter, deren Symbolik zurückreicht in die mythische Vorzeit. Die modernen Schnitzereien der Trobriander sind handwerklich sehr gut gemacht und finden wegen ihres eleganten Stils auch außerhalb Neuguineas Liebhaber.

Die Menschen in Tauwema sind nicht abgeschnitten von der modernen Welt um sie herum. Dennoch haben sie sich ein Gutteil ihrer Tradition bewahrt. Das liegt sicherlich einmal daran, daß die Administration durch die Briten und später die Australier vergleichsweise behutsam und die Missionierung recht sanft und vorwiegend über einheimische Pastoren erfolgte; es entstand eine Mischreligion mit vielen herkömmlichen Elementen. Zum anderen sind die Trobriander stolz auf ihre Kultur. So können sie Fremden mit Selbstbewußtsein entgegentreten.

Es liegt in günstiger, vor dem Südwest-Passat geschützter Lage und hat, das ist besonders wichtig, vergleichsweise hervorragendes Wasser: ein Loch im Korallenfelsen außerhalb des Dorfes, wo fast salzfreies Trinkwasser geholt wird, und eine Süßwassergrotte, in die man mit Kopfsprung hineinspringen kann. Der Inselhäuptling akzeptiert unsere Wahl. 1982 beginnen die Forschungsarbeiten, die bis heute kontinuierlich weitergeführt werden. In ihrer hochritualisierten Art des Gebens und Nehmens und ihrer zivilisierten Weise des Umgangs miteinander helfen uns die Trobriander, die menschliche Natur und die formenden Kräfte der Kultur zu verstehen.

Die fünf Kulturen im Überblick

Durch welche Kultur wird die Menschheit am besten repräsentiert? Durch keine und jede kann die Antwort nur lauten. Jede Kultur ist ein einmaliges geschichtliches Experiment, in vielen Facetten unvergleichlich anders als jede andere. Gleichzeitig sind alle Kulturen von Menschen geschaffen. Und die sind, zumindest was den Urgrund ihres Fühlens, Denkens und Handelns anbetrifft, überall auf der Erde gleich. Gleich mit uns Heutigen waren in dieser Hinsicht auch unsere Vorfahren. So eint uns Erdenbürger unsere gemeinsame Abstammung von den ersten afrikanischen Vertretern der Spezies Homo sapiens. Und doch sind wir so verschieden im Aussehen, in der Sprache, der Musik, den religiösen Überzeugungen, den Tänzen, der Tracht, der Nahrung, der Wohnung und der Nutzung der jeweiligen Umwelt. – »EE« hatte von Anfang an den Plan, solche Kulturen für langjährige Felduntersuchungen auszuwählen, die verschiedene Strategien des Überlebens repräsentieren.

Die Buschleute folgten noch in den 70er Jahren der ältesten Weise des Nahrungserwerbs durch Sammeln und Jagen. Ihre phantastische Kenntnis der ariden Umwelt, die geniale Nutzung selbst der unscheinbarsten Pflanzen als Lieferanten von Wasser und wichtigen Nährstoffen, die Jagd mit potenten Giftpfeilen, all das spricht dafür, daß sie schon seit sehr langer Zeit in der so lebensfeindlich wirkenden Kalahari-Halbwüste leben. Die sozialen Regeln der Gemeinschaft betonten das Teilen und damit auch den materiellen Ausgleich unter den Mitgliedern. Tänze, bei denen Heilkundige in einen ekstatisch entrückten Zustand gerieten, dienten dem Wohlergehen der Einzelnen und der Gruppe. In den letzten Jahren hat der Kulturwandel viele tiefgreifende Veränderungen mit sich gebracht.

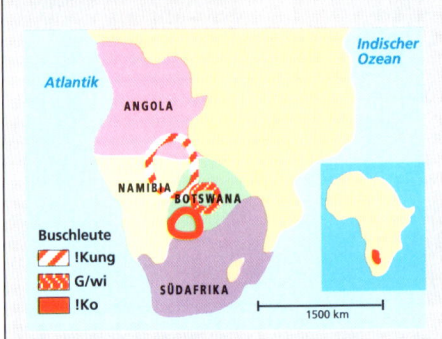

Siedlungsgebiete: Botswana, Angola
Bevölkerungsgröße: !Kung: ca. 15 000, !Ko: ca. 2 000, G/wi: ca. 3 000
Sprachen: Untergruppen der Khoisan-Sprachen
Subsistenzstrategie: Jagen, Sammeln; etwas Viehzucht
Dorfplan (Abb. unten): Die kreisförmige Anordnung der Hütten und ihre Öffnungen beziehen sich auf eine symbolische Mitte. Sie ist das Zentrum der egalitären Gemeinschaft, dort findet auch der Heiltanz statt – ein weiteres Symbol der Einheit der Gemeinschaft.

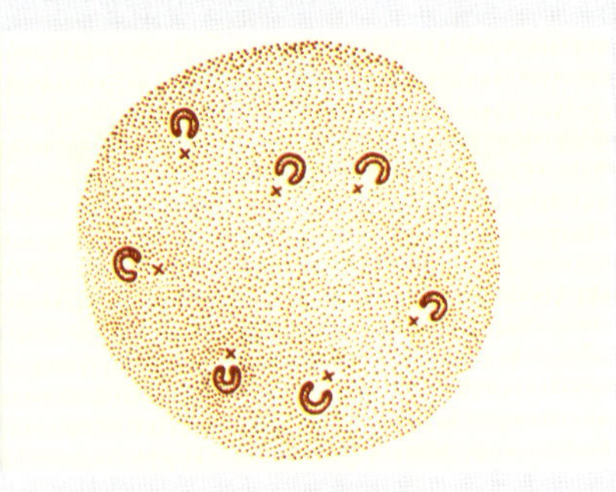

Die Eipo, Bewohner des bis 1969 nicht von Fremden kontaktierten Hochtales des gleichnamigen Flusses, gehören ebenfalls zu den ältesten Bevölkerungen der Erde. Vor ca. 50 000 bis 60 000 Jahren kamen ihre Vorfahren über Indonesien nach Neuguinea. Vor etwa 14 000 Jahren begannen die Bergpapua den Anbau von Nahrungspflanzen. Heute ist das Grundnahrungsmittel der Eipo die Süßkartoffel, die vor etwa 300 Jahren eingeführt wurde. Zusätzlich sammeln die Frauen Insekten und Kleingetier. Die Männer sind Fallensteller und Jäger; ihre Kämpfe untereinander und die Kriege gegen Nachbargruppen fordern viele Tote.

Metaphernreiche Lieder und Mythen bezeugen den geistigen Reichtum der materiell armen Kultur. Durch den Einfluß fundamentalistischer protestantischer Missionen sind mittlerweile viele Veränderungen eingetreten.

Siedlungsgebiet: Irian Jaya (West-Neuguinea), Indonesien
Bevölkerungsgröße: oberes Eipomek-Tal: ca. 800; Mek insgesamt: ca. 6 000
Sprache: Untergruppe der Mek-Sprache, Mitglied der Trans-Neuguinea-Hochland-Sprachen
Subsistenzstrategie: Gartenbau, Sammeln, Jagen
Dorfplan (Abb. unten): Munggona, der Hauptort des südlichen Eipomek-Tals mit der typischen Struktur eines Haufendorfes. In der Mitte die sakralen Männerhäuser und der Zeremonialplatz. Am rechten Rand das Frauenhaus. Männliche und weibliche Welt bilden einen komplementären Kontrast.

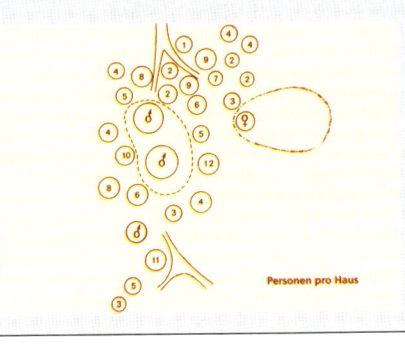

Die Yanomami-Indianer im tropischen Waldgebiet am Oberlauf des Orinoco sind Nachfahren der asiatischen Bevölkerung, die vor ca. 12 000 bis 14 000 Jahren über die Beringstraße nach Nordamerika einwanderte. Dort bildete sie sehr unterschiedliche, in ihren materiellen und sozialen Errungenschaften oft erstaunliche Kulturen. Die Yanomami leben hauptsächlich von angebauten Nahrungspflanzen, daneben vom Sammeln und von der Jagd. Ähnlich wie die Eipo sind auch sie sehr kriegerisch. Etwa 1/4 aller Männer stirbt eines gewaltsamen Todes. Die venezolanischen Yanomami haben sich ihre Tradition bisher größtenteils bewahrt, ihre auf brasilianischem Boden lebenden Stammesgenossen sind allerdings durch die Goldwäscherei und die damit verbundene Vergiftung der Umwelt stark bedroht.

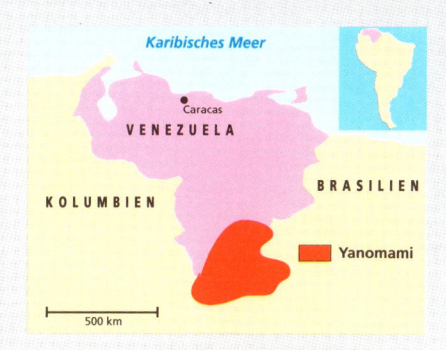

Siedlungsgebiete: Venezuela, Brasilien
Bevölkerungsgröße: in Venezuela: 11 000, in Brasilien: 9 000
Sprachen: Isolierte, bisher nicht klassifizierte amerindische Sprachen
Subsistenzstrategie: Jagen, Sammeln, Gartenbau
Dorfplan (Abb. unten): Die kommunale Wohnanlage eines *shapono*. Auch hier ist die Gemeinschaft in der symbolischen Mitte des Platzes repräsentiert. Die Abteilungen der einzelnen Familien sind nicht durch Wände voneinander getrennt, haben aber ihre eigenen Feuerstellen.

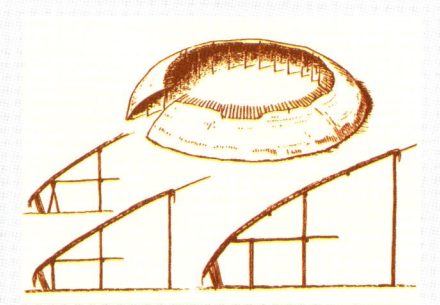

Die Himba leben im trockenen Kaokoland Namibias. Sie sind vor etlichen hundert Jahren aus dem Gebiet der großen ostafrikanischen Seen in ihre jetzige Heimat eingewandert. Dort halten sie große Rinder-, Ziegen- und Schafherden. Mais liefert die wichtigen Kohlehydrate, denn von Fleisch, Milch und Milchprodukten allein kann man nicht leben. Die Himba rechnen die Abstammung der Kinder nach den Sippen beider Eltern. Der größte Teil der Rinder und ähnlichen Besitzes wird in der mütterlichen Linie vererbt, sakrale Gegenstände und Rechte bleiben in der väterlichen Linie. Die Häuptlinge erhalten von jeder frisch gemolkenen Milch eine Probe zum rituellen Beschmecken. Dadurch wird ihre Autorität gefestigt, die vor allem dann zum Tragen kommt, wenn sie bei Strafaktionen Krieger befehligen, die den Raub von Rindern vergelten. Aus den Südwestafrika erschütternden kriegerischen Wirren haben die Himba sich heraushalten können.

Siedlungsgebiete: Namibia, Angola
Bevölkerungsgröße: ca. 17 000
Sprache: Untergruppe des Herero
Subsistenzstrategie: Viehzucht, Hackbau
Dorfplan (Abb. unten): Auch die Himba beziehen sich auf eine gemeinsame Mitte. Hier sind die wertvollen Kälber untergebracht, gut gegen Raub geschützt. Die herausgehobene Position des Häuptlings wird durch die Lage seiner Hütte am Eingang und das heilige Feuer gekennzeichnet.

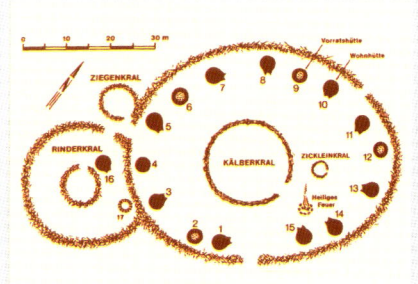

Die Trobriander sind Nachfahren der Austronesier, die ursprünglich in Südchina und Taiwan lebten und vor etlichen tausend Jahren begannen, mit hochseegängigen Segelbooten den Westpazifik zu erkunden und seine unzähligen Inseln und Inselgruppen zu besiedeln. Die Lebensgrundlage der Trobriander sind Yamswurzeln sowie andere Nahrungspflanzen, die sie in den fruchtbaren Korallengärten anbauen. Die Trobriander rechnen die Abstammung der Kinder nach der Mutter und haben eine strukturierte politische Häuptlings-Hierarchie. Sie sind geschickte und mutige Seefahrer. Das sehr komplexe System des *kula*-Tauschs von Wertgegenständen verbindet weit auseinanderliegende Inseln. Die unabhängige Nation Papua Neuguinea legt Wert auf den Erhalt der verschiedenen Kulturen. Die Trobriander haben daher eine gute Chance, ihre Zukunft mitzubestimmen.

Siedlungsgebiet: Salomonsee, Milne Bay Province, Papua Neuguinea
Bevölkerungsgröße: ca. 25 000
Sprache: Kilivila, eine der austronesischen Sprachen
Subsistenzstrategie: Gartenbau, Fischen, Jagen
Dorfplan (Abb. unten): Das Dorf Tauwema (nach Ingrid Bell-Krannhals): Ein doppelter Kreis aus Wohnhäusern (außen) und Vorratshäusern mit Arbeitsplattformen (innen) umschließt den zeremoniellen Dorfplatz. Dort stehen die Yamsspeicher der vornehmen Männer.

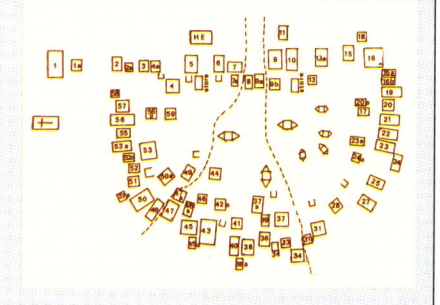

DAS

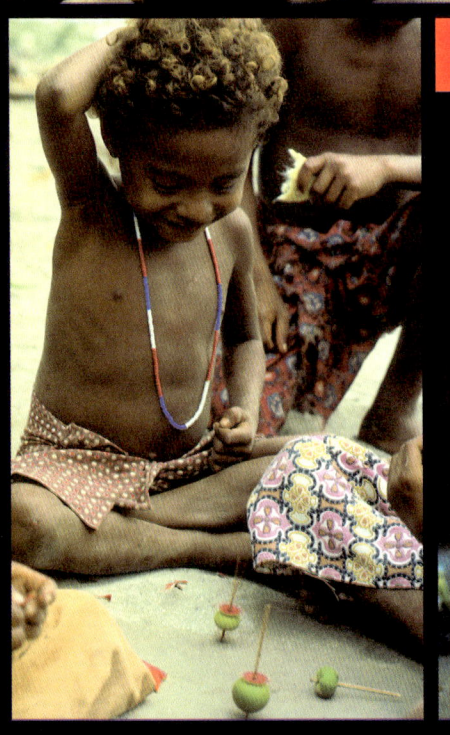

KIND

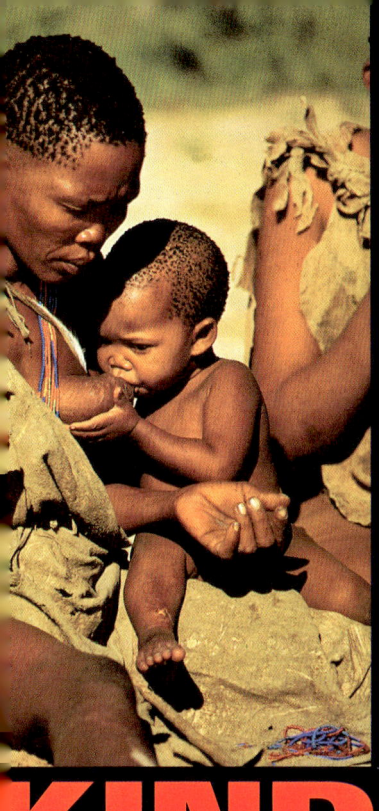

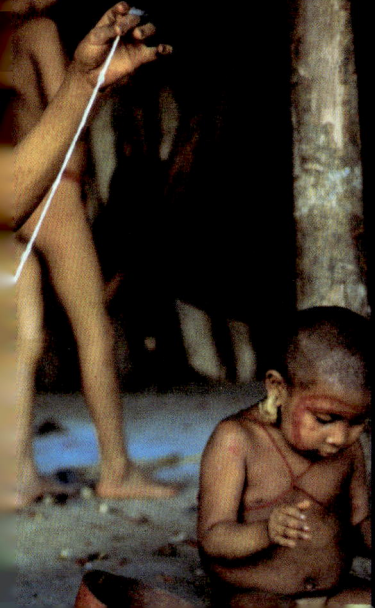

Das Kind auf die

Gebären in Neuguinea

Für Evolutionsbiologen ist die Geburt ein wichtiges Thema. »EE« hat ihm daher in seinem Lehrbuch »Die Biologie des menschlichen Verhaltens – Grundriß der Humanethologie« ein eigenes Kapitel gewidmet. Warum ist das Gebären eines Menschenkindes so schwierig im Vergleich mit Geburten bei anderen Säugetieren? Insbesondere zwei Faktoren spielen eine Rolle: Einmal hat sich die Konstruktion des Skeletts unserer frühen menschenähnlichen Vorfahren durch die Aufrichtung auf zwei Beine wesentlich verändert. Die (Hinter-) Beine, das Becken und die dazwischenliegenden Hüftgelenke mußten nun das gesamte Gewicht des Körpers tragen.

Rechte Seite: Erstgebärende, wie hier Wokwokto, werden besonders einfühlsam betreut. Ihre Mutter Kwebto versucht sie mit einem Guß kalten Wassers zu erfrischen. Auch andere verwandte und befreundete Frauen versuchen, ihr das Gebären so leicht wie möglich zu machen

Wie mögen Frauen vor 30 000 Jahren geboren haben? In einer der Wohnhöhlen am Ufer des Mittelmeers zum Beispiel oder in einer niedrigen Hütte aus Zweigen und Blättern im gletscherfreien Tal der Donau. Ohne Ultraschalldiagnostik, Saugglocke und Operationssaal für den Kaiserschnitt. Wir werden es nie genau erfahren. Annäherungsweise jedoch kann man sich ein Bild machen vom Gebären unter steinzeitlichen Bedingungen, wenn man die Niederkunft in solchen ethnischen Gruppen dokumentiert, die noch ähnlich leben wie die Ahnfrauen zur Zeit der Cro Magnon.

Als wir nach einem sechstägigen Marsch im Juni 1974 in ihr Tal gelangten, waren die Eipo in den zerklüfteten Bergen West-Neuguineas eine solche archaische Gruppe, die uns staunenden Fremden Tag für Tag vorlebten, wie es wohl in grauer Vorzeit auch bei uns zugegangen sein mag. Das Kapitel »Die Eipo« berichtet darüber. Die Frauen im Frauenhaus, dem Ort für Menstruation, Gebären, Wochenbett und längere Krankheit, ließen die Koautorin als eine der Ihren in das Innere der kleinen Hütte.

Einige Wochen später war Walumner, Mutter von drei Kindern, im Frauenhaus. Sie hatte Wehen. Fotografisch und per Protokollnotizen konnte so die erste Geburt festgehalten werden. Bei den folgenden Geburten durfte auch der Koautor, dessen ärztliche Tätigkeit ihn als Heilkundigen und damit potentiellen Geburtsbetreuer auswies, Zeuge des »me delina«, »des Kind Auf-die-Erde-Legens« sein. Im Verlauf von zwei Jahren haben wir so sieben Geburten fotografiert und vier davon mit 16mm-Kameras gefilmt. Im Dorf Tauwema auf der Insel Kaileuna (siehe das Kapitel »Die Trobriander«) konnten weitere Dokumente zum Gebären aufgezeichnet werden. Aus diesen Materialien gewonnene Erkenntnisse haben inzwischen Eingang in die internationale Diskussion um die günstigste Weise des Gebärens gefunden.

Walumners Niederkunft findet am 13.9.74 tagsüber statt. Jene von Wokwokto in der Nacht auf den 14.3.75, als aus dem üblichen Nachmittagsregen Nieseln geworden ist. Im grasbewachsenen Gelände außer-

Erde legen

Die Gebärenden nehmen in eigener Initiative ganz unterschiedliche, meist vertikale Körperhaltungen ein. Auf diese Weise reagieren sie intuitiv auf die Schmerzbelastung. Nach der Geburt des Kindes warten sie das Ausstoßen der Plazenta ab, bevor sie das Neugeborene abnabeln

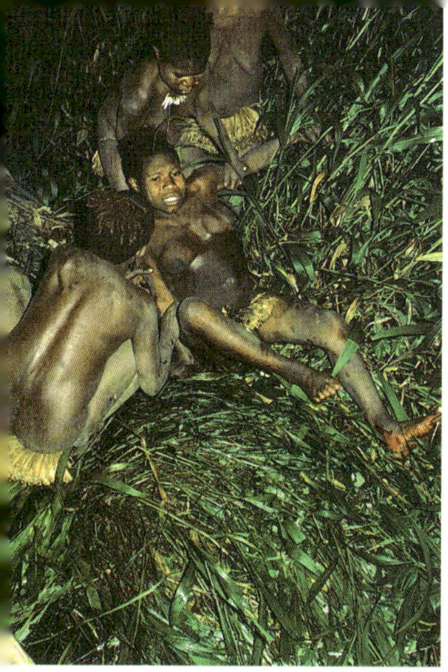
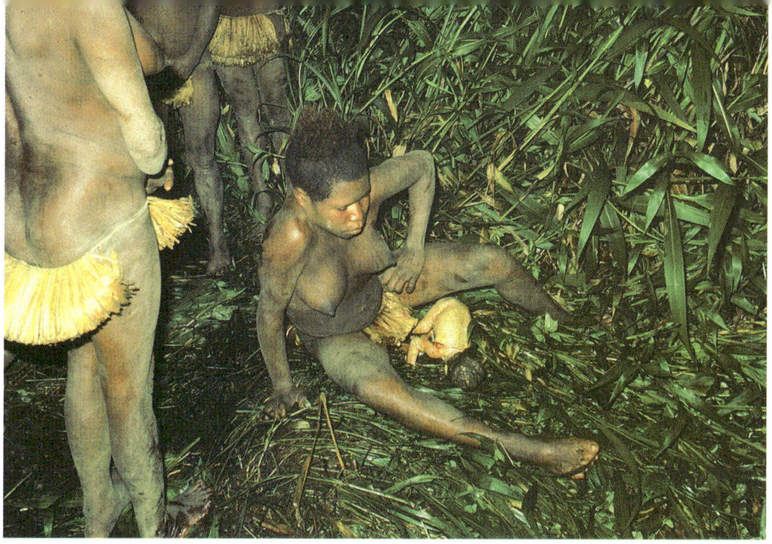
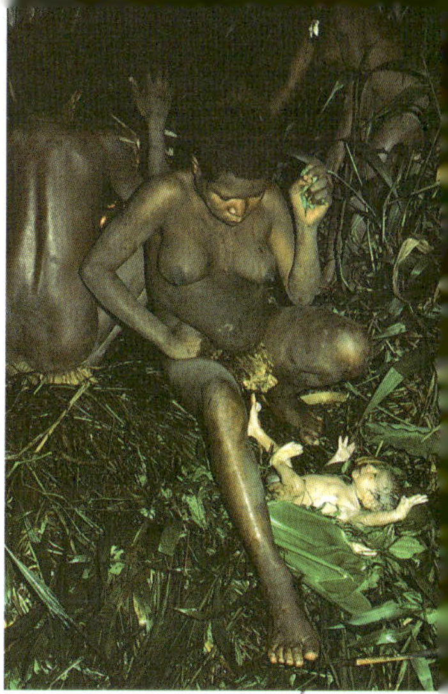
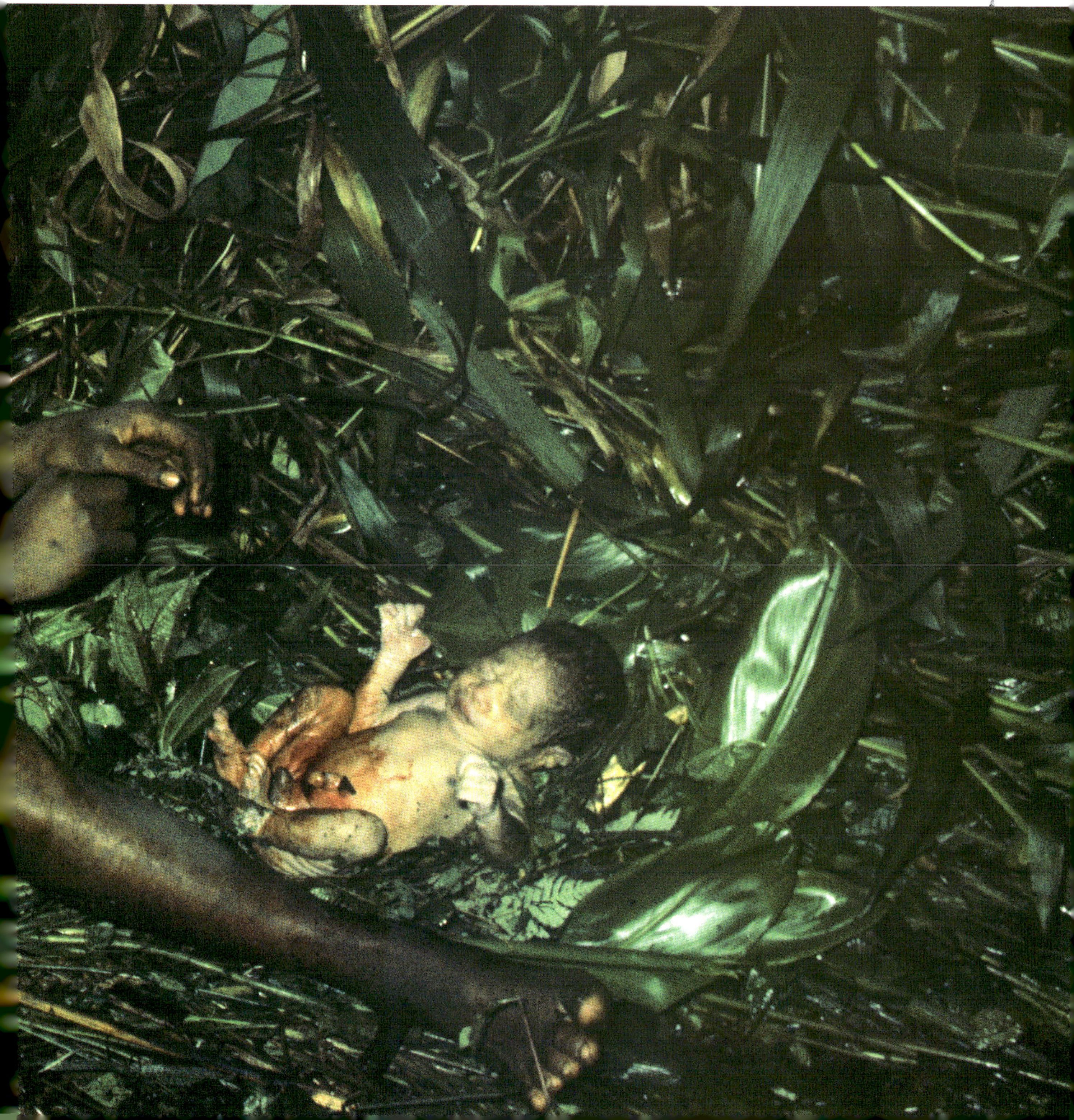

Dadurch wurde dieser für das Gebären so bedeutsame Teil des Geburtskanals weniger flexibel als zum Beispiel bei den Menschenaffen und außerdem krumm. Während die Geburtsachse bei Tieren gerade verläuft, gebiert die Menschenfrau das Kind im letzten Drittel der Wegstrecke schräg aufwärts, wenn sie sich in Rückenlage befindet. Unter anderem deshalb sind vertikale Körperhaltungen zum Gebären so vorteilhaft.

Die knöchernen Veränderungen des weiblichen Beckens sind aber nur einer der geburtserschwerenden Faktoren. Ein anderer hat mit unserem typisch menschlichen Hochleistungsgehirn zu tun. Bei Menschenaffen nimmt die Wachstumsgeschwindigkeit des kindlichen Kopfes mit der Geburt deutlich ab, das heißt, das Gehirnwachstum geschieht vor allem im Mutterleib. Bei Menschenkindern ist das jedoch nicht so. Die Geburt bringt praktisch keine Verlangsamung der Ausdehnung des kindlichen Schädels mit sich. Das ungeborene Kind muß also nach neun Monaten schnellstens den Geburtskanal seiner Mutter verlassen, weil es wegen des immer weiter wachsenden Schädels sonst gar nicht mehr hindurch passen würde. Wegen dieser und anderer Eigenschaften hat der Zoologe Adolf Portmann das neugeborene Menschenkind treffend eine »physiologische Frühgeburt« genannt.

Interessant aus der Sicht der Evolutionsbiologie ist in diesem Zusammenhang, daß die Entwicklung nicht den Weg eines

halb des Frauenhauses von Munggona befinden sich mehrere Frauen und Mädchen nahe der Hauswand unter dem Überstand des Daches. Wokwokto, etwa 24 Jahre alt, bekommt ihr erstes Kind. Sie nimmt folgende Körperhaltungen ein: Hocken, Sitzen, Sitzen auf untergeschlagenem Bein, Knien, Vierfüßlerstand, Gehen, für kurze Zeit auch die rechte Seitenlage. Die Entscheidungen dazu trifft sie jeweils selbst. Man merkt ihr an, daß sie starke Schmerzen hat. In der Eröffnungsphase, also während der Muttermund sich dehnt, schreit und stöhnt sie laut. Später wird sie ruhiger. Ihre Mutter Kwebto hält nahezu permanent Körperkontakt zu ihr. Weitere Geburtsbetreuerinnen stützen und massieren sie und führen Heilzauber aus, so wie es auch an Walumner geschieht.

Bei Walumner, deren Gesicht erkennen läßt, daß sie starke Schmerzen hat, sind es vor allem Bide, Nenengnum und Kalikto, die Hebammendienste leisten. Kalikto ist eine sehr eindrucksvolle vitale Frau von etwa 65 Jahren. Nenengnum ist mit demselben Mann verheiratet wie Walumner, eigentlich also ihre Konkurrentin. Doch davon ist nichts zu spüren. Die drei Frauen sind gespannt aufmerksam, aber ruhig und freundlich zur Kreißenden. Sie halten ein Bananenblattstück über Walumners Scheide und spleißen es mit einem dünnen Knochenpfriem auf, bis es sich fast ganz aufgelöst hat. Dabei sprechen sie schnell und eindringlich eine heilige Formel, von der man nur »Kweteb...an kwat...« versteht, »Deine Scheide soll heilen«. Das Aufspleißen des Blattes ist eine Analogie dafür, daß der »Block im Geburtskanal« aufgehoben sein soll, damit das Kind herauskommen kann. Die Anrufung richtet sich an die Ahnfrauen des Klans von Walumner; sie, die mächtigen Geistwesen der Frühzeit der Menschen, sollen zu Hilfe kommen. Dann wird der Bauch der Gebärenden von oben außen nach unten innen massiert. Die dabei gesprochene Formel enthält die Worte »Mit einem Kind schwanger..., das heilige Schwein..., die Ahnen sollen helfen«. Einige Zeit später reiben die Betreuerinnen die Oberschenkel der Gebärenden mit einem Brennesselblatt ein. Das ist eine ganz übliche Therapie bei den Eipo. Eine der Frauen bringt ein neues Schamschürzchen, das Walumner gegen eines der ihren auswechselt, die sie wie üblich in mehreren Lagen übereinander trägt. Ein neues Schürzchen als Symbol für neue Kraft.

Die Kinder Walumners und Wokwoktos werden in schräg abgestützter Seitenlage geboren, wie die meisten Neugeborenen, deren Niederkunft wir bei den Eipo gesehen haben. Sie gleiten völlig ohne Hilfe auf den Erdboden. Erst in den Filmen erkennen wir später, wie anders dieser Vorgang ist als bei uns.

Bei 79 Geburten, die im Verlauf der Felduntersuchung stattfanden – und innerhalb des darauf folgenden Lebensjahres – war die kindliche Sterblichkeit nur sechs Prozent, wenn man jene Neugeborenen abzieht, die die Mütter in einer Art verspäteten Aborts nicht angenommen hatten. In Europa, wo Antibiotika und eine hochentwickelte Medizintechnologie zur Verfügung stehen, wurde die Säuglingssterblichkeit erst in den letzten Jahrzehnten auf ein bis zwei Prozent herabgedrückt, wobei sich vor allem die höhere Überlebensrate von untergewichtigen Frühgeborenen auswirkte.

Wenn man heutige Verhältnisse in den meisten Ländern der Dritten Welt betrachtet, wo bis zu 20 Prozent aller Kinder vor ihrem ersten Geburtstag sterben, ist klar, daß die Methoden der Eipo-Frauen, »das Kind auf die Erde zu legen« und es danach zu betreuen, so schlecht nicht sind. Welches sind die wichtigsten Elemente und zu welchen Überlegungen für unsere eigene Geburtshilfe geben sie Anlaß?

Die Gebärenden sind eingebettet in die aufmerksame Fürsorge geburtserfahrener Frauen, die das Gefühl der Geborgenheit vermitteln. Männliche Heilkundige werden nur zu Hilfe geholt, wenn man Geburtshindernisse vermutet, die in religiösen Überzeugungen begründet sind; wenn zum Beispiel von der Gebärenden oder ihrem Ehemann ein Tabu verletzt worden war. Eine langdauernde, über Gebühr schmerzhafte Geburt wird als eine der möglichen Strafen für Fehlverhalten angesehen. Indem sich Hebammen und Heiler an Instanzen wenden, die nach allgemeiner Überzeugung außerhalb der eigentlichen Menschenwelt existieren, vermitteln sie ein weiteres Element der subjektiven Sicherheit; man tut alles, um die Voraussetzungen für eine gute Geburt sicherzustellen. Wir müssen uns vergegenwärtigen, daß auch viele Europäer in Momenten des Schmerzes und der Angst Zuflucht bei außermenschlichen Mächten nehmen, etwa in Form eines Gebetes. Nichts anderes sind die heiligen Formeln der Eipo-Hebammen. Bei unserer heutigen Kenntnis der psychosomatischen Bezüge zwischen Empfinden, Verarbeiten, neurobiologischen und immunologischen Vorgängen wird zunehmend klarer, daß eine gute psychosoziale Ausgangssituation die enorme körperlich-seelische Belastung des Gebärens günstig beeinflussen kann.

Auch die anderen Heilhandlungen, die auf manche Leser den Eindruck von Aberglauben und wertlosen Zeremonien machen mögen, haben empirische Elemente, die von der naturwissenschaftlichen Medizin akzeptiert werden können. So ist die Brennes-

Amulen bekommt ebenfalls ihr erstes Kind. Auch bei den körperlich sehr trainierten Eipo-Frauen ist das Gebären mit Schmerz und Angst verbunden. Durch Berühren der Bauchhaut und leichte Massage lösen die traditionellen Hebammen Wehen aus

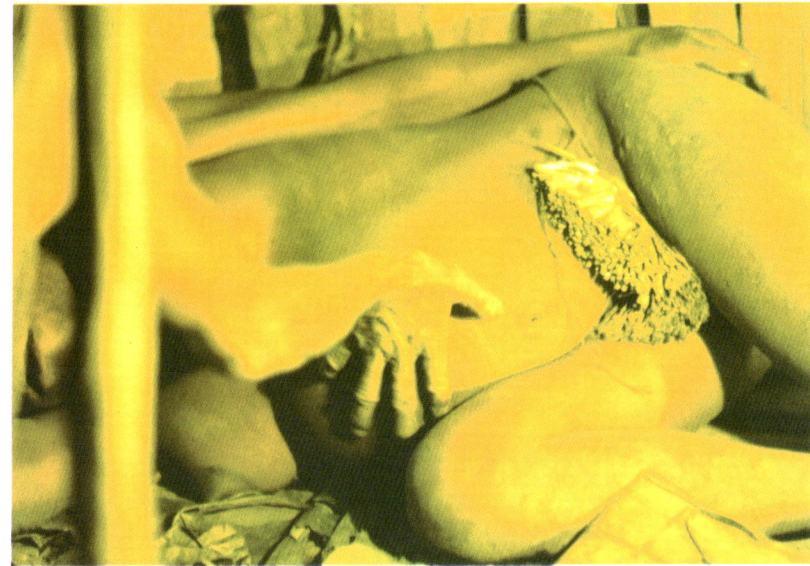

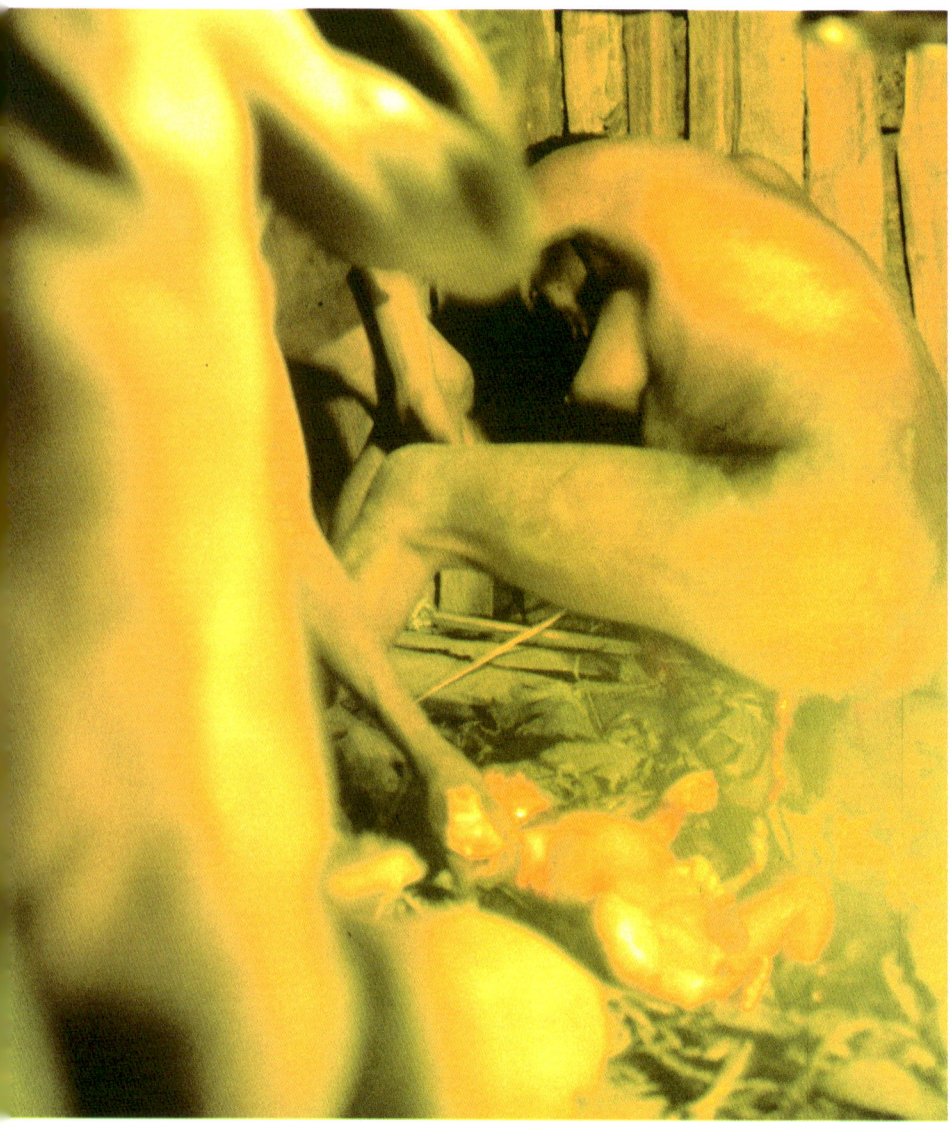

selanwendung, allen Eipo von klein auf vertraut, kein Hokuspokus, sondern kann eine belebende Wirkung auf schwindende Kräfte haben. Wenn jemand in Neuguinea erschöpft ist oder Schmerzen hat, nutzt man das Prinzip des Gegenreizes und erzeugt durch die Inhaltsstoffe der Nessel außerdem eine Blutfülle in dem behandelten Bereich. Das Bekämpfen eines »dumpfen«, sogenannten protopathischen Schmerzes mit einem »hellen«, akuten (epikritischen) Schmerzreiz kann auch aus der Sicht der modernen Schmerzforschung sinnvoll sein. Gegenreiztherapien sind in vielen Medizinsystemen verbreitet.

Die Eipo-Hebammen untersuchen den Geburtskanal nicht, halten überhaupt ihre Hände fern von Genitale und Anus und leiten auch die Gebärenden an, sich so zu verhalten. Eine weise Regel, denn bei fehlender Möglichkeit zur Desinfektion wäre eine innere Untersuchung mit dem Einbringen von Keimen verbunden. In Europa hatte es bis 1861 gedauert, bis der Wiener Ignaz Philipp Semmelweiß die Ursache des Kindbettfiebers entdeckte und so ungezählte Frauen vor dem Tod in den Kliniken rettete. Die Vorsicht der Eipo-Hebammen ist also vollauf berechtigt.

Gebären vollzieht sich in den Bergen Neuguineas wie wohl immer schon bis zur Übernahme der Geburtshilfe durch die männlichen Medizinspezialisten vor etwa 250 Jahren:

Schmerzen, Angst und Geburtsschwierigkeiten begegnen die Betreuerinnen durch ihre Anwesenheit als geburtserfahrene Frauen, durch Hautkontakt, Halten, Stützen, Massieren, Wehen-Anreiben auf der Bauchhaut, durch das mutmachende Einbeziehen der außermenschlichen Instanzen und durch die Bevorzugung

An der Hüttenwand ist eine Stange angebracht, an der sich Amulen festhalten kann. In der letzten Phase der Geburt nehmen die Eipo-Frauen ausschließlich vertikale Positionen ein. Hier leisten die Mutter und eine Nachbarin Hebammendienste

vertikaler Gebärhaltungen. Die Rückenlage ist weltweit uns Weißen vorbehalten; außer dem Kopfstand gibt es nichts Ungeeigneteres für das Gebären. Viele biologische und medizinische Gründe sprechen für vertikale Gebärhaltungen. Diese Einsicht wird sich vermutlich auch bei uns immer mehr durchsetzen.

Nur in wenigen Ländern, zum Beispiel auf Java, versuchen die traditionellen Geburtsbetreuerinnen, in die Mechanik des Geburtsvorgangs einzugreifen, etwa durch Manöver zur äußeren Wendung von anormalen Kindslagen. Sie beschränken sich meist darauf, schmerzende Körperpartien zu massieren, Wehen »anzureiben« (was infolge der Nervenverbindungen zwischen der Haut und dem Uterus durchaus möglich ist) oder einfach nur ruhig in Körperkontakt mit der Gebärenden zu sitzen und so Geborgenheit zu vermitteln.

Die Kreißenden selbst bestimmen weitgehend das Geschehen. Fühlen sie sich stark und autark, erhalten sie weniger direkte Zuwendung und Hilfe. Wenn Schmerz, Angst und Verzagtheit überwiegen, reagieren die Betreuerinnen auf die gestischen, mimischen und sprachlichen Signale der Hilflosigkeit mit verstärkter Betreuung. Auf jeden Fall bleiben die wichtigsten Bezugspersonen vom Wehenbeginn bis zur Geburt von Kind und Plazenta, oft auch bis zum ersten Anlegen des Kindes bei der Gebärenden. Was wir in unseren Entbindungsstationen tun, nämlich Schichtdienst leistende Hebammen wie Postkutschenpferde auszuwechseln, ist schlecht für die Psyche der Kreißenden in dieser all ihre Kräfte fordernden Grenzsituation. Die geburtserfahrene Betreuerin ist die wichtigste Person für den Prozeß des Gebärens, ihre Nähe und Verfügbarkeit ist unabdingbar – auch in unseren Kliniken.

Die Mobilität der Gebärenden ist bei den Eipo und in anderen traditionellen Kulturen erhalten und nicht durch Elektrodenkabel und Infusionsschlauch oder Lageanweisungen eingeengt. Sie bewegen sich so, wie sie es in den jeweils wechselnden Phasen der Schmerzbelastung durch die Wehen und die Dehnung des Geburtskanals intuitiv für am günstigsten halten. Ihr körpereigenes Regelsystem steuert also die Geburt. Aus dieser Sicht spricht man infolgedessen besser vom »Gebärverhalten« als von der »Geburt«.

Die Frauen in den Bergen Neuguineas gebären ihre Kinder dort, wo sie sich heimisch fühlen, in ihren Häusern. Aus der Ethologie der Tiergeburten, die in den Niederlanden vor allem durch die Biologen Slijper und Naaktgeboren entwickelt wurde, weiß man um die Bedeutung des eigenen Territoriums für das weibliche Tier: Wird es daraus entfernt und in eine fremde Umgebung gebracht, bleibt der Geburtsvorgang für eine ganze Weile stecken. »Schaffe eine Situation, in der sich die Gebärende so heimisch fühlt wie eben möglich«, muß daher die Devise lauten; für die Organisation der Geburt in Kliniken ist das eine besondere Herausforderung.

Für Evolutionsbiologen ist klar, daß in uns allen eine große Portion Erbe aus dem Tierreich steckt. Gerade in den Mechanismen, die das Gebären steuern, dürfte besonders viel davon enthalten sein, denn es handelt sich ja um die kritische Nahtstelle der Weitergabe des Lebens von einer Generation in die andere. Und es steht die Existenz zweier Individuen auf dem Spiel. Die Selbststeuerung des Gebärens, eines natürlichen Prozesses, wie wir immer genauer erkennen, und die archaischen Weisen der Betreuung der Gebärenden haben ihre Bewährungsprobe schon vor 30 000 Jahren bestanden. Homo sapiens wäre andernfalls bereits zur Cro Magnon-Zeit ausgestorben.

stark verbreiteten weiblichen Beckens gegangen ist. Offenbar war, trotz aller Schwierigkeiten beim Durchtritt des kindlichen Köpfchens durch den engen Kanal, eine ausreichende Sicherheit für das Überleben von Kind und Mutter gegeben. Für das Neugeborene ist diese Reise an die Außenwelt verständlicherweise mit hohem mechanischen Druck verbunden. Auffällig ist, daß die etwas verschobenen und verschwollenen neuen Erdenbürger zwar äußerliche Spuren des recht gewaltsamen Geburtsaktes zeigen, letztlich aber unbeeindruckt vom »Geburtstrauma« sind, wie es vielfach genannt wird. Denn sie sind nicht etwa abgeschlafft und erschöpft, sondern haben im Normalfall die Augen weit geöffnet und sind schon in der Lage, auf ihre Umwelt zu reagieren. »Meine Mutter, wo bist Du, wie riechst Du, wie sprichst Du, wie siehst Du aus, wo kann ich saugen?«, dürfen wir die Bedürfnisse der Neugeborenen und ihre wache Aufmerksamkeit interpretieren. Es ist, wie »EE« schreibt, nicht ratsam, der Mutter unter der Geburt unnötigerweise Schmerzmittel, Sedativa oder eine Narkose zu geben, weil das den Prozeß ihrer Bindung zum Kind beeinträchtigen könnte. Auch für das Neugeborene sind Eingriffe in den physiologischen Ablauf der Geburt ungünstig. Denn ein gewisser Anteil der sedierenden Medikamente kann durch die Plazentaschranke auf das Kind übergehen. In seiner wachen Zuwendung zur Welt wäre es dann behindert.

Hier bin ich – wo

Die Beziehung zwischen Mutter und Kind

Ein Supermarkt am Rande einer mittelgroßen Stadt. Durch die Eingangspassage gehen die Kunden zielstrebig auf die Sperren zu. Die meisten sind allein. An was mögen sie denken, den Einkaufszettel, die Preise, unerfüllbare Wünsche, die Arbeit, ihre Partner? In den Gesichtern lassen sich ihre Gedanken nicht ablesen.

Auch und gerade im Mutter-Kind Verhalten finden wir viele stammesgeschichtliche Vorgaben für das Miteinander-Umgehen; Irenäus Eibl-Eibesfeldt hat dazu viele im Kulturenvergleich gewonnene Erkenntnisse veröffentlicht.
Wenn jede Mutter im Umgang mit ihrem Kind erst alles ausprobieren müßte, dann würde die Menschheit mit hoher Wahrscheinlichkeit nicht mehr existieren, weil die meisten Kinder diese Experimente nicht überstanden hätten. Wir können also davon ausgehen, daß angeborenes Wissen und Können wesentlich am Zusammenspiel zwischen Mutter und Kind beteiligt sind.

Früher dachte man, daß in der Interaktion mit dem Säugling ausschließlich die Mutter die aktive Rolle spielt. Heute weiß man, daß auch das Baby Kontakt sucht und dadurch die Mutter stimuliert. Der Mensch ist von Beginn seines Lebens an kommunikations- und bindungsfähig. Mutter und Kind bilden von Anfang an eine Interaktionsgemeinschaft, beide tragen zur Kommunikation bei. Sie verhalten sich spiegelbildlich zueinander. Oft bilden ihre Wünsche und Handlungen eine Einheit.

Die persönliche Bindung zwischen Mutter und Kind ist weltweit in allen Kulturen zu finden. Auch im Tierreich gibt es eine solche persönliche Beziehung zwischen Muttertier und Jungtier, nicht nur bei unseren nächsten Verwandten, den Affen, sondern selbst bei Arten, die dem Menschen ferner stehen wie etwa Enten und Gänse oder Huftiere. Diese persönliche Mutter-Kind-Bindung ist eine stammesgeschichtliche Anpassung, die das Überleben des Kindes sichert. Das tierethologische Bindungs-Konzept wurde 1958 zuerst von John Bowlby und später von seiner Schülerin Mary Ainsworth auf den Menschen übertragen. Es hat unser Verständnis für die kindliche Entwicklung entscheidend gefördert.

Die Mutter-Kind-Bindung stellt nicht nur die Ernährung des Säuglings sicher und bietet ihm Wärme und Schutz, sondern ermöglicht vor allem auch soziales Lernen. Diese Bindung baut sich nach der Geburt langsam auf und ist von Seiten des Säuglings ungefähr mit sieben Monaten fest etabliert, auf Seiten der Mutter schon viel eher. Die Bindung geht mit Gefühlen der Liebe und Zuneigung einher und führt deshalb auch zur

bist Du?

sogenannten Trennungsangst. Der Säugling und das Kleinkind protestieren weinend und schreiend, wenn sie ohne ihren Willen von der Mutter getrennt werden. Das ist in Industriegesellschaften und in traditionellen Gesellschaften so. Letztere kann man auch als Stammeskulturen bezeichnen, und obwohl dort die Kinder vielfältige Beziehungen zu Personen der Familie und Gruppe haben – viel mehr als das bei uns gewöhnlich der Fall ist – äußern sie doch auch Trennungsprotest. Dieser Befund widerspricht der Annahme einiger Ethnologen und Soziologen, daß die Kinder in Stammeskulturen keine enge Mutter-Kind-Bindung entwickelten, da sie im Kollektiv aufgezogen würden und zu allen Personen eine gleich starke Beziehung hätten.

Neben der Mutter können Kinder noch einige, aber wenige, weitere Bezugspersonen haben, zu denen in erster Linie der Vater und die Geschwister gehören oder andere Menschen, die häufig in ihrer Nähe sind und viel mit ihnen interagieren. Genausowenig wie die Jungen nicht-

Stillen ist mehr als Nahrungsübergabe: Primäres Element der von Kind und Mutter positiv erlebten Bindung (Buschleute)

menschlicher Primaten sind Menschenkinder ausschließlich auf eine Zweierbeziehung zwischen Mutter und Kind angelegt, sondern auf vielfältige Beziehungen zu Mitgliedern der Familie bzw. der Gruppe. Diese weiteren Beziehungen sind abgestuft in ihrer Qualität und Eigenart für das Kind, und sie werden umso wichtiger, je älter der Säugling wird. Wir wollen uns hier in erster Linie mit der Mutter-Kind-Bindung als dem Prototyp von Bindung schlechthin befassen. Einige Charakteristika dieser Bindung werden sehr wahrscheinlich auch auf andere Beziehungen übertragen.

Zum Aufbau sowie zur Aufrechterhaltung und Festigung der Bindung zwischen Mutter und Kind gibt es einige typische Kommunikationsmuster, die im Folgenden kurz beschrieben werden sollen. Zuerst seien die Verhaltensweisen des Stillens bzw. des Saugens genannt. Es sind einander entsprechende, sehr grundlegende Interaktionsformen, die nicht nur der Nahrungsaufnahme dienen, sondern darüber hinaus auch der Beruhigung. Das Kind wird »gestillt«, es wird ruhig. Junge Äffchen und junge Menschenkinder, die schon älter sind und sich allein bewegen können, flüchten zur mütterlichen Brust und nehmen die Mamille in den Mund, wenn sie Angst haben. Dieses Beruhigungssaugen ist viel leichter möglich, wenn die Kinder nach Bedarf gestillt werden und nicht nach einem festen Stundenplan, wie es bei uns noch immer verbreitet ist. Der »Bedarf« des Kindes ist eben oft nicht die Sättigung des Hungers, sondern die Bewältigung von Angstgefühlen. Daß das Saugen allein schon beruhigend wirkt, auch wenn es nicht an der mütterlichen Brust geschieht, beweist das in unserer Gesellschaft weit verbreitete Daumenlutschen oder das noch häufigere Lutschen an einem

Kleinkinder erleben die Umwelt in der körperlichen Nähe zur Mutter und fügen deren Verhalten in die eigenen Reaktionen ein (Himba)

Sauger. Die Kinder in Stammeskulturen sieht man übrigens fast nie am Daumen lutschen, eben weil sie beliebig oft an der mütterlichen Brust saugen können.

Ein weiteres wichtiges Element in der Beziehung zwischen Mutter und Kind ist der Körperkontakt. Menschensäuglinge gehören wie Affenbabies zu den sogenannten Traglingen; diesen Begriff hat der Freiburger Verhaltensbiologe Berhard Hassenstein 1973 geprägt. Sie sind keine Nestflüchter – so nennt man die Jungtiere etwa von Huftieren, die schon gleich nach der Geburt in der Lage sind, dem Muttertier nachzulaufen; sie gehören auch nicht zu den Nesthockern – so nennt man etwa junge Mäuse oder Vögel, die noch sehr unterentwickelt sind und in einem Nest von den Eltern betreut werden. Primatensäuglinge werden von der Mutter herumgetragen. Diese phylogenetisch alte Verhaltensinteraktion – zu tragen oder getragen zu werden – entspricht ursprünglichen Notwendigkeiten: Ohne die Mutter wäre das Kind verloren gewesen. Kulturgeschichtlich viel jünger ist die Methode, das Neugeborene in einem Bettchen in einem getrennten Zimmer abzulegen; sie ist schlecht an die Bedürfnisse des Säuglings angepaßt. Das Kind hat die immer wieder eingeforderte Erwartung, am Körper der Mutter oder einer anderen betreuenden Person getragen zu werden; dort fühlt es sich wohl und ist ausgeglichen. Entsprechend besteht bei Müttern und anderen Erwachsenen, aber auch bereits bei Jugendlichen und Kindern das angeborene Bedürfnis, Babies aufzunehmen und sie an sich zu drücken. In Stammeskulturen sind Säuglinge in den ersten Monaten Tag und Nacht in Körperkontakt mit anderen Personen, meistens der Mutter. Aber auch Kleinkinder erhalten, wie Wulf Schiefenhövel aus Melanesien berichtet

Die Menschen haben jene Maske auf, die wir tragen, wenn wir uns in einer anonymen Menge bewegen: die Mimik neutral, der Ausdruck geschäftsmäßig. Etwa auf halbem Wege steht eine Frau mit einem Kleinkind auf dem Arm. Offenbar wartet sie auf jemanden, denn sie ist dem Eingang der Passage zugewandt, schaut also dem Strom der Einkaufenden entgegen. Ein paar Meter vor ihr beginnen deren Gesichter plötzlich zu leben.

In den traditionellen Kulturen kontrollieren die Kinder den Zugang zur Brust. Wie hier bei den Trobriandern richten sich die Mütter in der Behandlung ihrer Säuglinge nach dem Vorbild der anderen Frauen

Ihre Augen richten sich auf das Baby, auf vielen Mündern zeigt sich ein Lächeln, einige sprechen im Vorbeigehen freundliche Worte, einige bleiben stehen, einige berühren das kleine Mädchen sogar oder beginnen ein Gespräch mit der Mutter. Die protokolliert, sobald sie wieder allein ist, in ein am Revers verstecktes Mikrophon: »Etwa 40 jährige Frau. Hat gesagt, wie süß das Baby schläft, es zweimal an der Wange berührt«. Ein weiß bekittelter Herr mit Notizblock kommt vorbei. »Alles o.k.?«. Die Mutter nickt.

hat, in einem für uns unfaßbar hohen Ausmaß Körperkontakt. Wie eine amerikanische Untersuchung von Elisabeth Anisfield und Mitarbeitern zeigen konnte, sind Babies, die im ersten Lebensjahr von ihren Müttern vorwiegend im Tragetuch getragen wurden, öfter als »sicher gebunden« einzustufen verglichen mit Kindern, die vorwiegend in einer Babyliege gelegen hatten. Mary Ainsworth und Mitarbeiter haben festgestellt, daß »unsicher gebundene« Kinder Bezugspersonen haben, die ihnen unter anderem wenig Körperkontakt geben. Diese Untersuchungen erhärten die Erkenntnis, daß es für Kinder in der ersten Zeit ihres Lebens sehr wichtig ist, viel Körperkontakt zu haben und so ihre Mutter als wirkliche körperliche und seelische Basis wahrnehmen zu können. Das hat entsprechend positive Auswirkungen auf die Grundbefindlichkeit der Kinder und führt zur Ausbildung des nach Erik Erikson so benannten »Urvertrauens«, eines tiefen Vertrauens in die Welt und das Leben. Körperkontakt zwischen einander verbundenen Menschen behält übrigens zeitlebens diese positive Qualität und signalisiert Zuneigung und Sicherheit.

Ein drittes für die Bindung wichtiges Kommunikationsmuster ist das Weinen des Säuglings und das Trösten durch die Mutter. Weinen von Säuglingen und Kleinkindern hat eine starke Signalwirkung und löst emotionale Zuwendung selbst bei Personen aus, die keine persönliche Beziehung zu dem Kind haben. Entsprechend stark reagieren die Bezugspersonen mit Zuwendung und Kontaktverhalten: Sie nehmen das weinende Kind auf den Arm, drücken es an sich, schaukeln das Kind und sprechen beruhigend mit ihm oder stillen bzw. füttern es. Diese und ähnliche Aktivitäten werden so lange fortgesetzt und variiert, bis der Säugling zu weinen aufhört.

Weinen ist auch im Tierreich ein weit verbreitetes Signal, das in erster Linie ausgelöst wird, wenn Jungtiere von der Mutter getrennt werden. So stoßen Enten- oder Gänseküken, die ihre Mutter nicht mehr sehen oder hören, das von Konrad Lorenz untersuchte und so benannte

Die Traglasten aus Gartenprodukten, Brennholz und Baby betragen bis zu 40 Kilo; dies entspricht dem Körpergewicht der Frauen (Eipo)

»Pfeifen des Verlassenseins« aus. Es veranlaßt das Muttertier, aktiv nach dem Jungtier zu suchen und sich ihm zuzuwenden. Auch junge Affen geben besondere Laute von sich, die als »Weinen« interpretiert werden können, weil sie in Notsituationen auftreten und die Mutter mit verstärkter Zuwendung darauf reagiert.

In unserer Gesellschaft sind die Mütter manchmal unsicher, wie sie auf ihren weinenden Säugling reagieren sollen. So nehmen sie ihn manchmal nicht sofort auf, weil sie fürchten, das Kind damit zu verwöhnen. Hier spielt eine falsche Verallgemeinerung von Ergebnissen aus Lernversuchen eine Rolle. Im allgemeinen wird ein Verhalten durch Erfolg verstärkt, das heißt: Konnte durch ein bestimmtes Verhalten der erwünschte Effekt erzielt werden, so wird dieses Verhalten in einer ähnlichen Situation wieder eingesetzt. Dies gilt nun aber nicht für das Weinen des sehr jungen Säuglings. Es ist immer ein Notsignal! Ein Baby

Die so natürlich wirkende Szene ist gestellt. Die »Mutter« ist gar nicht die Mutter des knapp einjährigen Mädchens, das ein typisches Babygesicht hat, manchmal keck in die Welt hinausschaut und manchmal schläft. Es wurde von einem der teilnehmenden Wissenschaftler ausgeborgt für ein Experiment, das 1977 an verschiedenen Stellen in Deutschland und Italien durchgeführt wurde. Als Kontrolle wurde gemessen, welche Zuwendungsreaktionen die »Mutter« erhielt, wenn sie kein Baby auf dem Arm hatte: einige interessierte Blicke, weiter nichts.

Sehr früh, aber stets an die körperliche Entwicklung der Kinder angepaßt, werden sie im ein- oder doppelseitigen Schultersitz getragen (Eipo)

weint nicht häufiger, wenn es sofort getröstet wird. In genauen Verhaltensbeobachtungen konnte sogar von Bell und Ainsworth der Nachweis erbracht werden, daß Kinder am Ende des ersten Lebensjahres weniger weinen, wenn sie in den ersten vier Monaten sofort getröstet wurden; als Vergleich dienten Kinder, deren Weinen nicht oder nur verzögert beantwortet wurde.

Mütter in den von uns untersuchten traditionellen Kulturen lassen ihre Säuglinge sehr wenig weinen, wie auch Irenäus Eibl-Eibesfeldt 1983 in einer Arbeit über Eltern-Kind-Beziehungen festgestellt hat; sie reagieren meist sofort. Ein Vergleich des Verhaltens auf den Trobriand-Inseln, wo das Team der Humanethologen seit 1982 arbeitet (vgl. das Kapitel »Die Trobriander«) mit Westeuropa, wo das Ehepaar Papousek Daten erhob, zeigt einen großen Unterschied: Auf den Trobriand-Inseln vergingen maximal eineinhalb Minuten, bevor die Mütter sich dem weinenden Kind zuwandten, in Westeuropa dagegen 10 bis 30 Minuten. Hier reagierte sogar ein hoher Prozentsatz (33 Prozent) der Mütter überhaupt nicht!

Bei älteren Kindern kann Weinen außer in seiner Funktion als Notsignal auch aus anderen Gründen eingesetzt werden, etwa aus Trotz, um etwas Bestimmtes zu erreichen oder aus Protest gegen Erziehungsmaßnahmen. In diesen Fällen wäre es natürlich falsch, sofort einzulenken, weil dann die oben besprochenen Lerneffekte eintreten würden und das Kind sehr schnell (bewußt oder unbewußt) feststellen würde: »Aha, ich kann mit Weinen meine Wünsche durchsetzen.«

Eine weitere akustische Kommunikation zwischen Bezugsperson und Kind ist die Babysprache. Wer zu einem Säugling spricht, verändert seine Sprechweise sehr auffällig. Er

Bei kleinen und großen Kümmernissen finden Kinder Sicherheit und Trost im Arm einer Bezugsperson, hier der Tante mütterlicherseits (Trobriand)

verwendet relativ wenig Worte, viele Wiederholungen, sehr gute Artikulation und eine einfache Sprachstruktur. Die Tonhöhe liegt ungefähr um eine Oktave höher als in der sonstigen Alltagssprache. Dazu wird die Intonation akzentuiert, manche Sprachelemente werden verlangsamt, die Sprachmelodie ist einem Singsang ähnlich, kurz: die Sprache klingt übertrieben. Das ist aber offenbar genau das, was Babies erwarten. In Versuchen von Cooper und Aslin konnte festgestellt werden, daß Neugeborene sowie einen Monat alte Kinder eine solche Babysprache gegenüber der Normalsprache eher beachten. Es handelt sich also hier um ein Signal, mit dem der Erwachsene die Aufmerksamkeit des Säuglings erregt und ihm zeigt, daß er jetzt angesprochen wird und daß die betreffende Person sich ihm ganz allein zuwendet.

Babysprache wird überall auf der Welt im Umgang mit Säuglingen gesprochen, aber auch in Situationen, in denen man »Baby spielt«, ob nun Kinder so zu ihren Puppen sprechen, sich jemand zärtlich an ein geliebtes Tier oder an seine Partnerin, seinen Partner wendet. Auch alte oder kranke Menschen werden oft mit dieser veränderten Sprache angeredet. Der Psychologe L.R. Caporeal hat Untersuchungen durchgeführt, die ergaben, daß hilflose Menschen häufig für eine solche Art der Ansprache dankbar sind, denn sie fühlen sich damit eingebettet in weitgehende Fürsorge. Andere hingegen, die zwar körperlich hilfsbedürftig sind, aber in ihrem Wesen noch autonom, empfinden es meist als anmaßend und entwürdigend, wenn in dieser Form mit ihnen gesprochen wird.

Die Babysprache ist also Teil des Fürsorgeverhaltens, das sich als Anpassung an die Bedürfnisse des Säug-

In kompetenter, liebevoller Betreuung durch ältere Geschwister. Der Altersunterschied beträgt oft nur wenige Jahre (Trobriand)

lings entwickelt hat; es kann aber auch auf andere Situationen übertragen werden. Wie bei allen angeborenen Interaktionsmechanismen kann es auch bei der Babysprache ein Zuviel oder Zuwenig geben. Manche Personen sprechen Kleinkinder noch so an, wenn bereits eine anspruchsvollere Sprache dem Alter des Kindes angemessen wäre. Andere wiederum reden schon zu Säuglingen in der Erwachsenensprache.

Die Mutter-Kind-Beziehung ist wechselseitig, beide Partner suchen Nähe und Interaktion. Eine der wichtigsten Kommunikationsmöglichkeiten dafür sind die »Dialoge« im Handeln, Vokalisieren und Sprechen, die sich gleich nach der Geburt einstellen und die auf gleichzeitigem oder alternierendem Tun beruhen. Solch gemeinsames Tun festigt stets das Band zwischen den Beteiligten. Auffallend häufig bei den Mutter-Kind-Dialogen sind die Gesicht-zu-Gesicht Interaktionen – vom Gesicht gehen die meisten sozialen Signale aus – mit Augenkontakt, »Augengruß«,

Links oben und unten: Wach und klug. In traditionellen Kulturen erwerben Kinder Kenntnisse und Fähigkeiten ohne formalen Unterricht (Trobriand)
Rechts: Stillen im Laufschritt. Unter dem Cape aus Pandanusblättern ist der Säugling recht gut vor dem Regen geschützt (Eipo)

Lächeln, Sprach-Lall-Interaktionen etc.. Auch die kleinen Spiele zwischen Bezugsperson und Kind sind immer Dialoge. Schon der Säugling kann dabei seinen Umgang mit dem Gegenüber aktiv regeln. Genauso wie das Baby durch Zuwenden seines Gesichtes Kommunikation erst ermöglicht, kann es durch Kopfabwenden Kommunikation verhindern. Das tut es bei Reizübersättigung – wenn es »einfach genug hat« – aber auch bei Angst, etwa wenn ihm ein Fremder zu nahe kommt. Kontaktbereitschaft und Kontaktvermeidung werden als subtile soziale Signale innerhalb des Dialoges geäußert, etwa in einem Mehr oder Weniger an Lächeln, an Augenkontakt, oder an Berührung und körperlicher Zu- und Abwendung.

Ein wichtiges Element der Dialoge ist die Wiederholung. Die einzelnen Bestandteile der Interaktion werden von beiden Partnern wieder und wieder ausgeführt. So ist ein fester Rahmen gegeben, in dem voraussagbare Handlungsmuster geschehen. Das ist besonders bei Säuglingen und Kleinkindern zu beobachten, die dadurch offenbar bestimmte Inhalte und/oder Bindungsqualitäten einüben können. Als Beispiel für ein Dialog-Thema sei »Geben und Nehmen« erwähnt, das man in einfachen Gib-Nimm-Spielen zwischen Mutter und Kind sowie anderen Personen und Kind weltweit finden kann. Dieses urmenschliche Thema des Besitzens und seine Einbindung in soziale Interaktionen fängt also schon beim Kleinkind an.

Die enge Bindung an eine Hauptbezugsperson – in der Regel ist das die Mutter – gibt dem Kind wie gesagt Schutz und Sicherheit und vermittelt Urvertrauen. Wie tief verankert in Mensch und Tier diese Schutz-Funktion der Mutter ist – zu ihr kann man sich in Notlagen aller Art flüchten – kann an einem paradoxen Beispiel demonstriert werden. Man kann Jungtiere verschiedener Arten (Vögel, Hunde, Affen) im Labor auf eine künstliche Mutterattrappe prägen, der sie in ähnlicher Weise wie einer natürlichen Mutter anhänglich sind. Wenn nun von einer solchen künstlichen Mutter schmerzhafte Strafreize ausgehen, verringert sich, wie D.W. Rajecki und Mitarbeiter herausgefunden haben, erstaunlicherweise die Bereitschaft der Jungtiere, zu dieser »Mutter« zu flüchten nicht, sondern im Gegenteil, sie erhöht sich. Es scheint so, als ob die Jungen gegen alle Erfahrung davon überzeugt seien, daß ihre eigene »Mutter« diesen Schmerz nicht hervorrufen könne, sondern sie im Gegenteil davor beschützen werde. Gleiches scheint für Menschenkinder zu gelten. Manche Beobachtungen zeigen, daß von der Mutter mißhandelte Kinder nichtsdestoweniger eine Bindung zu ihr aufbauen, die oft sogar besonders eng ist.

Wie ist das zu erklären? Schmerz und Angst verstärken ganz allgemein das Bindungsverhalten. Deshalb suchen Tier- und Menschenkinder besonders in einer solchen Situation Zuflucht bei ihrem Schutz und Sicherheit versprechenden »Bindungsobjekt«, in der Regel also bei ihrer Mutter. Daß die Gefahr von dort ausgeht, ist offenbar so unwahrscheinlich, daß sich dafür im Laufe der Evolution keine besonderen Erkennungsmechanismen herausgebildet haben. Eine ihr Kind mißhandelnde und vernachlässigende Mutter war wohl immer die Ausnahme. Außerdem ist davon auszugehen, daß solche Mütter ihr Genmaterial nicht weitergeben konnten, weil ihre Kinder/Jungen an mangelnder Fürsorge starben. Der Normalfall ist also eine fürsorgliche Mutter, und so konnte sich für Jungtiere und Kinder die klare Devise herausbilden: »Bei Schmerz und Angst suche engen Kontakt mit der Mutter«.

Neugierig sein, sich wißbegierig der Welt zuwenden, erfordert einen

Etwa zur selben Zeit, aber unabhängig von unserer Untersuchung machte die amerikanische Kollegin Christine L. Robinson mit ihrem Team ein ähnliches Experiment.
Sie erhält dasselbe Ergebnis: Babies üben eine große Faszination aus, sogar im geschäftigen anonymen Getriebe unserer Städte.

Tragetücher sind weit verbreitet. Die Taille der Erwachsenen eignet sich besonders gut zum Transport von Kindern. Deren Beinchen werden dabei gespreizt. Das ist gut für ihre Hüftgelenke (Yanomami)

Aus einem Film von »EE«: Die »Achtmonatsangst« ist ein weit verbreitetes Phänomen. Der sitzende Besucher versucht, das Kind hochzunehmen. Es flüchtet zum Vater (Eipo)

gewissen Mut. Es ist daher einleuchtend, daß Säuglinge und Kleinkinder ohne feste und verläßliche Bindung eine so hohe Angstschwelle haben, daß ihr Neugier- und Spielverhalten nicht gut zum Zuge kommt. Ähnlich ergeht es Kindern, die von der Mutter getrennt sind, auch bei ihnen überwiegt die Angst so sehr, daß die Lust auf neue Erfahrungen minimal wird. Nur die Nähe und Verfügbarkeit einer Bezugsperson ermöglicht Wißbegier, Spiel und Lernen. Ähnliche Zusammenhänge sehen wir bei Affen. Wenn z.B. junge Rhesusaffen von ihrer Mutter (oder Mutter-Attrappe) getrennt wurden, waren die Jungtiere nicht mehr fähig, zu spielen und neugierig zu sein, sondern nur noch verschüchtert und ängstlich. Bei einer langanhaltenden Trennung entwickelten sich die Tiere, wie Harry Harlow nachwies, nicht normal; dabei war ihr Sozialverhalten besonders gestört. Die Geborgenheit in der persönlichen Bindung ist also bei Affen und Menschen eine Voraussetzung für Explorieren und Lernen. Es hängt vom Alter ab, ob das Bindungsobjekt körperlich vorhanden sein muß oder ob die Bindung bereits verinnerlicht wurde. Wenn man in der frühen Kindheit die Erfahrung gemacht hat, sich in eine Geborgenheit zurückziehen zu können, wenn die »Welt draußen« zu gefährlich wird, dann wird man auch als Erwachsener unabhängig und neugierig auf die Welt zugehen können.

In Industriegesellschaften finden wir oft »Sicherheitsobjekte« (security objects im Englischen). Das sind Kuscheltiere, kleine Decken oder Kissen, weiche Lappen oder andere Schmuseobjekte, an die die Kinder sich gewöhnt haben, die sie sehr lieben und mit sich herumtragen, ganz besonders wenn sie allein sind und Angst haben. Man kann sagen, daß die Kinder eine Bindung an diese Objekte aufgebaut haben, die ihnen hilft, eine zeitweilige Trennung von der Mutter besser zu überwinden. In Stammeskulturen finden wir keine derartigen »Mutter-Ersatz«-Objekte. Die Kinder dort bedürfen ihrer offenbar nicht, denn sie haben ja fast ständig Körperkontakt mit Bezugspersonen. Der Gebrauch von Sicherheitsobjekten zeigt einerseits, daß es dem betreffenden Kind an Geborgenheit spendender Zuwendung fehlt, andererseits zeigt er aber auch, wie anpassungsfähig Kleinkinder sind.

Die Angst vor fremden Menschen tritt bei Kleinkindern um den fünften bis achten Monat auf. Kinder entwickeln dieses Fremdeln oder die, wie der Psychiater René Spitz sie nannte, »Achtmonatsangst«, ohne daß sie negative Erfahrungen mit unbekannten Menschen gemacht haben müssen. Sie ist unterschiedlich stark ausgeprägt, findet sich aber überall auf der Welt. Sie ist dadurch gekennzeichnet, daß das Kind sich bei Annäherung eines Fremden furchtsam abwendet und bei einer vertrauten Person Schutz sucht, sich aber aus diesem Schutz heraus dem Fremden auch neugierig zuwenden kann. Die »Achtmonatsangst« ist also durch eine Ambivalenz von Neugier und Ängstlichkeit geprägt. In dem Alter, in dem das Fremdeln auftritt, entwickeln Kinder ein stärkeres soziales Interesse. Der Psychologe Norbert Bischof hat dargestellt, daß diese soziale Neugier mit dem Bestreben nach Sicherheit in vertrauter Beziehung in Konflikt gerät. Je nach Situation und innerem Zustand überwiegt von diesen beiden Antrieben einmal das Sicherheitsbedürfnis, das andere Mal die soziale Neugier. Mit zunehmendem Alter verschieben sich die Schwerpunkte in diesem System: mit wachsender Sicherheit wird die Neugier immer wichtiger. Irenäus Eibl-Eibesfeldt hat 1984 darauf hingewiesen, daß Scheu vor Fremden eine Eigenschaft ist, die während des ganzen Lebens mehr oder weniger erhalten bleibt.

So wichtig es ist, daß eine sehr enge Bindung an die Mutter oder eine andere Bezugsperson aufgebaut wird, so wichtig ist es, daß sich später diese enge Bindung lockert. Dieser Prozeß der Lockerung verläuft sukzessive über Jahre und vermindert keineswegs die Intensität der Gefühle bei Mutter und Kind. Ein Selbständigkeits-Schub ist im Alter von zwei bis drei Jahren zu bemerken, der sicher auf Grund alter biologischer Zusammenhänge entstanden ist. Er fällt nämlich mit dem Zeitpunkt des Abstillens zusammen, der in Stammeskulturen – und früher auch bei uns – zwischen zwei und drei Jahren liegt, oft verbunden mit einer erneuten Schwangerschaft der Mutter. Zu dieser Zeit ist das Kind besonders neugierig auf die Erweiterung seines Bekanntenkreises. Es strebt zum Beispiel in die Kinderspielgruppe und ist jetzt bereit, sich für längere Zeit von der Mutter zu trennen (vgl. auch das Kapitel »Spielend lernen. Sozialisation bei den Buschleuten«).

Die Selbständigkeitsbestrebungen des Kindes in diesem Alter äußern sich in vielen Bereichen. So will es jetzt absolut alles allein machen, und es will auch den Erwachsenen bei ihren Tätigkeiten helfen. Daß die Sauberkeitserziehung in diesem Alter der beginnenden Autonomie besonders leicht glückt, ist nicht verwunderlich. Häufig auftretende Trotzreaktionen – man spricht ja auch vom Trotzalter – gehören in dieses Bild. Mit eigensinnigen Verweigerungen testet das Kind die Grenzen seiner Macht. Es prüft, wie groß sein Durchsetzungsvermögen gegenüber den Eltern ist. Anders als durch solches Ausprobieren ist es ihm nicht möglich, Grenzen wirklich abzustecken, da es in diesem Alter nur sehr bedingt zu den dafür erforderlichen vernünftigen Einschätzungen und

Wie kommt es zu dieser Zuwendungsreaktion auf »wildfremde« Kleinkinder? »EE« hat in seinem 1970 veröffentlichten Buch »Liebe und Haß – Zur Naturgeschichte elementarer Verhaltensweisen« beschrieben, wie Brutpflege, also die Fürsorge um die Jungen, und Liebe zusammenhängen. Bis zu den Vögeln und Säugetieren war in der Stammesgeschichte der Tiere keine individualisierte Sorge um die Nachkommen nötig. Im Wasser oder an Land schlüpften die Jungen selbständig aus den Eiern und waren, mit wenigen Ausnahmen, ohne elterlichen Schutz den Gefahren der Umwelt ausgesetzt.

Die »Republik der Kinder« umfaßt viele Altersstufen. Die Älteren übernehmen wichtige Erziehungsaufgaben (Trobriand)

Frangipaniblüten duften nach edelstem Parfüm. Das Mädchen macht eine Halskette daraus (Trobriand)

Anders dagegen die Strategie der nach den Reptilien entstandenen Tiere. Die Mutter, bei Vögeln in etlichen Fällen auch der Vater, kümmern sich aufopferungsvoll um das Wohl der Kleinen, füttern und betreuen sie und bauen dabei eine enge persönliche Bindung zu jedem Kind auf. Dieses Verhalten, gespeichert in den Genen und von dort übersetzt in mannigfaltige Verschaltungen des Gehirns, war notwendig, sonst hätte die Beschränkung auf nur wenige Nachkommen, die durch aufwendige Brutpflege großgezogen werden müssen, in der Evolution nicht erfolgreich sein können.

Einsichten fähig ist. Für die Struktur des familialen Systems ist es notwendig, daß die Eltern diese Grenzen klar aufzeigen und die Machtverhältnisse offengelegt werden. Das Kind erfährt so, daß die Eltern zwar letztlich entscheiden, ihm aber auch Freiraum zubilligen und seine Selbständigkeit fördern. So nachsichtig sich im allgemeinen die Eltern in Stammeskulturen gegenüber Babies verhalten, so klar werden doch den älteren Kleinkindern Grenzen gesetzt.

Bei uns werden manchmal Babies und Kleinkinder zu streng behandelt, hingegen wird bei den älteren zu viel toleriert. Man traut sich nicht, die notwendige Autorität zu zeigen. Aber Eltern, die sich alles gefallen lassen, verunsichern ihr Kind, das dann außerdem nicht lernen kann, zu warten und sich anzupassen.

Auf der anderen Seite werden Kinder in unserer Kultur sehr oft mit übergroßer Ängstlichkeit behandelt, auch da, wo es sich nicht um mögliche Gefahren durch unsere Technik handelt. Diese Überbesorgtheit steht ganz im Gegensatz zu Stammeskulturen, wo, wie Wulf Schiefenhövel verschiedentlich dargestellt hat, selbst Kleinkindern schon viel zugetraut und zugemutet wird. So können die Kinder ihre Neugier und ihren Forschungsdrang in genügendem Maße ausleben. Eine zu ängstliche Haltung der Mutter erschwert auch die notwendige Lockerung der Bindung. Daß sie glückt, ist von entscheidender Bedeutung für das weitere psychische Wohlergehen von Mutter und Kind. Mißlingt sie, wird das seelische Reifen des Kindes beeinträchtigt. Die bekannte Zoologin Jane Goodall beschrieb 1986 selbst bei Schimpansen einen Fall, wo eine nicht geglückte Lockerung der Bindung extreme Schwierigkeiten in der Entwicklung des Jungtieres zur Folge hatte.

Die Lockerung der Bindung zwischen Mutter und Kleinkind scheint paradoxerweise leichter zu gelingen, wenn die Bindung sehr eng und sicher ist. Das sieht man im individuellen Fall, also bei einzelnen Kindern, wie auch im Vergleich zwischen Kulturen. So haben, wie Melvin Konner nachwies, zwei bis fünf Jahre alte Kinder bei den Kalahari Buschleuten (vgl. das Kapitel über deren Spiele) weniger räumliche Nähe zu ihrer Mutter und weniger Interaktionen mit ihr, hingegen mehr Interaktionen mit anderen Kindern als gleichaltrige Kinder in England und den USA. Der Unterschied: Die Buschmannkinder hatten als Babies alle eine sehr enge Bindung an ihre Mutter gehabt, wurden nach Bedarf gestillt und fast stets in Körperkontakt gehalten. Gleichermaßen gehen nach den Beobachtungen von Wulf Schiefenhövel auch bei den Berg-Papua in Neuguinea enge Bindung und frühe Selbständigkeit parallel.

Bedingt durch das Ausmaß des Lernens, das er zu bewältigen hat, bevor er als erwachsenes Mitglied seiner Gruppe selbständig sein kann, hat der Mensch von allen Lebewesen die längste Kindheit und Jugend. Man kann in diesem Zusammenhang manchmal hören, daß der große Unterschied zwischen Stammeskulturen und modernen technisch-industrialisierten Kulturen gerade im kulturspezifischen Lernen läge und deshalb die Kindererziehung hier und dort nicht zu vergleichen sei. Bei uns müsse viel umfänglicher und vielseitiger gelernt werden. Man müsse sich in der modernen Technologie und Wirtschaft zurechtfinden und deshalb, so lautet der Einwand, müßten schon die kleinen Kinder auf all dies vorbereitet werden, damit sie sich später als Erwachsene erfolgreich in unserer Welt bewähren könnten.

Worin aber kann die spezielle Vorbereitung der Kleinkinder auf dieses kulturspezifische Lernen bestehen? Immer doch darin, daß die Kinder in

Mädchen spielen bevorzugt in Mädchen-, Buben in Bubengruppen; ein Effekt biopsychologischer Verhaltenssteuerung (Himba)

den ersten Lebensjahren »Sicherheit tanken«. Wie schon erwähnt und wie auch von Heidi Keller und Rolf Boigs experimentell nachgewiesen wurde, sind Neugier- und Explorationsverhalten – die Grundlagen des Wissenserwerbs – an Sicherheit und Selbstvertrauen gekoppelt. Sicherheit und Selbstvertrauen werden dadurch erworben, daß in der ersten Lebenszeit Bezugspersonen verläßlich zur Verfügung stehen und die Kinder in diesem Lebensabschnitt nicht zu viel Angst und Unsicherheit erfahren müssen. Neben der Begabung ist diese Grundlage der Lernfähigkeit somit eine humanethologische Konstante, die nichts mit den Inhalten des späteren kulturspezifischen Lernens zu tun hat. Wie die Erfahrung zeigt, sind Kinder ohnehin in der Lage, sich die Kenntnis neuer Technologien spielend anzueignen; am Computer und in anderen Bereichen sind sie den staunenden Eltern schnell überlegen.

Das Lernen in der Kindheit beschränkt sich nicht allein auf Wissen über Objekte und den Umgang mit ihnen, sondern ist vor allem ein Lernen im sozialen Bereich. In der frühen Kindheit bezieht es sich zunächst auf die Bezugspersonen. Man kann hier von prägungsähnlichen Lernformen sprechen, denn früh erworbene Verhaltensweisen und -regeln haften zeitlebens sehr fest. Die Art und Weise der Beziehungen zu den Hauptbezugspersonen ist für das Kind richtungsweisend in der sozialen Kommunikation, und die Qualität dieser ersten Beziehungen bestimmt entscheidend auch die späteren. Die Entwicklungspsychologen Mary Main in den USA sowie Karin und Klaus Großmann in Deutschland haben das mit ihren Mitarbeitern in langfristigen Untersuchungen bestätigen können. Grob vereinfacht ausgedrückt liegt dahinter die genetische Anweisung: »Die Eltern haben überlebt, also lerne von ihnen, wie man es macht!«. Dieses »Wie« kann natürlich im Einzelfall besser oder schlechter an die jeweilige Umwelt angepaßt sein. Durch die enge Bindung werden die Verhaltensregeln und Wertvorstellungen der eigenen Familie und der Gruppe, in der man lebt, im Laufe der Kindheit und Jugend verinnerlicht. Der Unterschied, der zwischen den einzelnen Völkern im Verhalten, in den Sitten und Gebräuchen besteht, läßt sich also auf soziales Lernen zurückführen. Unterschiedlich können auch die Verhaltensnormen und die Sozialisation in einzelnen Familien unserer Gesellschaft sein – in Stammeskulturen sind diese Unterschiede wesentlich geringer. Immer aber ist die emotionale Bindung an Bezugspersonen die Voraussetzung zur Übernahme gruppenspezifischer Verhaltensweisen und damit für das Entstehen von Kultur.

Beim Menschenkind ist bekanntermaßen eine besonders lange und intensive Betreuung der Nachkommen erforderlich, dem entspricht unsere besonders ausgeprägte Zuwendungsreaktion Säuglingen und Kleinkindern gegenüber. Sie ist so stark, daß wir generell auf den Auslöser »Kindchenschema« (vgl. das Kapitel über die Kindsymbole) reagieren, auch wenn es sich gar nicht um unser eigenes Kind handelt. War erst einmal individualisiertes, betreuendes Verhalten entstanden im Verlauf der Stammesgeschichte, so »EE«, konnte es, quasi als Baustein, genutzt werden für die Zuwendung zueinander auch außerhalb des Kontexts der Brutpflege. Die Mutter- und Elternliebe zu den Jungen wurde damit zur Grundlage der Liebe überhaupt. Mit Recht nennt »EE« das eine »Sternstunde der Evolution«.

Oben und unten

Rangordnung bei Kindern und Erwachsenen

Das biologisch-soziale Phänomen der Ranghierarchie wird von den beiden hauptsächlichen Wissenschaftsrichtungen der Evolutionsbiologie zum Teil unterschiedlich interpretiert. Die von dem amerikanischen Zoologen Edward O. Wilson begründete Soziobiologie betont, daß letztlich nur eine Währung im Leben der Organismen zählt: Nachkommen, die die Gene des Elternorganismus tragen.

Rechte Seite: In der Literatur wurden die Buschleute als Inbegriff der Friedfertigkeit beschrieben, doch auch bei ihnen kämpfen bereits Buben um Rang und Rechte. Zum Teil erbittert wie hier

Man fragt sich in unserer Welt der Reichen und Armen, Mächtigen und Machtlosen, der Priviligierten und Unterpriviligierten, ob wir nicht in einer Gesellschaft glücklicher wären, in der es keine Rangunterschiede gäbe und in der einer nicht mehr besitzen würde als der andere. Es würden weder Neid noch Mißgunst herrschen, und es gäbe kein Gerangel um Rangpositionen. Warum leben wir überhaupt in einer sozialen Hierarchie, ist sie Produkt der Gesellschaft oder entsteht sie durch eine angeborene Neigung? Welchen Einfluß haben Erziehung und Kultur?

Das Phänomen der Rangordnung wurde zunächst bei Hühnern wissenschaftlich untersucht; Schjelderup-Ebbe fand 1922 die sogenannte Hackordnung. Diese besagt, daß nach anfänglichen Kämpfen sich jedes Huhn merkt, wem es über- bzw. unterlegen war. Das Huhn A, das über alle gewonnen hat, hackt alle, die ihm im Weg sind, während das Huhn B außer Huhn A alle anderen Hühner hacken darf usw.. Solch eine Hackordnung basiert ausschließlich auf Aggression und hat keine weitere Funktion, als dem Ranghöchsten den Zugang zum Futter, begehrten Plätzen oder Weibchen zu verschaffen und aggressives Verhalten auf ein Minimum zu reduzieren. Diese Form der Dominanzstruktur finden wir bei den meisten sozial lebenden Tierarten, die zu höheren Lernleistungen wie zum Beispiel individuellem Erkennen fähig sind.

Doch schon bei den höheren Primaten können wir beobachten, daß die überlegene Kraft alleine nicht ausschlaggebend für einen hohen Rang ist, sondern daß die Fähigkeit zur Koalition, also soziale Kompetenz, zur Spitzenposition verhelfen kann, da man zu zweit stärker ist als alleine. Schimpansen nutzen, wie der Zoologe Frans de Waal gezeigt hat, diese Fähigkeit sehr intensiv, um zu einer Machtposition zu kommen. Zusätzlich haben sie gelernt, daß man seine Gruppenmitglieder durch Krach und Kraftdemonstrationen, auch Imponiergehabe genannt, so stark beeindrucken kann, daß diese kampflos das Feld räumen. Jane Goodall hat diese Beobachtungen 1986 publiziert. In den Hierarchien der höheren Primaten haben die ranghohen Tiere nicht nur Privilegien, sondern auch die Aufgabe, die Gruppe zu Nahrungsplätzen oder sicheren Schlaf-

93

So wird das »ultimate« Ziel, die Zweckursache alles Lebendigen beschrieben. Aus dieser Sicht dient die bei Tieren und dem Menschen vorzufindende Rangordnung vor allem dem »Alpha«-Mitglied einer Gruppe, da es nämlich durch seine hohe Stellung bessere Chancen zur Fortpflanzung hat. Für die Männchen ist das vor allem der Zugang zu fortpflanzungsfähigen und -bereiten Weibchen, bei Weibchen sind es vor allem günstigere Aufzuchtbedingungen für die eigenen Jungen. Insbesondere bei den Männchen lohne sich der teilweise recht brutale und verlustreiche Kampf um die Alpha-Position wegen der damit verbundenen höheren Reproduktionschancen.

Nun beginnt sich aber in den letzten Jahren abzuzeichnen, daß der Alpha-Rang eines Männchens nicht unbedingt mehr Nachkommen bedeutet. Michael Huffmann, der seit vielen Jahren Makaken beobachtet, die in der Nähe der japanischen Stadt Kyoto halbwild leben, hat den Verdacht, daß die Beta-, Gamma- und Delta-Männchen und auch die noch weiter unten auf der Hierarchieleiter gleich viele Nachkommen zeugen wie die großen Bosse an der Spitze, weil sie Freundschaft mit Weibchen schließen und sich zur Kopulation aus der Gruppe, d.h. aus dem Sicht- und Einflußbereich des Alpha-Männchens entfernen. Sollten sich diese ersten Beobachtungen bei den jetzt in einigen Affengruppen angelaufenen »Vaterschaftsuntersuchungen«

stellen zu führen und bei internen Streitigkeiten Frieden zu stiften. Dies setzt natürlich voraus, daß die ranghohen Tiere nicht nur stark sind, sondern auch über wichtige Informationen verfügen, daß also Kompetenz und Intelligenz neben der Körperkraft gefragt sind.

Wie sieht es nun beim Menschen, dem – bezogen auf seine Hirnleistungen – am höchsten stehenden Primaten aus? Will man hier die Bildung von Rangordnungen studieren, fängt man am besten bei den ganz Kleinen, den Kindern im Kindergarten an, da sie sich dort meist zum ersten Mal in einer größeren Gruppe erleben. Bei den Zwei- bis Dreijährigen bildet sich schnell eine Dominanzstruktur aus. In diesem Alter gibt es häufig Streit um Spielzeug, da die Kinder noch nicht über angepaßte Strategien verfügen, um an ein Objekt heranzukommen; sie greifen zuerst danach, bevor sie auf andere Art und Weise versuchen, in seinen Besitz zu kommen. Dies führt natürlich häufig zu Konflikten, bei denen die Kinder sich aggressiv gegen andere zur Wehr setzen. Im allgemeinen gilt hier noch das Recht des Stärkeren (vergleiche das Kapitel »Zur Ethologie des Besitzes«). Trotzdem kann man in Anlehnung an Hubert Montagner schon hier verschiedene Typen unterscheiden:

1. dominant-aggressive Kinder, die gern in Wettbewerb mit anderen treten, aber manchmal auch grundlos andere ärgern und attackieren. Sie zeigen einen wesentlich höheren Anteil an aggressivem als an verbindlichem, freundlichem Verhalten und sind weniger kreativ als die

2. Anführerkinder. Diese zeigen im Gegensatz zu dem ersten Typ mehr beschwichtigende als aggressive Verhaltensweisen. Sie nehmen zwar auch gern an Wettbewerben teil und imponieren viel, aber sie drohen viel häufiger, als daß sie tätlich angreifen. Diesen Kindern wird viel lieber gefolgt, als den dominant-aggressiven, weil sie konstruktiv und kooperativ sind.

Im Alter von vier bis sechs Jahren sind ausgesprochene Dominanzhierarchien nur noch in reinen Jungengruppen vorhanden. In gemischten Gruppen dagegen oder in reinen Mädchengruppen spielt Dominanzverhalten keine so große Rolle mehr, da Mädchen viel seltener in Dominanzkonflikte verwickelt sind. Dagegen kann man sie genauso häufig als Spielführer beobachten wie Buben. Wenn man aber keine Dominanzhierarchie ermitteln kann, wie soll man dann den Status eines Kindes in der Gruppe feststellen?

Das Konzept der Aufmerksamkeitsstruktur, das der Zoologe Michael Chance 1967 beschrieben hatte, war hier eine große Hilfe. Er hatte bei Rhesusaffen beobachtet, daß rangniedere Tiere den ranghohen wesentlich mehr Aufmerksamkeit schenken als umgekehrt, was sich schon an ihrer räumlichen Verteilung zeigt. Die ranghöchsten Tiere werden von den rangtieferen gemieden, dadurch ist der Abstand zwischen ihnen groß. Diese Verteilung kann aber nur beibehalten werden, wenn sich die rangtieferen Individuen ständig über die Position der Ranghohen informieren und ihr Verhalten danach ausrichten.

Sozialpsychologische Untersuchungen ergaben, daß auch Menschen in modernen Gesellschaften ihr Blickverhalten der jeweiligen Situation anpassen. In Anwesenheit eines Ranghöheren schauen sie häufiger zu diesem, während sie selbst mehr »Ansehen« bekommen, wenn sie mit Menschen zusammen sind, die einen geringeren Status haben. Wenn wir von jemandem sagen, daß er »hohes Ansehen« genießt, meinen wir damit, daß er eine auf Leistung begründete Autorität hat. Nicht nur im westlichen Kulturkreis, sondern selbst bei den Papua der unzugänglichen Berge West-Neuguineas (siehe Kapitel »Die Eipo«) wird, wie Irenäus Eibl-

Eibesfeldt 1984 schrieb, ein Mann von hohem Rang als einer beschrieben, »dem Blicke gegeben werden« (*dildelamak*).

Wir schauen zu anderen Menschen aus unterschiedlichen Motivationen: a) wenn wir jemanden fürchten, b) wenn wir ihn attraktiv finden und Kontakt suchen und c) wenn wir neugierig sind. Ranghohe Gruppenmitglieder erhalten die Aufmerksamkeit der anderen, weil sie entweder Angst einflößen oder besonders beliebt und/oder interessant sind. Alle drei Aspekte spielen bei verschiedenen Führungsstilen eine unterschiedlich wichtige Rolle. Der »Boß« legt entweder Wert darauf, daß ihn seine Mitarbeiter fürchten – er wird sie entsprechend aggressiv behandeln – oder er verhält sich wie ein gütiger Vater, dem zuliebe man seine Arbeit macht, oder er kann drittens seine Mitarbeiter von der Wichtigkeit der Aufgabe überzeugen, so daß sie aus lauter Interesse ihr Bestes geben. In den meisten Fällen besteht das tatsächliche Führungsverhalten aus einer Mischung dieser drei Aspekte, wobei der Anteil eines einzelnen mehr oder weniger stark überwiegt.

Die Häufigkeit, mit der ein Kind im Mittelpunkt der Aufmerksamkeit steht, erwies sich bei den Untersuchungen als ein guter Index für seinen Status in der Gruppe. Diese Hierarchie existierte nicht nur im Kopf des Beobachters, sondern die Kinder zeigten auch in ihrem Verhalten, daß sie den Status des anderen respektieren. Unterteilt man die Kinder im Kindergarten in solche mit hohem, mittlerem und geringem Ansehen, so sind jene mit dem größten Ansehen die Spielführer; ihnen fallen immer wieder neue Spiele ein, die sie zusammen mit anderen in die Tat umsetzen. Sie regeln, wer mitspielen darf und wer welche Rolle bekommt. Sie bestimmen den Fortgang des Spieles, greifen dabei Vor- bestätigen, wäre eine Revision der bisherigen Annahmen erforderlich.

»EE« betrachtet das Phänomen der sozialen Rangordnung aus einem anderen Blickwinkel, wenn er von unseren nächsten Verwandten schreibt: *»Die hierarchische Organisation erfüllt bei Schimpansen eine Funktion im Dienste des Gruppenzusammenhalts, da sie den Konflikten und dem Wettstreit Grenzen setzt«*. Statt der Individuen-bezogenen Sicht mit Betonung der Zweckursache werden hier die näherliegenden (»proximaten«) Mechanismen unter die Lupe genommen.

Die Kleinsten der Spielgruppen werden in das Tun der Älteren einbezogen. So findet ein wichtiger Teil der Sozialisation statt (Buschleute)

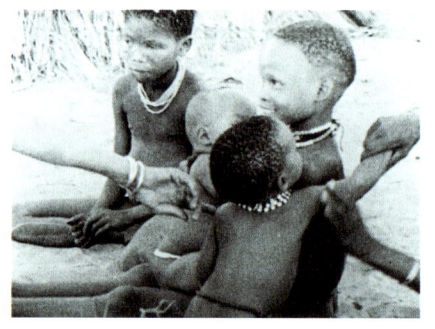

schläge und Anregungen der Mitspieler auf, die sie in der Regel etwas modifizieren. Kommt es zu Streitigkeiten, sind sie der Vermittler oder die höhere Instanz, die zu Hilfe gerufen wird. Sie verstehen es, möglichst viele Kinder zu integrieren, das heißt, sie spielen nicht nur mit ihren Freunden. In ihrem Auftreten sind sie sicher und selbstbewußt und lassen sich nicht so leicht von ihrer eigenen Tätigkeit ablenken. Sie stellen sich auch jeder Herausforderung. So reagierte zum Beispiel das »alpha-Kind« einer Gruppe auf die Androhung: »Jetzt greifen wir alle den Martin an«, mit hoch erhobenem Haupt, die Arme in die Seiten gestützt mit der Antwort: »Das versucht erst mal!« Obwohl sie den kleineren und schmächtigen Martin leicht hätten überwältigen können, hatte keiner den Mut, sich mit ihm anzulegen.

Ranghohe Kinder haben den größten Einfluß in der Gruppe, denn sie werden am häufigsten imitiert und ihren Anordnungen wird gefolgt. Ihr Urteil ist den anderen Kindern wichtig, denn sie werden am häufigsten gefragt. Es werden ihnen auch selbst gefertigte Arbeiten gezeigt, und es wird ihnen alles Wichtige mitgeteilt. Mit Hilfe von kleinen Geschenken (zum Beispiel ein Stück der Brotzeit) bemühen sich die Kinder, das Wohlwollen des Ranghöchsten zu sichern. Umgekehrt, wenn ein »alpha-Kind« etwas zu verteilen hat, vergißt es niemanden und läßt sich auch die Kontrolle nicht aus der Hand nehmen.

Kinder, die häufig aggressiv sind, anderen ihr Spielzeug wegnehmen oder zerstören, werden zwar auch viel angeschaut, sind aber nie diejenigen mit dem höchsten Ansehen. Rangmittlere Kinder können gelegentlich in Kleingruppen von rangtiefen Kindern die Anführer sein, wenn sie aber mit Ranghöheren spielen, nehmen sie willig jede Rolle an. Kinder, die wenig oder gar kein Ansehen haben, zeigen nur sehr selten Eigeninitiative, sie machen lieber nach, was andere ihnen vormachen, oder aber sie halten sich ganz heraus und schauen nur zu. Da sie unsicher sind, bewegen sie sich auch nicht so frei im Raum, sondern bleiben eher am Rande oder in der Nähe der Kindergärtnerin. Beim Basteln oder Malen sind sie nie ganz bei der Sache, weil sie immer wieder aufschauen, um zu sehen, was um sie herum vorgeht. Werden sie einmal mit einer Aufgabe betraut, etwa Bonbons an alle Kinder zu verteilen, verlieren sie sofort die Kontrolle über die Situation und geben jedem willig, was er fordert.

Jede Rangordnung ist von Natur aus dynamisch, die Individuen können im Laufe der Zeit im Rang steigen oder fallen. Zu Beginn eines Schuljahres, wenn ein Teil der Kinder in die Schule kommt und jüngere Kinder die Gruppe auffüllen, muß sich die Rangordnung erst wieder bilden. Dabei haben jene Kinder einen Vorteil, die schon länger in den Kindergarten gehen und damit nicht nur älter und erfahrener sind, sondern meist auch schon einen guten Freund haben. Sie geben sich sehr viel sicherer als Neulinge, die häufig zuerst die anderen Kinder beobachten und sich so über die bestehenden Beziehungen informieren. Einem Kind, das das vergißt und meint, es könne wie zu Hause den Ton angeben, wird schnell beigebracht, wer das Sagen hat. Neulinge fangen in der Regel in der unteren Hälfte der Aufmerksamkeitsstruktur an. Doch je nachdem, zu welchen Kindern sie Anschluß suchen, kann man Vorhersagen darüber machen, welchen Rang Kinder später einmal einnehmen werden: bevorzugt ein Kind ranghohe, wird es selber zu einem späteren Zeitpunkt viel Ansehen in dieser Gruppe haben. Damit kommen wir zu der Frage, was tut ein Kind, um im Ansehen zu steigen? Zwei Strategien stehen hier im Vordergrund: 1. das Aufmerksamkeit suchende

Nach einer Attacke auf den Säugling wird der Missetäter von einem Erwachsenen energisch zurechtgewiesen. Antiautoritär ist die Erziehung weder bei den Buschleuten noch in einer anderen traditionellen Kultur

Verhalten, wie es zusammen mit Dieter Borsutzky untersucht wurde, und 2. das Eingreifen in einen Streit zugunsten eines Partners, das Karl Grammer 1982 beschrieben hat.

Die erste Strategie besteht also darin, auf sich aufmerksam zu machen. Streitigkeiten sind eine Möglichkeit, denn sie ziehen immer die Blicke auf sich. Doch Streithähne sind nicht sehr beliebt, und die Kindergärtnerinnen bemühen sich auch, diese in Grenzen zu halten. Es gibt darüberhinaus noch viele andere Möglichkeiten. Laut schreien, sich auf einen Tisch stellen und laut trampeln oder auffordern: »Schaut mal alle her!« Kurz gesagt, alle Verhaltensweisen, die den Betreffenden größer und auffälliger machen, eignen sich dazu. Im Laufe eines Jahres versuchen fast alle Kinder, die Blicke auf sich zu ziehen, ohne daß sie deswegen gleich im Ansehen steigen. Hier kommt es nicht nur auf die Strategie, sondern auch auf den Zeitpunkt an, ob die Kinder erfolgreich sind oder nicht. Wenn die Gruppe instabil ist, wie etwa nach den Ferien, muß ein Kind sich schnell wieder in Erinnerung rufen, wenn es seinen Status behalten will, damit andere weniger Chancen erhalten, zu zeigen, daß sie auch interessante Spielpartner sind.

Es spielen auch Objekte, vor allem Spielzeug, eine besondere Rolle. Sie dienen einerseits dazu, Spielkontakte zu anderen Kindern herzustellen und andererseits, sich für die Gruppe interessant zu machen. Kinder, die im Ansehen steigen, weisen besonders laut und auffällig auf ihr mitgebrachtes Spielzeug hin. Diese Strategie ist sehr effektiv und bringt das Kind augenblicklich in das Zentrum der Aufmerksamkeit. Schafft es ein rangtiefes Kind, auf diese Weise einmal im Mittelpunkt zu stehen, versuchen die ranghohen Kinder, das Objekt selber in Besitz zu nehmen, oder sie machen abwertende Äußerungen, wie »Das ist ja nur was für kleine Kinder«. Sie reagieren überhaupt recht aggressiv auf auffälliges Gebaren rangtiefer Kinder, diese werden sofort ermahnt, damit Schluß zu machen. Das zeigt deutlich, wie wichtig es Kindern ist, »angesehen« zu werden. Aufmerksamkeit suchendes Verhalten führt jedoch nur dann zu höherem Ansehen, wenn ein Kind mehr zu bieten hat, wenn es beispielsweise Spiele erfinden und organisieren kann, wobei selbst gefertigte oder mitgebrachte Objekte sehr nützlich sind. Die eigene Selbstdarstellung ist nicht nur wichtig, um Aufmerksamkeit auf sich zu ziehen, sondern auch, um einen festen Spielpartner zu gewinnen, denn nur wer einen verläßlichen Freund hat, bekommt Unterstützung und steigt im Ansehen.

Damit kommen wir zur zweiten Strategie, dem Unterstützen in Streitigkeiten. Karl Grammer beobachtete sie am häufigsten bei Jungen, während Gesiena Loots sie nicht nur bei beiden Geschlechtern feststellen konnte, sondern auch geschlechtsspezifische Unterschiede fand: Mädchen versuchten, Frieden zu stiften und unterstützten schwächere gegen stärkere Kinder; Jungen dagegen griffen häufiger aggressiv ein und unterstützten auch stärkere und ranghöhere Kinder. Wenn Jungen erfolgreich gegen Ranghöhere unterstützten, so fand Karl Grammer heraus, konnten sie ihren Status verbessern oder zumindest festigen. Erfolg oder Mißerfolg hingen zum großen Teil von der eingesetzten Strategie ab. Wenn Kinder in den Streit rangtieferer Kinder eingriffen, gingen sie entschlossen auf den Gegner oder das Streitobjekt los und riskierten somit eine Eskalation, wenn sich der Gegner nicht gleich fügte, was allerdings angesichts der Rangdifferenz unwahrscheinlich war. Dieselbe Strategie war gegenüber ranghöheren Kindern ineffektiv; hier waren weniger risikoreiche Strategien vorteilhafter, etwa zuerst eine

Das ist auch in folgenden Erkenntnissen der Fall, die auf ethologische Beobachtungen zurückgehen, die »EE« 1947 machte, als er gerade 20 Jahre alt geworden war. »Eine Rangordnung setzt nicht allein voraus, daß einige Mitglieder der Gruppe sich Autorität verschaffen, sei es durch Rangkämpfe oder besondere Leistungen, sondern auch, daß die Untergeordneten diese Ordnung anerkennen. Erst eine solche Fähigkeit und Bereitschaft zur Unterordnung schafft stabile Sozietäten. Das fällt erst dann deutlich auf, wenn man ein höheres solitäres Säugetier erziehen will. Meinem durchaus intelligenten zahmen Dachs fehlte die Fähigkeit zur Unterordnung so gut wie völlig. Er blieb ausgesprochen eigenwillig und ließ sich nichts verbieten. Versuchte man, ihn z.B. für irgendeine Untat durch einen Klaps zu bestrafen, dann wurde er sogleich ernstlich aggressiv. Ein Hund dagegen paßt sein Verhalten an und ordnet sich unter. Er ist von Natur ein Gruppenwesen.«

Drohgebärde zu zeigen, zum Beispiel eine Schlagintention, und sich selber damit den Rückzug offen zu lassen. Das Unterstützen in einem Streit dient den Jungen meist nicht primär dazu, Ruhe und Harmonie in der Gruppe herzustellen, sondern ihre eigene Rangposition zu stabilisieren oder zu verbessern. Mädchen dagegen wollen eher Frieden stiften.

Damit kommen wir zu der Frage: Gibt es im Kindergarten geschlechtsspezifische Unterschiede was die Rangordnung betrifft?

In allen untersuchten Gruppen waren Jungen durchschnittlich ranghöher als Mädchen, was nicht bedeutet, daß Mädchen nicht die höchste Position einnehmen konnten. Jungen sind durchschnittlich unruhiger, lauter und machen häufiger auf sich aufmerksam als Mädchen. Spielerische Raufereien sind für Jungen geradezu charakteristisch. Es geht ihnen dabei nur darum festzustellen, wer der Stärkere ist, nicht um das Ziel, den anderen zu verletzen. Doch treten bereits im jüngeren Alter ernsthafte Aggressionen häufiger als bei Mädchen auf. Überhaupt sind sie an Wettbewerb und Statussymbolen etwas stärker interessiert als Mädchen. Hat sich eine Ranghierarchie etabliert, zeigen Jungen an ihrem Verhalten, daß sie diese wesentlich genauer beachten als Mädchen. Sie sind leichter bereit, ranghöhere Kinder anzuerkennen und ihnen ihre Vorrechte zuzugestehen. Wenn man die männliche Rangstruktur charakterisieren sollte, so ist sie am ehesten mit einer Dominanzhierarchie vergleichbar.

Bei Mädchen dagegen sind die Rangverhältnisse nicht immer eindeutig und oft nur am Verhalten der anderen ablesbar. Sie haben zwar auch ein ausgeprägtes Geltungsbedürfnis, kämpfen aber nicht so sehr um ihre Rangstellung wie Jungen, und wenn sie es tun, dann eher indirekt durch Ignorieren von ranghohen Kontrahentinnen. Rangstrukturen in reinen Mädchengruppen sind auch labiler als in reinen Jungengruppen, während in gemischten Gruppen die Mädchen ohne große Schwierigkeiten ihren Rang über längere Zeit beibehalten, weil rangtiefere Jungen ihren Status besser anerkennen können. Mädchen streben mehr nach Ansehen als nach Dominanz, was sich auch in ihrem Führungsstil bemerkbar macht. Topmanagerinnen werden als demokratischer und teamorientierter beschrieben, die weniger an eigener Selbstdarstellung interessiert sind, als daran, ihre Aufgabe zu erfüllen; sie wollen Ansehen durch Leistung und nicht durch Imponiergehabe.

Es herrscht auch heute noch die weit verbreitete Meinung, daß Rangordnungen das Ergebnis unserer Sozialisation, sprich Erziehung und Kultur sind. So glaubte man, daß Kinder im Kindergarten keine Hierarchien bilden, wenn sich Erwachsene völlig aus dem Geschehen heraushalten. Das führte Ende der sechziger Jahre zu den antiautoritären Kindergärten, von denen man sich einen Durchbruch in Richtung Demokratisierung der Kindheit versprach. Diese an sich sympathische Utopie ließ sich jedoch nicht in der gedachten Weise realisieren. Die Ergebnisse der 1980 publizierten Untersuchung von Nickel und Schmid-Denter, die eine große Zahl von Kinderläden mit traditionellen Kindergärten verglichen, ergaben, daß die Jungen in den Kinderläden viel ungehemmter dominierten und signifikant aggressiver waren als jene in den traditionellen Kindergärten. Die Mädchen in den Kinderläden waren ängstlicher und zogen sich bei Konflikten viel häufiger sofort zurück als ihre traditionell erzogenen Altersgenossinnen. Es hatte sich eine ausgeprägte Dominanzhierarchie gebildet, während es im Kindergarten wesentlich demokratischer zuging. Doch wie steht es mit den sogenannten egalitären Kulturen, wie man sie bei den Naturvölkern findet? Sind sie nicht ein

Angriffe werden sofort bestraft. Dabei geht es den Älteren nicht darum, Jüngere zu verletzen, ...

Hinweis dafür, daß die Bildung einer Hierarchie unnatürlich ist? Um diese Frage zu untersuchen, wurden Kinder der G/wi San in der Kalahari-Wüste in Südafrika beobachtet, deren Eltern noch ein Leben als Jäger und Sammler führten. Entscheidungen werden dort nach langen, ausführlichen Diskussionen gefällt, wobei derjenige das letzte Wort hat, der über den Gegenstand der Unterhaltung am besten Bescheid weiß. Auch dort haben, ähnlich wie bei uns, einzelne Individuen mehr Ansehen als andere. Ein guter Jäger oder eine gute Sammlerin hat bei entsprechenden Belangen mehr zu sagen als andere, ohne daß ihnen deswegen grundsätzlich mehr Priorität zugestanden würde. Weder stellt die Gruppe denjenigen mit besonderen Fähigkeiten heraus, noch darf jemand selbst mit seinen Taten prahlen, dies wird sofort von allen lächerlich gemacht. Das Verspotten ist eine sozial akzeptable Form der Aggression und führt in diesem Zusammenhang dazu, die Neigung zu unterdrücken, sich in den Mittelpunkt zu setzen. Wie im Kapitel »Die Buschleute« ausgeführt wird, erschwert die nicht-seßhafte Lebensform darüberhinaus das Anhäufen von materiellen Gütern, im Gegenteil, es ist soziale Norm zu teilen. Dieses Fehlen von Wettbewerb und das Unterdrücken von Imponiergehabe sind zweifellos zwei wichtige Strategien, um allen Gruppenmitgliedern das Gefühl der Gleichwertigkeit zu vermitteln.

Wie war es nun bei den Kindern? Die Spielgruppe ist dort bezüglich des Alters heterogener, die Kinder sind circa zwei bis dreizehn Jahre alt. Auch hier hatten die Kinder unterschiedlich viel Ansehen, was zum großen Teil abhängig vom Alter war. Die älteren Kinder in der Gruppe waren nicht nur angesehener, sondern ihnen wurde Folge geleistet, sie wurden imitiert und sie brachten ihrerseits den Kleinen neue Spiele und Fertigkeiten bei. Aggressionen wurden meist spielerisch ausgelebt und führten nicht zur Dominanz. Die Älteren griffen auch in Streitereien der Jüngeren ein, wenn dies nicht die Eltern taten. Auf Gehorsam legen die Buschmänner keinen großen Wert, und sie verbieten nur solche Dinge, die gefährlich für das Individuum oder die Gruppe werden können. Trotzdem folgen die Kinder ohne großen Widerspruch den Anweisungen der Älteren.

Das Ansehen bei den G/wi San hängt also deutlich von der Kompetenz ab, sei sie bedingt durch das Alter oder durch besonderes Wissen oder spezielle Fähigkeiten. Imponiergehabe oder Bluff sind nicht üblich, sie könnten für die Gruppe ungünstige Folgen haben. Würden die Bewohner eines Lagers einem unfähigen Jäger oder einer unkundigen Sammlerin folgen, würden sie Kräfte verschleißen, die sie zum Überleben in der schwierigen Umwelt brauchen. Da Buschleute keine organisierten Kriege führen, die schnelles Handeln erfordern, und sie auch nicht im direkten Wettbewerb mit anderen Gruppen stehen, können sie jedes Thema in Ruhe ausdiskutieren, bis ein Konsens gefunden ist. Dem muß sich jeder beugen. Das Leben in einer kleinen, überschaubaren Gemeinschaft läßt bei diesem Gruppendruck allerdings wenig Raum für individuelle Freiheit.

Es zeigt sich also, daß wir von Natur aus dazu neigen, Rangordnungen zu bilden, daß wir aber auch fähig sind, diese Neigung partiell zu unterdrücken, wenn das in einer entsprechenden Umweltsituation von Vorteil ist. In allen seßhaften Kulturen, die ihr Land oder ihren Besitz verteidigen müssen, haben sich fest etablierte Rangordnungen und institutionalisierte Führungsrollen mit dem dazugehörigen Imponiergehabe als opportun erwiesen. Sie sind der Preis für größere individuelle Freiheit.

...sondern um einen eher symbolischen Akt der Verteidigung und der Festigung ihrer Dominanz (Buschleute)

Mwasawa

Spiel und Spaß bei den Trobriandern

»Schweinchen auf der Leiter«, »Hexenbesen«, »See«, »Mund«, »Schnellzug« – einige Leser werden sich sicherlich an die in ihrer Jugend üblichen Fadenspielfiguren erinnern. Vorläufig scheint diese Form der Beschäftigung aus dem Repertoire der Kinderspiele verschwunden zu sein. Die Gameboys haben das Rennen gemacht.

Rechte Seite: Fadenspiele sind über alle Kontinente verbreitet. Wie die Trobriander kennen auch die Yanomami komplizierte Figuren. Für manche von ihnen muß die Zunge zur Hilfe genommen werden

Huizinga definiert in seiner klassischen Monographie (1981, S.37) Spiel als »eine freiwillige Handlung oder Beschäftigung, die innerhalb gewisser festgesetzter Grenzen von Zeit und Raum nach freiwillig angenommenen, aber unbedingt bindenden Regeln verrichtet wird, ihr Ziel in sich selbst hat und begleitet wird von einem Gefühl der Spannung und Freude und einem Bewußtsein des 'Andersseins' als das 'gewöhnliche Leben'«. Obwohl sich nahezu alle einschlägigen Arbeiten mehr oder minder explizit auf diese Definition beziehen, kann sie doch nicht vollends befriedigen, weil das Verhalten, das »Spiel« genannt wird, eine Vielzahl von Motivationen, Funktionen und heterogenen Verhaltensweisen einschließt.

Trotz der Schwierigkeiten, das Spielverhalten präzise zu definieren, können wir alle im Alltag relativ schnell und eindeutig entscheiden, was »spielerisch« und was »ernst« gemeint ist. Wichtige Hinweise über die Motivation unserer Spiel- und Sozialpartner gibt uns ihre Mimik. Schimpansen- und Menschenkinder signalisieren etwa mit gerundetem, offenen Mund, dem sogenannten »Spielgesicht«: Ich will nichts weiter als mit dir spielen. An diesen und anderen mimischen und gestischen Zeichen können wir also erkennen, ob es sich um Spiel oder Ernst handelt und dementsprechend angemessen reagieren.

Zunächst betrachten wir kurz, was aus der Sicht der Trobriander unter »Spiel« zu verstehen ist: Das *Kilivila*, die austronesische Sprache der Trobriander, hat für »Spiel« das Wort »*mwasawa*«. Die semantische Breite des Wortes ist bei den Trobriandern ebenso groß wie die des jeweiligen Wortes in unseren indogermanischen Sprachen.

Bei den Trobriandern finden wir Tanz-, Sing- und Rhythmusspiele, Spiele mit Materialien, Rollenspiele, Konstruktionsspiele, Kampf- und Wetteiferspiele sowie Jagdspiele (vgl. B. Senft: 1985). Bei den meisten Spielen handelt es sich um Kinderspiele, aber viele werden auch von Erwachsenen, von Männern und Frauen gespielt.

Kinder spielen ihre Spiele in der Regel in Kindergruppen, die sich nach der Zugehörigkeit der Kinder zu verschiedenen Dorfsektoren und auf

101

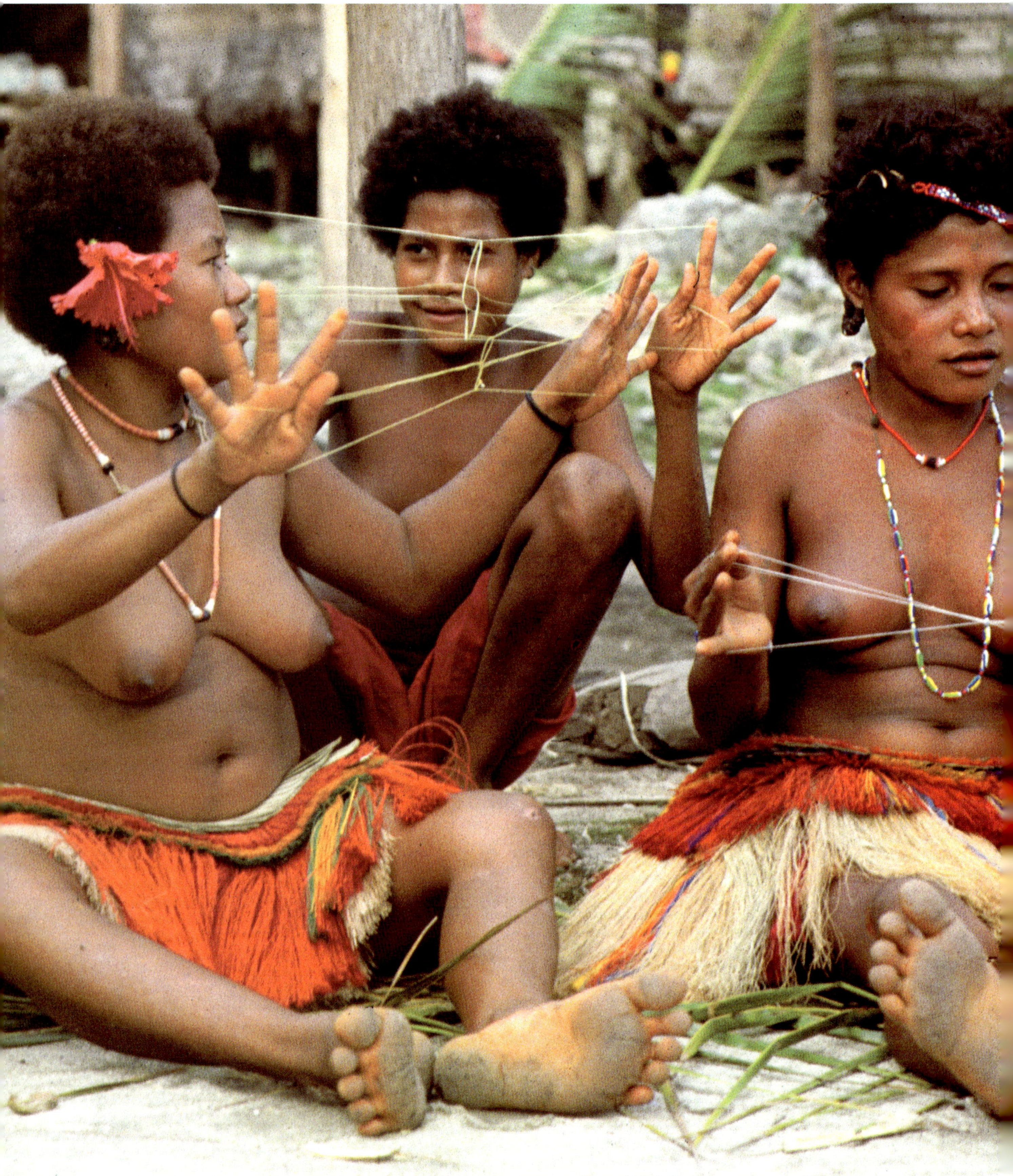

Grund von verwandtschaftlichen Beziehungen zusammenfinden. Den Spielgruppen kommt eine entscheidende Bedeutung für die Sozialisation der Trobriander zu: Frühestens, nachdem sie laufen gelernt haben, werden die Kinder abgestillt. Sie verlieren nun das hohe Maß an Zuwendung, das ihnen bisher besonders von der Mutter gewährt wurde. Dieses »Defizit« an Zuwendung wird unter anderem in der Kindergruppe ausgeglichen. Dort findet ein entscheidender Teil der weiteren Erziehung statt. Stellvertretend für die Vielzahl der von uns in Kindergruppen, bei Erwachsenen und in der Interaktion von Erwachsenen mit Kindern beobachteten Spiele betrachten wir im folgenden die Fadenspiele.

Spielen als solches ist eine Universalie menschlichen Verhaltens. Bei näherer Betrachtung der überall anzutreffenden Vorliebe für Spiele im allgemeinen und Spiele mit bestimmten Regeln im besonderen stellt sich heraus, daß auch bestimmte Spieltypen bei allen Völkern und Kulturen wiederzufinden sind. Es gibt also auch universale Spiele. Dazu zählt das Fadenspiel. Fadenspiele wurden unter anderem bei den Polar-Eskimo, den !Ko-Buschleuten, den Bantu, auf Borneo und bei den Völkern und Volksgruppen der Südsee von Hawaii über Neuseeland bis nach Australien dokumentiert.

Das Fadenspiel zählt zu den Aufmerksamkeitsspielen und wird als Geschicklichkeitsübung klassifiziert. Es kann als Einzel- oder als Gemeinschaftsspiel gespielt werden. Dazu benötigt man nichts weiter als eine etwa zwei Meter lange (früher meist aus Natur-

Auch Erwachsene erfreuen sich am Entstehen überraschender Figuren. Bei den Trobriandern haben etliche von ihnen sexuelle Bedeutung, was in den begleitend gesprochenen Texten zum Ausdruck kommt

Doch vielleicht ist den Fadenspielen auch wieder eine Renaissance beschieden. Denn interessanterweise kommen und gehen die typischen Spiele der Kinder wie die Moden der Großen: Eine Zeit lang ist Gummihüpfen »in«, wird von Murmelspielen abgelöst, die wiederum von »Räuber und Schandi«. Das Bedürfnis nach Neuigkeit ist wohl ein Motor dieses Wandels.

Den Ethnologen ist schon früh aufgefallen, daß Fadenspiele praktisch in allen Kulturen vorkommen. Eine Zeitlang versuchte man diesen Befund damit zu erklären, daß man Wanderungen der Fadenspiel-Idee von einer ethnischen Gruppe zur anderen annahm. Mittlerweile ist man von dieser Vorstellung abgekommen. Eine Erklärung von der Art, wie sie Humanethologen geben, trifft den Sachverhalt vermutlich eher. Bei den Fadenspielen handelt es sich um eine der typischen Äußerungen des Homo sapiens, sie sind deswegen überall auf der Erde zu finden, weil überall Menschen mit denselben Gehirnen leben, in denen Gefühle, Motivationen, Gedanken und Handlungen erzeugt werden, die prinzipiell bei allen Menschen gleich sind.

Besondere Freude bereitet es den Kindern, wie hier einem Buben aus der Kalahari, die einzelnen Schritte kunstgerecht nachzuvollziehen und so das richtige Ergebnis zustandezubringen

Fingerfertigkeit, Experimentierlust, Durchhaltevermögen auch bei schwierigen Aufgaben, Freude an überraschenden Resultaten und daran, selbst Gelerntes anderen beizubringen, dürften wesentliche Wurzeln der weltweiten Existenz der Fadenspiele sein, die demnach also in den verschiedenen Völkern durchaus unabhängig entstanden sein können.

Die Trobriander gehören zu jenen Kulturen, in denen eine reiche Tradition der Kunst entwickelt ist, aus einer Schnur und den Fingern (manchmal den Zehen und dem Mund) möglichst komplizierte Figuren entstehen zu lassen. Überhaupt sind die Bewohner der Koralleninseln, wie in dem Kapitel über sie näher ausgeführt wird, ästhetisch sehr geschult und bewußt. »EE«, der seit 14 Jahren das Verhalten der Inselbewohner mit der Kamera dokumentiert, tat sich mit Gunter und Barbara Senft zusammen, die lange in Tauwema gearbeitet und dabei auch die ninikula, die Fadenspiele, in ihre Erhebung einbezogen hatten. Typisch für die verbal recht freizügigen Trobriander ist, daß etliche der Fadenspielfiguren deftige sexuelle Bezüge haben.

Rechte Seite: Selbst im isolierten Bergland West-Neuguineas kennen die Kinder das Spiel mit Faden und Fingern. Auch sie sind stolz, wenn sie Fremden ihre Fertigkeiten vorführen können

fasern hergestellte) Schnur, deren beide Enden miteinander verknotet sind. Beim Fadenspiel werden durch Schlingen und Straffen der Schnur sowohl relativ einfache als auch äußerst komplexe Fadenfiguren entwickelt.

Dazu werden hauptsächlich Hände und Finger gebraucht; kompliziertere Figuren können aber auch mit Hilfe von Zähnen, Mund, Knien und Füßen entwickelt werden. Zu vielen Fadenfiguren werden auch spielbegleitende Texte gesprochen.

Neben der ästhetischen Funktion übernimmt das Fadenspiel häufig auch soziale, mythische und religiöse Funktionen als bildhafte, künstlerisch ausgestaltete Gedächtnisstütze bei der Tradierung von Folklore, Mythen und Legenden, traditionellem Wissen, gesellschaftlichem Verhaltenskodex und ideellen Grundwerten der entsprechenden Kulturgemeinschaft.

Während unserer Aufenthalte auf den Trobriand-Inseln stellten wir fest, daß das Auftreten der Fadenspiele jahreszeitlich gebunden ist. Ursache dafür sind unterschiedlich arbeitsintensive Phasen während des Jahres im Leben dieser Kultur von Gartenbauern. Von August bis Ende September findet die Yamsernte auf den Trobriand-Inseln statt. Während dieser Zeit bleibt wenig Zeit für Muße im Leben der Erwachsenen, genauso wenig wie in den Monaten Oktober bis Dezember, denn dann müssen die neuen Gärten angelegt werden. Die Monate März und April bringen dagegen keine außergewöhnlichen Arbeitsbelastungen, und so bleibt für alle Zeit zum Spiel.

Wir konnten auf den Inseln bisher 90 unterschiedliche Fadenspiele, die »ninikula« genannt werden, aufzeichnen; zu 38 von ihnen gibt es spielbegleitende Texte, die ebenfalls dokumentiert sind. Die »ninikula« werden von Mädchen und Jungen, Frauen und Männern gespielt.

Von den 90 dokumentierten Fadenspielen thematisieren drei Personen, Vorfälle und Gegenstände, die mit der trobriandischen Mythologie verbunden sind, 12 tragen den Namen einer Pflanze oder Frucht, 23 stellen Tiere dar oder sind nach ihnen benannt, 32 beschäftigen sich mit Personen bzw. mit menschlichen Tätigkeiten, vier haben etwas mit

105

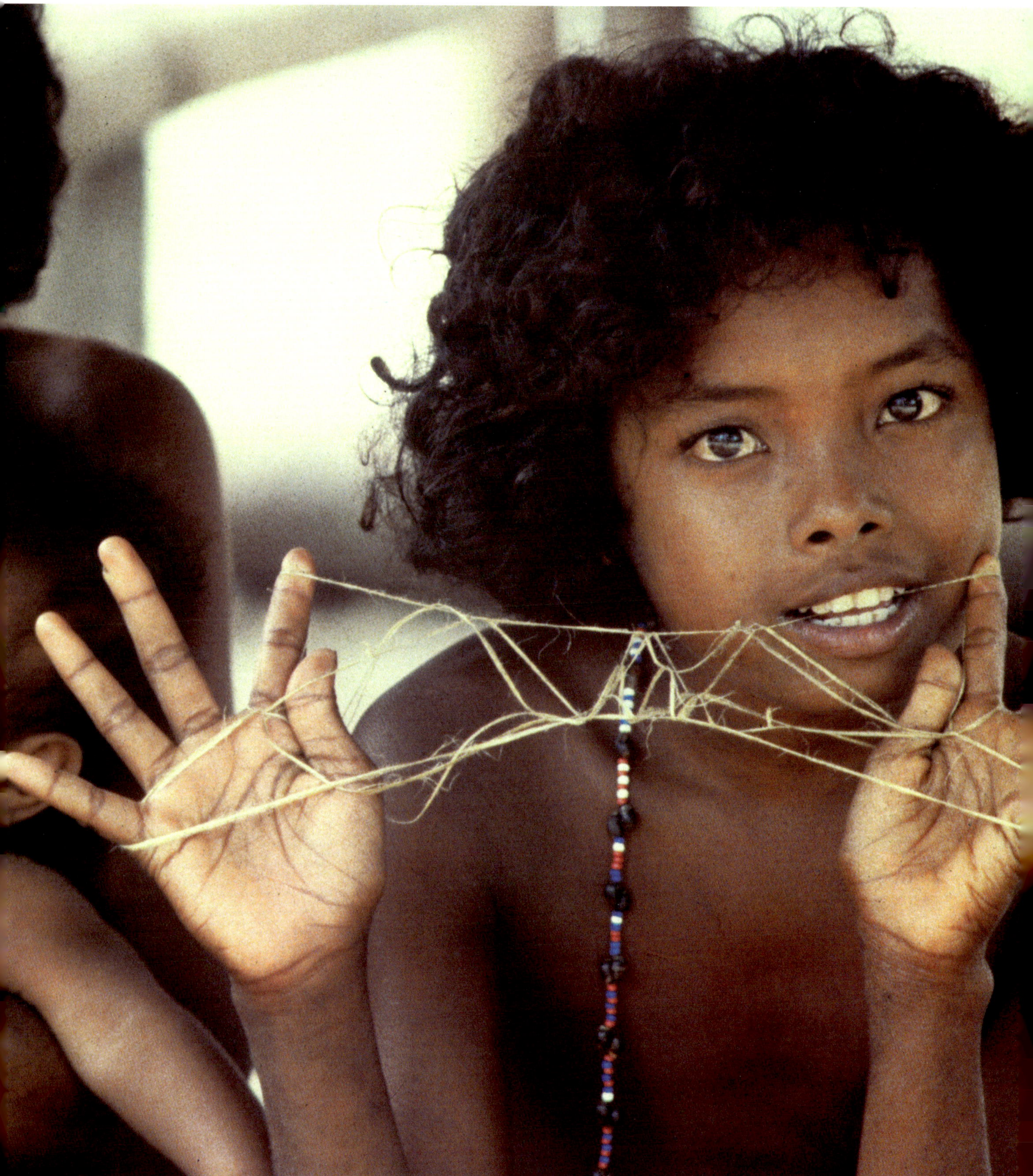

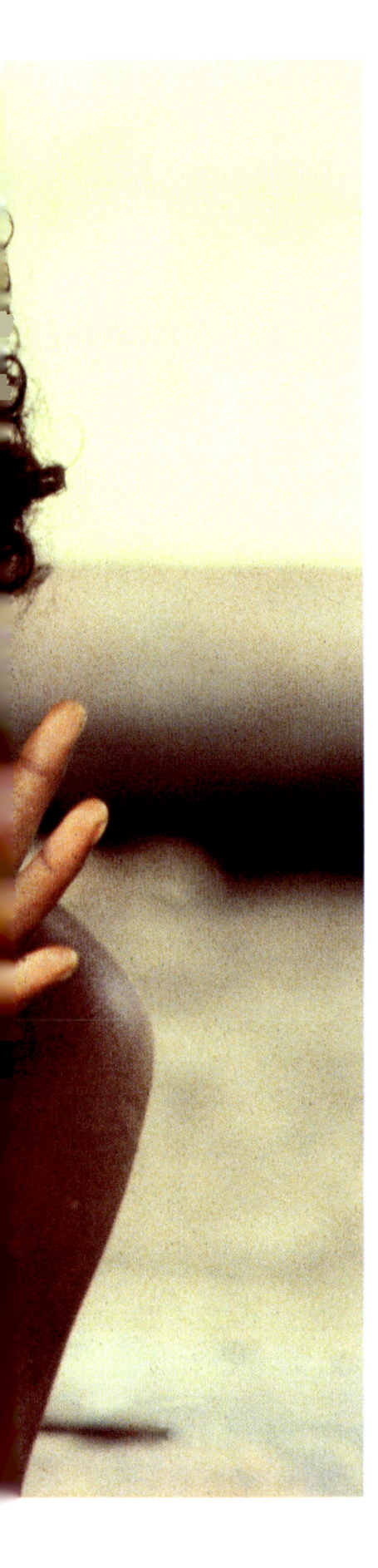

Kanus zu tun, und 19 Spiele beschäftigen sich mit der Umwelt der Inselbewohner.

Im folgenden dokumentieren wir exemplarisch fünf dieser »ninikula« (vgl. Senft & Senft: 1986).

Das erste Fadenspiel (Abbildungen rechts oben) heißt »doga« – »Eberzahn« (vgl. Senft & Senft 1986, S. 156f). Eberzähne werden als Hals- und Brustschmuck getragen. Das zweite Fadenspiel wird »sina« genannt (Abbildungen rechts unten, vgl. Senft & Senft 1986, S.164). Die relativ komplexe Figur, die mit Hand und Fuß entwickelt wird, symbolisiert einen kleinen schwarzen Vogel, den wir leider nicht zoologisch klassifizieren können.

Diese beiden ersten Fadenfiguren stehen stellvertretend für die »ninikula«, die ohne begleitenden Text gespielt werden.

Dania (Abbildungen nächste Seite) ist der Name einer besonders erfahrenen und berühmten »Hebamme« auf Trobriand. Bei der Entwicklung der Fadenfigur läßt die rechte Hand des Spielers die drei vorher aufgebauten Rauten der Figur nach unten fallen – dabei ergibt sich eine Figur, die einem Kind ähnelt, das »geboren« wird. Auf den Inseln gebiert eine Frau in der Regel in Hockstellung. Bei den Wehen wird sie oft von einer oder mehreren Frauen gestützt. Besonders erfahrene Frauen, die unseren Hebammen vergleichbar sind, sitzen in der Regel hinter der Kreißenden (vgl. Pöschl 1985). Die auf den Inseln über Generationen geachtete *Dania* steht stellvertretend für diese weisen Frauen der Trobriand-Inseln. Zu dieser Fadenfigur wird der folgende begleitende Text gesprochen:

Auf den Trobriand-Inseln konnten 90 unterschiedliche Fadenspiele, *ninikula* in der Sprache der Einheimischen genannt, dokumentiert werden. Alle haben Namen, die für konkrete Dinge oder Vorgänge stehen

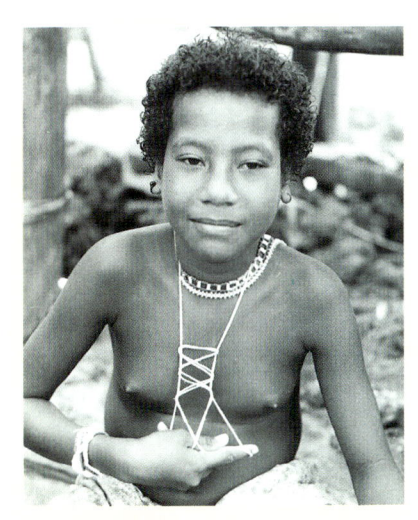

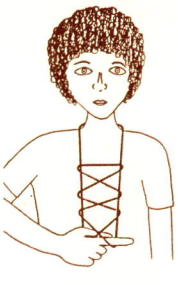

Diese Figur mit um den Hals geschlungenem Faden heißt *doga*, Eberzahn. Die Hauer der im Busch lebenden verwilderten Eber sind als Schmuck begehrt

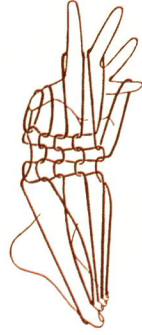

Diese komplexe Figur ist nach dem kleinen schwarzen Vogel *sina* benannt

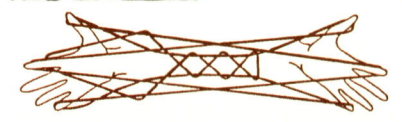

Begleittext zu »Dania«

Dania	Dania
inada Dania	Mutter Dania
kuma kusiki kapo'ugu	komm, setz Dich hinter mich.
vanunu	Ich bringe mein Kind zur Welt,
tavanunu	wir zwei bringen mein Kind zur Welt
eyake, yake, yake, yake	- aua, aua, aua, aua!
inada Dania	Mutter Dania
kuma kusiki kapo'ugu	komm, setz Dich hinter mich.
vanunu	Ich bringe mein Kind zur Welt,
tavanunu	wir zwei bringen mein Kind zur Welt
eyake, yake, yake	- aua, aua, aua!
ekapusi gwadi	Es fällt heraus das Kind -
ala bam.	und die Nachgeburt.

Variante:

inagu Dania	Mutter Dania
kayosu kapo'ugu	stütz' meinen Rücken.
bavalulu	Ich will mein Kind gebären.
ekapusi	Es fällt heraus -
ala msila gwadi	Blut, Nachgeburt und Kind.
yakai yakai yakai	Aua, aua, aua.

Dania war eine bekannte traditionelle Hebamme. Diese nach ihr benannte Figur löst sich zum Schluß nach unten auf – eine Metapher für die Geburt

Das vierte Fadenspiel heißt »*Kaikela baola*« – (Abb. links) 'Sein Paddel will ich einstechen' (vgl. Senft & Senft 1986, S.135f). Die Spielfigur wird während des Rezitierens des begleitenden Textes wie ein Paddel rhythmisch bewegt. Im Begleittext finden wir das für den Sprachgebrauch der Trobriander typische Spielen mit der Ambiguität der Sprache.

Begleittext zu »kaikela ba'ola«

kaikela ba'ola	Sein Paddel will ich einstechen
mina Kaibola	Ihr von Kaibola
mina Kaibola	Ihr von Kaibola
utusa mivega	spitzt Euere Paddel an!
talibita okubununa	Wir zwei machen rum da vorne -
taikulasi	wir zwei paddeln.
mitaga baivola kupsi	Nein doch, ich paddle – platsch.
mitaga baivola kupsi	Nein doch, ich paddle – platsch.

Unser letztes Beispiel ist nach dem Mann *Tobabana* benannt (Abbildungen rechte Seite, vgl. Senft & Senft 1986, S.154ff). Das mit den Händen gehaltene Rechteck der Fadenfigur wird beim Sprechen des Begleittextes rhythmisch auf- und abbewegt.

kaikela ba'ola, sein Paddel will ich einstechen, spielt gänzlich unverhohlen auf den Geschlechtsakt an

Begleittext zu »Tobabana«

Tobabana	Tobabana
Tobabana Tobabana	Tobabana, Tobabana,
kwakeye lumta	Du fickst Deine Schwester!
kwalimati	Du fickst sie zu Tode.
kusivilaga	Du drehst Dich rum,
kuyomama	Du bist schwach und müde.

Dieser spielbegleitende Text bricht das größte Tabu auf Trobriand: Bruder und Schwester dürfen offiziell nichts von den Amouren des jeweils anderen wissen, geschweige denn ein inzestuöses Verhältnis miteinander eingehen.

Schon der Meister der trobriandischen Ethnographie, Bronislaw Malinowski (1929), behandelt dieses Bruder-Schwester-Tabu ausführlich und weist besonders darauf hin, daß ein solcher Tabu-Bruch schwerwiegende Folgen hat.

Die beiden letzten Beispiele mit ihren »*vinavina*« genannten Begleittexten repräsentieren eine ganze Reihe von Spielen, deren Texte voller mehr oder minder direkter Anspielungen auf Sexuelles und Anales stecken. Diesen Sachverhalt kann man folgendermaßen erklären: In jeder Gesellschaft gibt es Bereiche, die als tabuisiert gelten, und es gibt Dinge, über die »man« nicht spricht.

Daß aber Tabus gebrochen werden, und zwar mit umso größerer Wahrscheinlichkeit, je strikter ihre Einhaltung gefordert wird, ist eine allgemeine Tatsache. Eine Gesellschaft kann sich der Einhaltung ihrer Tabus in den Bereichen, auf die sie wirklich entscheidenden Wert legt, mit einer größeren Erfolgswahrscheinlichkeit versichern, wenn sie es ihren Mitgliedern zugesteht, in bestimmten Bereichen, die für die Konstruktion ihrer sozialen Wirklichkeit von eher mittelbarer Bedeutung sind, diese Tabus und besonders deren Verletzungen zu thematisieren – ja sie sich sogar in fiktiver Form vorzustellen. Auf diese Weise kommt es innerhalb einer Gesellschaft zur Herausbildung sogenannter Ventilsitten (Eibl-Eibesfeldt: 1986, S.492, S.73).

Die »*vinavina*« der Fadenspiele sind sicherlich zu diesen »Ventilsitten« zu zählen – und die Trobriander markieren diese besondere Form ihres Sprachgebrauchs auch in ihrem metasprachlichen Lexikon. Das *Kilivila* unterscheidet nämlich eine ganze Reihe von »situations- und intentionsspezifischen Varietäten«; darunter verstehen wir sprachliche »Register«, die ein Sprecher in einer bestimmten kommunikativen Situation mit einer bestimmten Intention einsetzt (vgl. Senft: 1986, S.124ff; 1991).

Eine dieser von den Trobriandern besonders markierten Varietäten heißt »Biga Sopa« – »Sprache des Witzes«, Sprache des Schwindelns, 'uneigentliche', spielerische Sprache.

Sie nutzt die alle natürlichen Sprachen charakterisierenden Merkmale »Ambiguität« und »Vagheit« und bietet damit dem Sprecher ein Stilmittel, mit dem er sich einen Raum, ein Forum zum Handeln auf Probe ohne Furcht vor Sanktionen schaffen kann. Ein Sprecher kann sich bei möglichen Angriffen immer damit herausreden, daß das, was er gesagt hat, ja gar nicht so gemeint und eigentlich ein Witz war. Mit diesem Stilmittel wird es ihm erlaubt, selbst Tabus furchtlos zu brechen – verbal, versteht sich. Die Ventilsitte gewährt also – im Sprachspiel – den Trobriandern ein ritualisiertes Sprechen über Dinge, über die »man« eigentlich nicht spricht.

Die letzten Überlegungen zur Betrachtung eines Phänomens innerhalb einer Kultur haben uns ausgehend vom »Spiel« hin zur sozialen Wirklichkeit dieser Kultur geführt.

Selbst wenn uns keine anderen Dokumente vorliegen würden außer den von uns gesammelten Daten zum Spiel – oder gar nur zu den Fadenspielen – so könnten wir doch aus diesen relativ wenigen Daten sehr viel über das alltägliche Leben, über Sitten und Gebräuche der Trobriander erfahren. Im menschlichen Spiel spiegelt sich also unweigerlich die jeweilige Kultur.

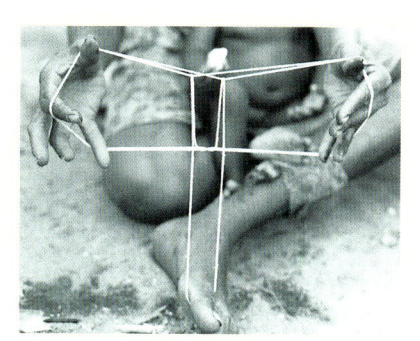

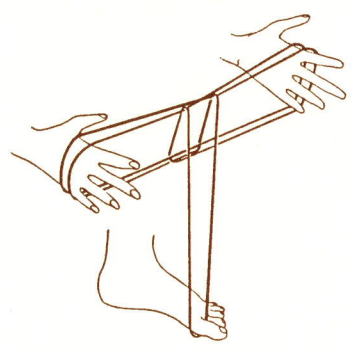

Diese Figur, genannt *Tobabana*, ist nach einem Mann benannt, der angeblich sexuellen Verkehr mit seiner Schwester hatte – eines der striktesten Tabus. Die Bewegung steht für die Kopulation

Spielend lernen

Sozialisation bei den Buschleuten

Als »EE« seine Wohnungsgenossen – Mäuse, Eichhörnchen und den zahmen Dachs – beobachtete, entdeckte er, daß Spielen schon für Tiere eine immens wichtige Bedeutung hat. Nur wenn sie »abgehängt« sind von primären Antrieben, wie Futtersuche, Angriff und Verteidigung oder sexueller Motivation, vermögen sie es, spielerisch-entspannt Elemente aus den verschiedenen angeborenen Verhaltensweisen neu zu kombinieren und so sehr komplexe Bewegungsmuster einzutrainieren. Die können in kritischen Situationen ihr Leben retten. Spielen hilft Tieren also zu überleben, ist daher evolutionsbiologisch notwendig und weit mehr als nur Zeitvertreib.

Rechte Seite: Trobriand-Kinder lassen ihre aus Früchten und Stäbchen selbstgebastelten Kreisel im Sand des Dorfplatzes oder auf Blatt- und Rindenunterlagen laufen

Als im Jahre 1970 die humanethologischen Studien bei den Buschleuten begannen, führten diese noch ihr traditionelles Leben als Wildbeuter und Sammler. Im Zuge der Untersuchungen verschiedener autonomer Stämme, nämlich der !Ko, !Kung und G/wi, bot sich die !Ko-Gruppe für intensive Forschungen besonders an. Zum einen kannte der Völkerkundler H.J. Heinz die Gruppe seit 1961, hatte sorgfältige anthropologische Arbeiten über sie vorgelegt, lebte in engem persönlichem Kontakt zur Gruppe und beherrschte deren Sprache perfekt. Zum anderen bestanden für die Dokumentation der Spielkultur ideale Arbeitsbedingungen. In der Gruppe lebten 33 Männer, 27 Frauen und 51 Kinder, 24 davon waren Mädchen, 27 Jungen; 10 Kleinkinder wurden noch gestillt. Die Dorfgemeinschaft war überschaubar, und in den Augen der Einheimischen zählte die unverheiratete 21jährige Autorin selbst noch zur Kindergemeinschaft. Die junge Wissenschaftlerin lernte diese dadurch genau kennen, zog mit den Kindern ins Feld und wuchs während der fünf Expeditionen in den folgenden Jahren in die Dokumentation ihrer Spielkultur hinein. Mit Hilfe von Dr. Heinz konnte der genealogische Hintergrund jeder einzelnen Familie und jedes Kindes, auch dessen Alter, erfaßt werden. 1976 wurde die Monographie über die !Ko-Buschmannspiele und ihre sozialisierenden und gruppenbindenden Funktionen veröffentlicht.

Die !Ko-Buschleute verfügen über ein ungewöhnlich reichhaltiges Spielrepertoire. Für ihren Lebensunterhalt müssen sie meist nur wenige Stunden pro Tag arbeiten, daher bleibt ihnen viel Zeit für geselliges Beisammensein; sie leben in einer ausgesprochen Muße-intensiven Gesellschaft. Da die Mütter, wie im Kapitel »Die Buschleute« bereits besprochen, ihre Säuglinge und Kleinkinder bis zum Alter von zwei bis drei Jahren fast immer bei sich haben, oft im Lederumhang am eigenen Körper, und trotzdem ein geselliges Leben führen, ist es nicht verwunderlich, daß Kleinkinder auch viele Kontakte zu anderen Personen haben. Wir haben ausgezählt, daß ein Kleinkind bei den Buschleuten durchschnittlich etwa 25 Prozent am Tag im Kontakt mit Vater, Großeltern, Onkeln, Tanten und älteren Geschwistern verbringt.

111

Affenkinder, die miteinander spielen, machen dabei das »Spielgesicht«, einen runden, offenen Mund mit leicht nach innen gezogenen Lippen, die die Zähne weitgehend verbergen; es ist ein deutliches Signal an die Partner, daß sie in entspannter Stimmung, eben in Spiellaune sind. Menschenkinder machen in denselben Situationen dasselbe Gesicht. Aus dem Spielgesicht entwickelte sich im Verlauf der Stammesgeschichte übrigens das typische menschliche Lachen, während das Lächeln auf eine andere Wurzel zurückgeht.

Melvin Konner, der mit einem Team der Harvard Universität bei den !Kung arbeitete, ermittelte, daß Kleinkinder etwa 70 Prozent der Tagesstunden in Körperkontakt verbringen, wenn man jenen zur Mutter dabei einrechnet. Dieser Befund entspricht interessanterweise recht genau den Daten, die bei den Papua des Berglands von Neuguinea, ebenfalls einer sehr ursprünglichen Gesellschaft, erhoben wurden (vgl. die Kapitel »Die Beziehung zwischen Mutter und Kind« und »Die Eipo«). Säuglinge und Kleinkinder aller Völker verfügen, wie Konrad Lorenz schon 1943 feststellte, über das »Kindchenschema« (vgl. das Kapitel »Kindsymbole«): Sie sind richtig knuddelig und herzig und werden häufig geküßt, liebkost und angesprochen. Man scherzt oft mit ihnen. Wenn ihre Kleinkinder in der explorativen Entwicklungsphase sind und sich dabei mitunter auch aggressiv verhalten, schlagen die Buschleute sie nie, weisen sie auch kaum verbal zurecht. Vielmehr lenkt man sie liebevoll ab, wenn sie etwa mit einem Stöckchen auf andere einschlagen oder mit einem Gegenstand spielen, der sie verletzen könnte. Die Mutter oder andere Personen bieten dem Kind ohne viel Aufsehen zu machen eine alternative Beschäftigung an. Das aggressive Austasten des Handlungsspielraums wird also toleriert.

Wie lernt nun ein Buschmann-Kind jene sozialen Regeln, von denen das Funktionieren der Gruppe abhängt und die jedem Mitglied seinen Platz mit Rechten und Pflichten innerhalb der Gemeinschaft und für die Gemeinschaft sichern? Diese Aufgabe erfüllt nach dem Abstillen nahtlos die Kindergemeinschaft, in der stets etliche Ältere anwesend sind. Die !Ko-Kinder halten sich bis zum Eintritt ihrer Geschlechtsreife hauptsächlich in diesen Kinderverbänden auf. Sie verbringen den ganzen Tag miteinander und kehren erst am Abend zu ihren Familien zurück. Ab circa drei Jahren »pendeln« sie zunächst zwischen der Mutter und den Kinder-

Bei den Buschleuten entfernen sich die Kinder oft weit von der Siedlung. Dort spielen sie oder sammeln und jagen für den eigenen Verzehr

verbänden. Die kleinste Spielgruppe bestand aus zwei, die größte aus sieben Kindern. In einer Fallstudie wurden an drei Tagen 126 Spielgruppierungen erfaßt. Davon entfielen 48 Prozent auf Jungen, 38 Prozent auf Mädchen; 15 Prozent der Gruppierungen waren gemischtgeschlechtlich. Auch die weiteren Studien untermauerten, daß sowohl die !Ko-Jungen als auch die !Ko-Mädchen eine deutliche Präferenz zeigen, sich mit gleichgeschlechtlichen Spielpartnern zusammenzutun. An drei Beobachtungstagen sahen wir übrigens nur zwei Kinder der erfaßten Altersklassen allein spielen.

Über die männliche Sozialisation wurde viel geschrieben. Viele Biologen und Soziologen sahen in der Tatsache, daß männliche Individuen passenden Alters und gleicher Interessen bevorzugt »Cliquen« bilden, etwas Besonderes. Daß weibliche Individuen genauso die Bereitschaft zeigen und tatsächlich auch typische Frauenverbände bilden, scheint übersehen worden zu sein. Lionel Tiger ist auf die männliche Sozialisation und die spezielle männliche Bindung, das sogenannte »male bonding«, ausführlich eingegangen. Betrachtet man aber eine egalitäre, sehr ursprüngliche Gesellschaft wie die der !Ko-Buschleute, so fällt neben dem »male bonding« ein ebenso ausgeprägtes »female bonding« auf. Es ist sehr wahrscheinlich, daß Frauen-Bindung ebenfalls universell ist.

Verschiedentlich haben Kultur-Anthropologen (so Margret Mead 1935) die Ansicht geäußert, die Geschlechterrollen würden dem Menschen kulturell aufgeprägt, so wie die Kleidung, die er trage. Das selektive Interesse der Buschmannkinder, mit gleichgeschlechtlichen Partnern zu spielen, sowie die Ergebnisse anderer

Oben: Wie dieser Trobriand-Bub, so erlernen Kinder in traditionellen Kulturen spielerisch Wissen und wichtige Techniken. Ganz ohne Schulunterricht
Unten: Yanomami-Mädchen beim Tanzspiel auf dem Dorfplatz

wissenschaftlicher Untersuchungen machen jedoch eine biologische Disposition wahrscheinlich. Die Kinder haben nämlich durchaus freie Spielwahl. Sicher ahmen sie die Erwachsenen im Spiele nach, aber sie identifizieren sich aus eigenem Antrieb mit dem »richtigen« Geschlechtervorbild, ohne dazu irgendwie gedrängt zu werden. Zweifellos ist also die geschlechtsspezifische Orientierung ein wesentlicher Faktor bei der Bildung jeweils gleichgeschlechtlicher Gruppen. Bei den Buschleuten werden die Geschlechterrollen keineswegs »aufgezwungen«. Jungen probieren sich auch in Mädchenspielen und umgekehrt. Gerade aus diesem Grunde spricht die freiwillige Bevorzugung bestimmter Spieltypen für eine angeborene Veranlagung.

Auch außerhalb der Spiele sind die Kinder beisammen. Sie machen zum Beispiel Ausflüge in den Busch, wobei die Mädchen gemeinsam Feldfrüchte sammeln und die Jungen gemeinsam auf Kleintierjagd gehen. Ins Dorf zurückgekehrt, garen die Mädchen ihre gesammelten Wurzeln und Knollen im Feuer, teilen und essen sie. Auch die Jungen verfahren mit ihrer Beute so. In den heißen Stunden des Tages, wenn jede Spieltätigkeit erloschen ist, sitzen die Kinder beisammen, lausen oder unterhalten sich. Die Kinderverbände zeichnen sich durch große Eigenständigkeit und große Eigenverantwortlichkeit aus. Das Zusammenleben wird von ihnen selbst geregelt. Die Erwachsenen mischen sich nicht in ihr Tun ein, weder bei der Wahl ihrer Spiele, noch bei etwaigen Auseinandersetzungen.

Der Begründer der modernen Sozial-Anthropologie, Bronislaw Malinowski, sprach von der »Children's Republic«. Bei den Buschleuten brauchen wegen der gut funktionierenden Sozialisa-

Sportlich springen Eipo-Mädchen über einen reißenden Gebirgsbach. Ein lebensgefährliches Spiel, in dem sie Mut und Geschicklichkeit beweisen. Die Eltern greifen dabei nicht ein

tionsgemeinschaften auch jene Kinder nicht zu leiden, die ihren Platz an der Seite der Mutter dann zu einem gewissen Grad verlieren, wenn sie abgestillt werden und der Nachkömmling geboren wird. Sie werden nahtlos in die Spielgruppen und die Kindergemeinschaft aufgenommen und wissen sich dort eingebettet. Sie finden Gleichaltrige, auch sind bereits oft ein oder zwei ältere Geschwister dort. !Ko-Kinder brauchen aus diesem Grund nie allein zu sein, und sie sind es tatsächlich auch selten. Ihre Spiele sind auf Zusammenarbeit ausgerichtet. So lernen die Kinder ihre Rollen und die geltenden Regeln der komplizierten, häufig rhythmusgebundenen Spiele und deren diffizile Bewegungsabläufe. Dabei hat das einzelne Mädchen, der einzelne Junge einen gewissen Spielraum und Eigenentfaltungsmöglichkeit. Sie müssen aber letztlich den sozialen Regeln folgen, die vor allem die Einigkeit der Gruppe zum Ziel haben. Jungen spielen, wie schon angedeutet, typische Männerspiele, etwa Jagd- und Kampfspiele, die in ritualisierter Weise vor allem die Auseinandersetzung mit ihrer Umwelt wiedergeben. In diesen Spielen wird auf technische, jagdorientierte Geschicklichkeit geachtet. Eine Vielzahl solcher Wettkampfspiele symbolisiert das Verhalten von Jägern und Tieren. Geleitet vom strikten, komplizierten Rhythmus stellen die Tänzer unter enormer mentaler und physischer Anstrengung den Kampf zwischen Jäger und Tier spielerisch dar. Beide Seiten führen geschickt Scheinangriffe oder echte Attacken aus und parieren sie. Ein Fehler, der im echten Kampf für beide Seiten den Tod bedeuten würde,

Mit Beginn seiner human-ethologischen Dokumentation wandte »EE« sich natürlich auch den Spielen der Menschen zu und regte Heidi Sbrzesny an, dieses Thema in einer wissenschaftlichen Feldstudie bei den Buschleuten zu untersuchen. Das Filmarchiv der Max-Planck-Gesellschaft, in dem mehr ungestellte soziale Interaktionen festgehalten sind als in jedem anderen Archiv der Welt, enthält tausende von Szenen spontan oder regelgeleitet spielender Kinder.

Buben aus dem Trobriand-Dorf Tauwema haben sich Windräder gebastelt. Es sollen Propeller der Flugzeuge sein, die auf der Hauptinsel landen

wird im Spiel mit einem symbolischen Abschießen des Gegners geahndet. Schlechte Spieler werden ausgelacht und verspottet, gute Spieler, die dynamische Sequenzen durchstehen, werden bewundert. Fast immer gibt es Zuschauer und Zuschauerinnen, und die Spielverläufe werden gleich anschließend oder am Abend an den Lagerfeuern kommentiert, gelobt, getadelt oder herzhaft belacht; so wird soziale Kontrolle ausgeübt. Weitere männliche Geschicklichkeitsspiele wie Seiltänze, Parteienspiele und andere können hier nicht weiter besprochen werden.

Mädchen bevorzugen die zahlreichen Tänze und Rhythmusspiele, die auch die Frauen praktizieren. Dabei stehen vor allem sämtliche Variationen des Melonentanzes im Vordergrund. Die Teilnehmerinnen bilden einen Halbkreis, klatschen und singen einen Rhythmus, zu dem die einzelne von der Vorgängerin die Melone fangen muß. Nun hat sie Zeit, zum vorgegebenen Takt und Singsang der anderen individuelle Schrittvariationen zu tanzen. Sie muß dann die Melone absolut korrekt der Nachfolgerin zuwerfen, wonach wiederum diese Gelegenheit hat, sich auf dem Tanzplatz zu präsentieren, bevor sie sich ebenfalls wieder in die Riege eingliedert. Ohne die gemeinsame Aktion von allen Teilnehmerinnen ist ein dynamisches Spielgeschehen nicht möglich. Jede einzelne Tänzerin muß ihr Können in den Dienst der Gruppe stellen. Sie muß lernen, sich perfekt mit den anderen zu synchronisieren. Jedweder Verstoß gegen diese Synchronisation, von der nahezu alle Spiele der Buschleute leben, wird von den älteren Spielpartnerinnen und Spielpartnern sorgfältig und zum Teil drastisch korrigiert. Wollte sich ein Kind über Ungerechtigkeiten bei diesen Spielen beschweren, sich über Maßregelung oder aggressive Attacken, wie zum Beispiel Ausschluß aus der Spielgruppe, bei der Mutter, der Familie oder sonstigen Erwachsenen beklagen, fände es kein Gehör. Es muß sich in der Kindergemeinschaft behaupten. Trost und Beistand findet es dort trotzdem, denn die Spielführerinnen und Spielführer, die aufgrund ihrer Autorität zwar regelnd und nach dem Synchronisationsmuster der Erwachsenen vorgehen, bemühen sich gleichzeitig, für ungeübte kleinere Kinder Randspielgruppen zu schaffen und ihnen dort Unterweisungen zu geben.

Ältere !Ko-Frauen und -Männer beteiligen sich daran, den Kindern die schwierigen Regelspiele beizubringen und sind dann bei Regelverstößen der Kleineren tolerant. Dies ändert sich jedoch schlagartig, wenn die Spiele offiziellen Showcharakter annehmen und die gesamte Gemeinschaft zusieht. Hier werden die noch regelungewandten Kinder mit demonstrativer Ignoranz bedacht, bzw. wird von den Spielleiterinnen und Spielleitern erwartet, daß sie jene vom Geschehen entfernen, die noch nicht perfekt mitmachen können. Bis zum damaligen Ende der Forschungsarbeiten, also über 13 Jahre hinweg, fand kein Traditionsabriß in der Spielkultur der !Ko statt. Die vielfältigen, typischen Spiele wurden stets von den Alten an die Jungen weitergegeben. Die Älteren konnten davon ausgehen, daß ihre Normen und Werte in der Subkultur der Kinder und Heranwachsenden übernommen wurden.

Außerhalb des unmittelbaren Spielgeschehens achten die älteren Mitglieder der Kindergemeinschaft konsequent auf die Einhaltung sozialer Regeln, wobei Teilen, Nehmen und Geben ganz besondere Bedeutung haben. Der permissive Freiraum eines sich aus dem familiären Milieu lösenden Kindes wird im Zuge der Eingliederung in die Kindergemeinschaft Schritt für Schritt verringert, sein Verhalten wird auf den sozialen Konsens hin korrigiert. Selbstverständlich gibt es dennoch Streit. Geschwister trachten verstärkt, sich gegen andere zu verteidigen. Es

Beim Melonentanz sind Geschicklichkeit im Werfen und Fangen, Einhalten des Rhythmus, Eleganz der Bewegungen und Originalität der Choreographie gefragt

wird gerauft, geschlagen, geheult und gejammert, aber auch getröstet, geschlichtet und auf den guten Anstand und die bestehenden Sitten verwiesen. In den Jahren 1970 bis 1975, 1976, 1983 wurde, wie bereits erwähnt, kein Traditionsabriß von Alt nach Jung festgestellt. In einer neuen für das Jahr 1993 vorgesehenen Studie soll geprüft werden, ob dieser Befund weiter Gültigkeit hat.

Zum Schluß soll die Situation der Kinder bei den Buschleuten mit jener bei uns kontrastiert werden, wo man Säuglinge und Kleinkinder oft übermäßig behütet. Danach sind sie aber in Krippen, Kindergärten und -horten, in nachmittäglichen Beaufsichtigungen von Schulen und sozialpädagogischen Einrichtungen räumlich entfernt von der eigentlichen Welt der Erwachsenen und stets nur unter Kindern, die etwa gleich alt sind. Deshalb müssen bei uns Erzieher oder Erzieherinnen präsent sein, um das soziale Zusammenleben zu regeln. Selbst bei bestem Bemühen und guter Ausbildung sind sie damit aber nicht nur permanent gefordert, sondern auch überfordert. Kinder sind durchaus in der Lage, sich weitgehend selbst zu sozialisieren, wenn ihre Gruppen altersmäßig heterogen sind, d.h. wenn ältere Kinder und Jugendliche betreuende und anleitende Funktionen wahrnehmen können.

Bei den Buschleuten verständigten sich Alt und Jung über die ausgefeilte Synchronisation und das Regelsystem der Spiele in der Muße des gesellschaftlichen Zusammenseins. Die Kleinen waren stets dabei. In unserer eigenen Kultur jedoch fehlt die soziale Infrastruktur von Kindern, Großfamilien oder Großgemeinschaften, bestenfalls sind letztere weitgehend anonym.

Sollen künftig Spielecomputer und Fernsehapparate Sozialpartner unserer Kinder sein? Mütter, die ihre Selbstverwirklichung zugunsten der weiteren Erziehung ihrer Kinder hintansetzen und unter persönlichen Opfern versuchen, möglichst günstige Bedingungen für deren Sozialisation zu schaffen, müssen gehörige Schwierigkeiten für die Fortsetzung ihrer beruflichen Laufbahn in Kauf nehmen. Unsere Gesellschaft läuft Gefahr, zunächst überbehütete und dann alleingelassene Kinder hervorzubringen, deren soziale Fehlentwicklungen die Eltern mit Trauer und schlechtem Gewissen zu konstatieren hätten.

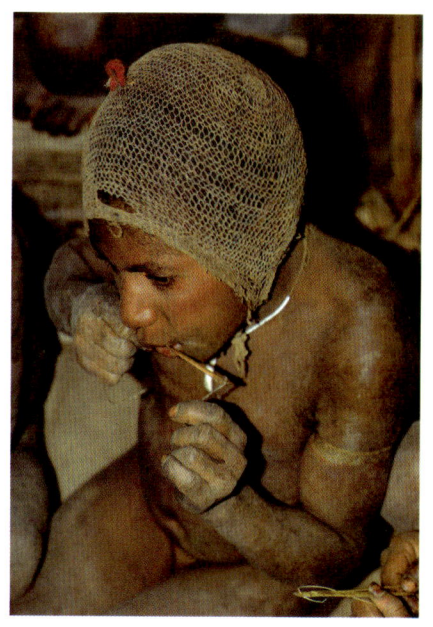

Links: Pfeil und Bogen gehören bei den Buschleuten zu den wenigen eigens für Kinder gefertigten Spielzeugen
Rechts: Maultrommelspiel bei den Eipo. Dangyan studiert mittlerweile Wirtschaftswissenschaften

Spielerisch-kämpferische Auseinandersetzungen, so lautet eine von Konrad Lorenz formulierte ethologische These, können in einer Art Ventilfunktion aggressive Impulse auf weniger gefährliche Bahnen lenken. Die Buschleute sind, wie auch Polly Wiessner feststellt, sehr bemüht, in den kleinen Gemeinschaften keine Aggressionen aufkommen zu lassen, was allerdings nicht immer gelingt. Die vielen strengen Regelspiele könnten eine Art Ersatz für handgreifliche Auseinandersetzungen sein, den Wettkampf sozusagen in eine ungefährliche Arena verlegen. Bei den Eipo in den Bergen Neuguineas dagegen gibt es viel weniger Regelspiele. Die Menschen dort sind, wie auch im Einführungskapitel beschrieben, sehr kriegerisch und leben ihre Aggressionen ungebremster aus als die Buschleute.

Kindsymbole

Von Puppen und Teddies

Wieso interessieren sich denn Verhaltensforscher für Teddies und Puppen, wird sich vielleicht mancher Leser fragen. So abseitig, wie es zunächst scheinen mag, ist es jedoch nicht, wenn Humanethologen sich dieses Themas annehmen. Wie stets geht es uns dabei vor allem um die Prinzipien menschlichen Wahrnemens und Verhaltens, also um strukturelle Fragen und um die evolutionsbiologischen Randbedingungen, unter denen diese Mechanismen vermutlich entstanden sind.

Unter diesem Blickwinkel bekommt ein ungefüges menschenähnliches Gebilde, das ein Mädchen in einem entlegenen Winkel der Welt aus rohen Materialien fertigt, eine neue Bedeutung: Das Kind schafft

Rechte Seite: Das Bedürfnis der Kinder, insbesondere der Mädchen, Kindsymbole zu schaffen, ist in allen Kulturen vorhanden. Zwei Melonen, wie hier bei den Buschleuten, genügen

Unter den bevorzugten Spiel- und Stofftieren westlicher Kulturen nimmt der Teddybär einen besonderen Platz ein. Es gibt in unserer Gesellschaft wohl kaum ein Kind, das nicht einen solchen Stoffbären sein eigen nennt, und kaum einen Erwachsenen, der nicht eine nachhaltige Erinnerung an diesen ersten treuen Spielkameraden mit sich herumträgt.

So alt, wie die Volksmeinung annimmt, ist aber der echte »Teddybär« gar nicht. Er feierte kürzlich seinen neunzigsten Geburtstag und verdankt seine Entstehung einer Anektdote, die sich um niemand geringeren als den damaligen Präsidenten der Vereinigten Staaten, Theodor (»Teddy«) Roosevelt rankt.

So lesen wir bei E.Casparek-Türkkan 1991, daß der mächtige Mann im Jahre 1902 auf einer Bärenjagd in Mississippi einen jungen Grizzlybären verschonte, der ihm als einziges Jagdwild vor die Flinte getrieben wurde, mit den Worten, daß er seinen Kindern nicht mehr in die Augen sehen könnte, wenn er dieses kleine verängstigte Tier töten würde. Am nächsten Tag erschien in der »Washington Post« eine Zeichnung, die »Teddy« Roosevelt mit einem kleinen Bären darstellte. Die Idee des »Teddy«-Bären war geboren, und bald ging auch schon sein Ebenbild aus Plüsch in die erste Produktion.

Anekdoten haben manchmal die Eigenschaft, eine Entstehungsgeschichte zu entzaubern und in den Dunstkreis des Irdischen zu holen. Oft aber beleuchtet die Legendenbildung auch charakteristische menschliche Wahrnehmungskonzepte, die zur Wirkungsgeschichte eines Themas beigetragen haben. Dies scheint auch im Falle der Teddybär-Legende – sei sie nun wahr oder erfunden – richtig zu sein. Schauen wir die Geschichte des Teddybären weiter an.

Etwa zur gleichen Zeit, als Präsident Roosevelt den kleinen Bären am Leben ließ, befaßte sich der deutsche Filzspielzeughersteller Richard Steiff auf der Schwäbischen Alb mit dem Gedanken, eine Alternative zur herkömmlichen Puppe zu produzieren. Es gab bereits die Version eines Bären auf vier Füßen (oder Rädern) sowie die eines Tanzbären, die aber keine große Beachtung fanden. Verschiedene Körperhaltungen – also

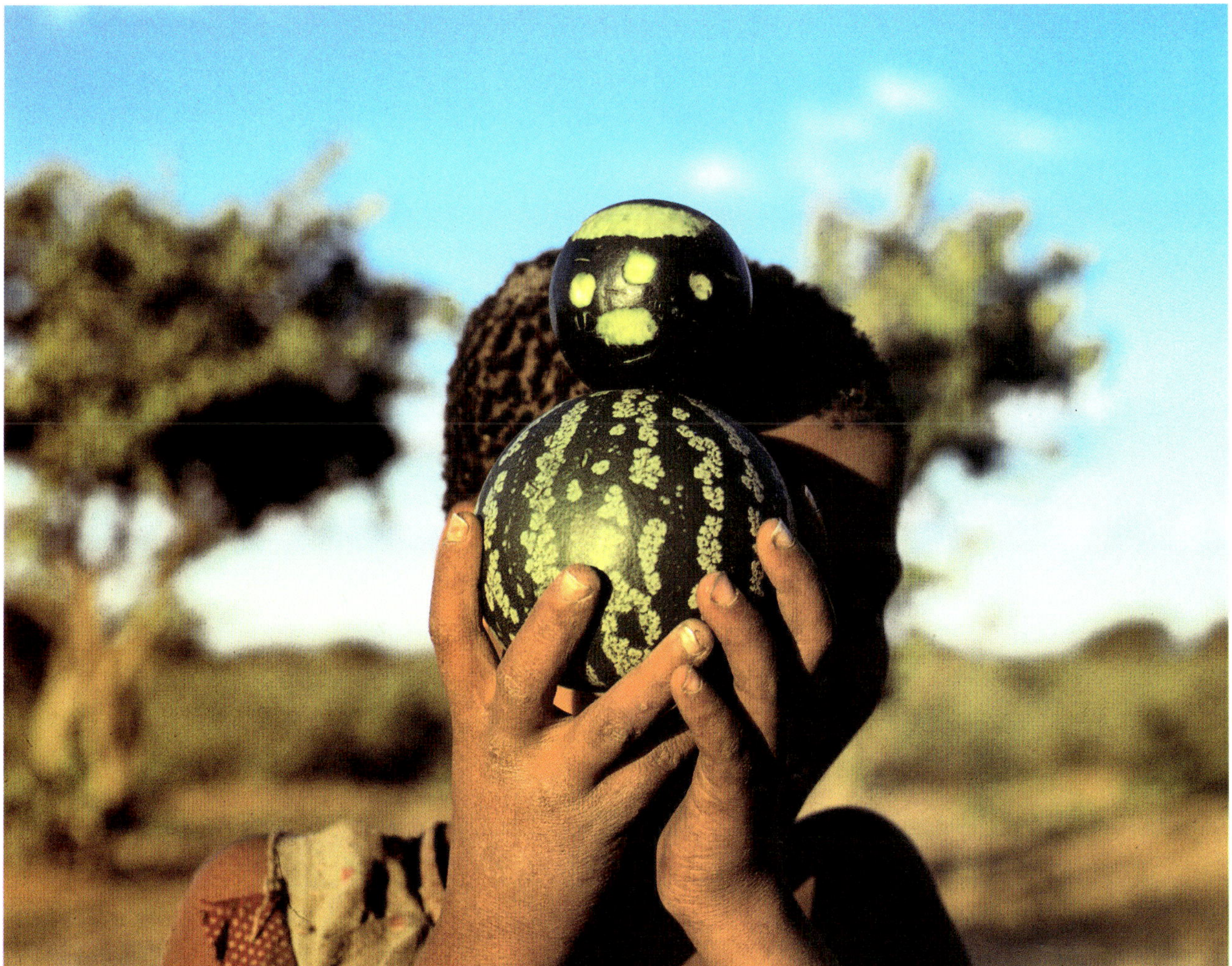

sich ein Objekt, an dem es seine Impulse zur mütterlichen Betreuung ausleben kann. Durch das (meist) wohlbehütete Puppenkind ist das Mädchen im Zwischenreich des Spiels zur Mutter geworden. Eine Rolle, die (wie auch im Kapitel »Spielend lernen – Sozialisation bei den Buschleuten« dargestellt wird) eben nicht von der Gesellschaft aufgedrängt werden muß, weil dafür bereits genetisch vermittelte Grundlagen vorhanden sind. Selbst wenn man sich größte erzieherische Mühe gäbe, würde man bei Buben keine derartige Präferenz für Puppen erzielen, wie sie bei Mädchen auch ohne Anleitung zum Ausdruck kommt. Hier wirkt das, was man in der englischen Terminologie »constraint« nennt: Unsere Psyche ist so beschaffen, daß wir bestimmte Verhaltensweisen leicht, andere dagegen nur gegen einen Widerstand ausführen; wir sind in eine Art evolutionäres Korsett gezwängt.

Der Teddybär hat, davon berichtet dieses Kapitel, wie die Puppe und die Figuren des Walt Disney eine Evolution zum Niedlichen durchgemacht, zum Kindchenschema, das Konrad Lorenz vor 50 Jahren zum ersten Mal beschrieben hatte. Was ist nun die biologische Funktion dieses Kind-Appells, der so stark ist, daß selbst Attrappen wie eine zweidimensionale Bambi Figur uns anrühren? Die Natur bringt

Rechte Seite: Die Sandale als Puppenkind, mit dem das Repertoire mütterlicher Betreuung durchgespielt wird: vom Herzen und Wiegen bis zum Strafen (Himba)

Sitzen und Stehen – sollte das Spielzeugtier ausführen können und bewegliche Glieder haben wie eine Puppe. Die Idee des Spielzeugbären war damit unabhängig von ihrer Entstehung in Amerika geboren, und auf der Leipziger Frühjahrsmesse 1903 wurde der deutsche Plüschbär Marke Steiff erstmals vorgestellt.

Dies bedeutet, daß es der lokalen Anekdote um den Präsidenten der Vereinigten Staaten nicht bedurfte, um ein Kinderspielzeug zu schaffen, das wie kaum ein anderes die Welt erobern sollte. Dennoch hatte die amerikanische Entstehungsgeschichte ihrem deutschen Gegenstück etwas Wichtiges voraus, das den »appeal« des Spielzeug-Teddys idealerweise verstärkte.

Ihr zentrales Motiv, die Schonung des kleinen Bären, machte sie nicht nur einfühlbar und authentisch, sondern verschaffte dem Stofftier einen Sympathie-Bonus, der mit der Wahrnehmung seines Erscheinungsbildes völlig verschmolz. Darauf kommen wir noch zurück.

In der Folge meldeten auch die Engländer und Russen das Recht auf die Herkunft und Erfindung des Kinderlieblings an, allerdings ohne ausreichenden Nachweis und Erfolg. Es genügte nicht, Bärenliebhaber in der eigenen Königsdynastie zu haben oder bereits in der Produktion hölzerner Bären tätig gewesen zu sein. Auch der Bär im Wappen oder in der Mythologie reichte nicht aus. Gefragt war das spezifische Wesen aus weichem Material und in handlicher Größe, das geeignet war, sich im Herzen der Kinder einen unverrückbaren Platz zu sichern. Was macht den Teddy so erfolgreich und unverwechselbar, und was macht seine Erfindung aufschlußreich?

Wie die Dokumentation von Irenäus Eibl-Eibesfeldt belegt, besitzen alle Kulturen, auch die Stammeskulturen, eine Tradition des Puppenspiels, seien das Angebot fertiger Produkte oder die Möglichkeiten der Herstellung auch noch so eingeschränkt. Kinder der Buschleute in der Kalahari basteln sich Spielzeugpuppen aus Melonen, Himbamädchen aus dem Kaokoland in Namibia verwenden Holzstücke, welchen sie getreu dem natürlichen Vorbild ein Schamschürzchen vorn und ein Gesäßschürzchen hinten umbinden, sowie eine Haartracht aus Stoffstreifen am Kopf. Oder sie nehmen sich etwa eine Sandale als Puppen-Ersatz und herzen diese wie ein kleines Kind. Und kleine Mädchen der Trobriand-Inseln in Papua Neuguinea verwenden mitunter auch liegengebliebene Gegenstände von Gästen der westlichen Welt – wie etwa eine Stabtaschenlampe – als Puppe, und ziehen sie entsprechend an.

Die Vorstellung eines Kleinkind-Surrogats überstrahlt offensichtlich die Dürftigkeit des realen Objektes und ist an die Vollkommenheit einer materiellen Entsprechung nicht gebunden. Es geht um die symbolische Kraft der Imagination, die sich an einem beliebigen Gegenstand beweist und diesen gleichsam nur »einsetzt«.

Das Bedürfnis der Kinder, vor allem der Mädchen, mit Puppen zu spielen, ja, sich Puppen aus jedwedem Material zu schaffen, wenn diese von der Kultur nicht angeboten werden, stellt wohl eine angeborene innere Disposition dar, die wir mit Blick auf das Vorkommen in den verschiedenen Kulturen eine Universalie nennen können. Damit ist auch die immer wieder zitierte Herkunftstheorie der Puppe aus dem Idol- und Fetischgebrauch der Vorfahren (und damit der Erwachsenen) in Frage gestellt.

Äußere Ähnlichkeiten gibt es zwar in der Tat mit den verkleinerten Nachbildungen der Menschengestalt, die sich Menschen seit Anbeginn ihrer Kultur geschaffen haben, um sie in den eigenen Räumen aufzu-

121

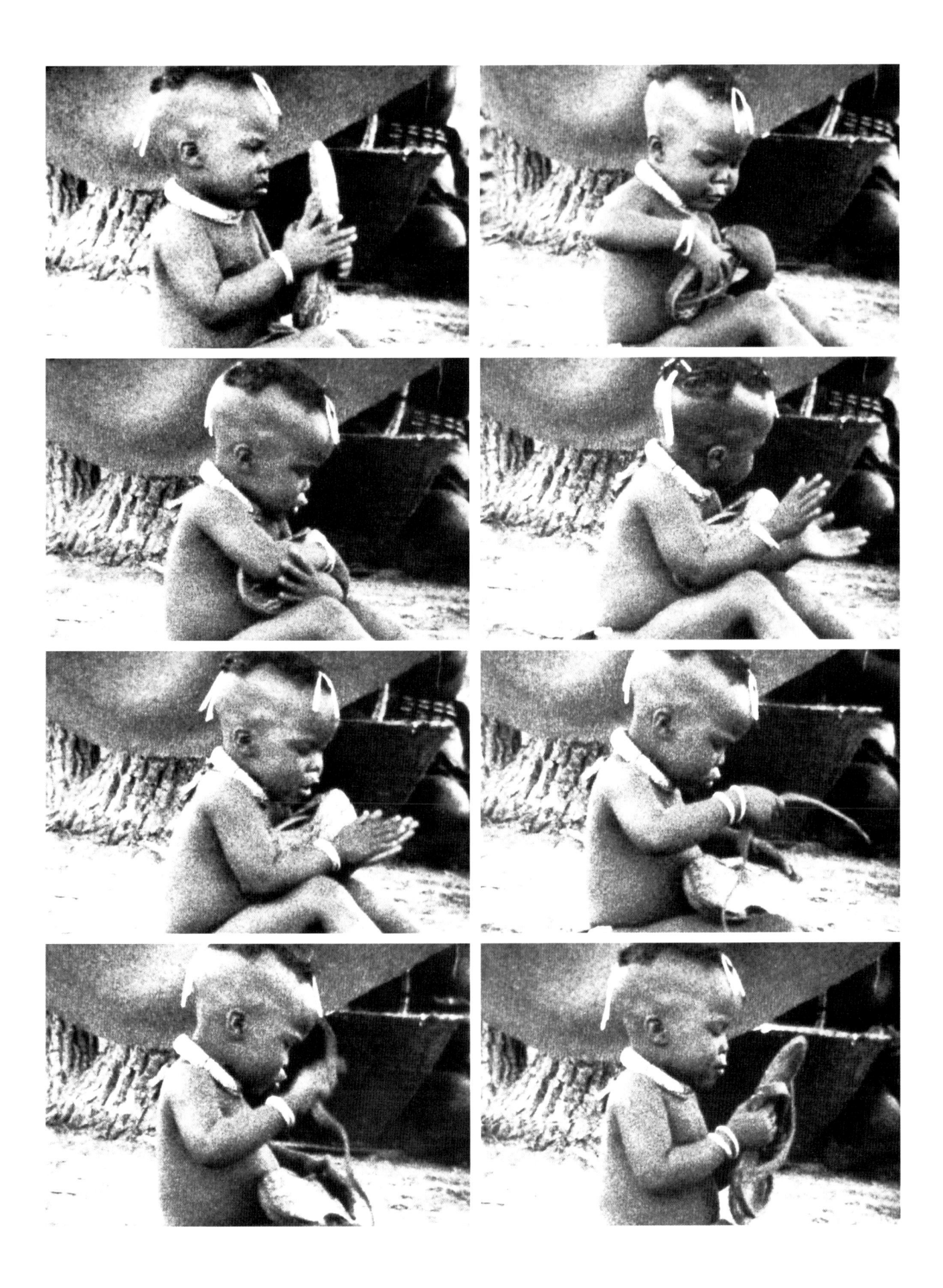

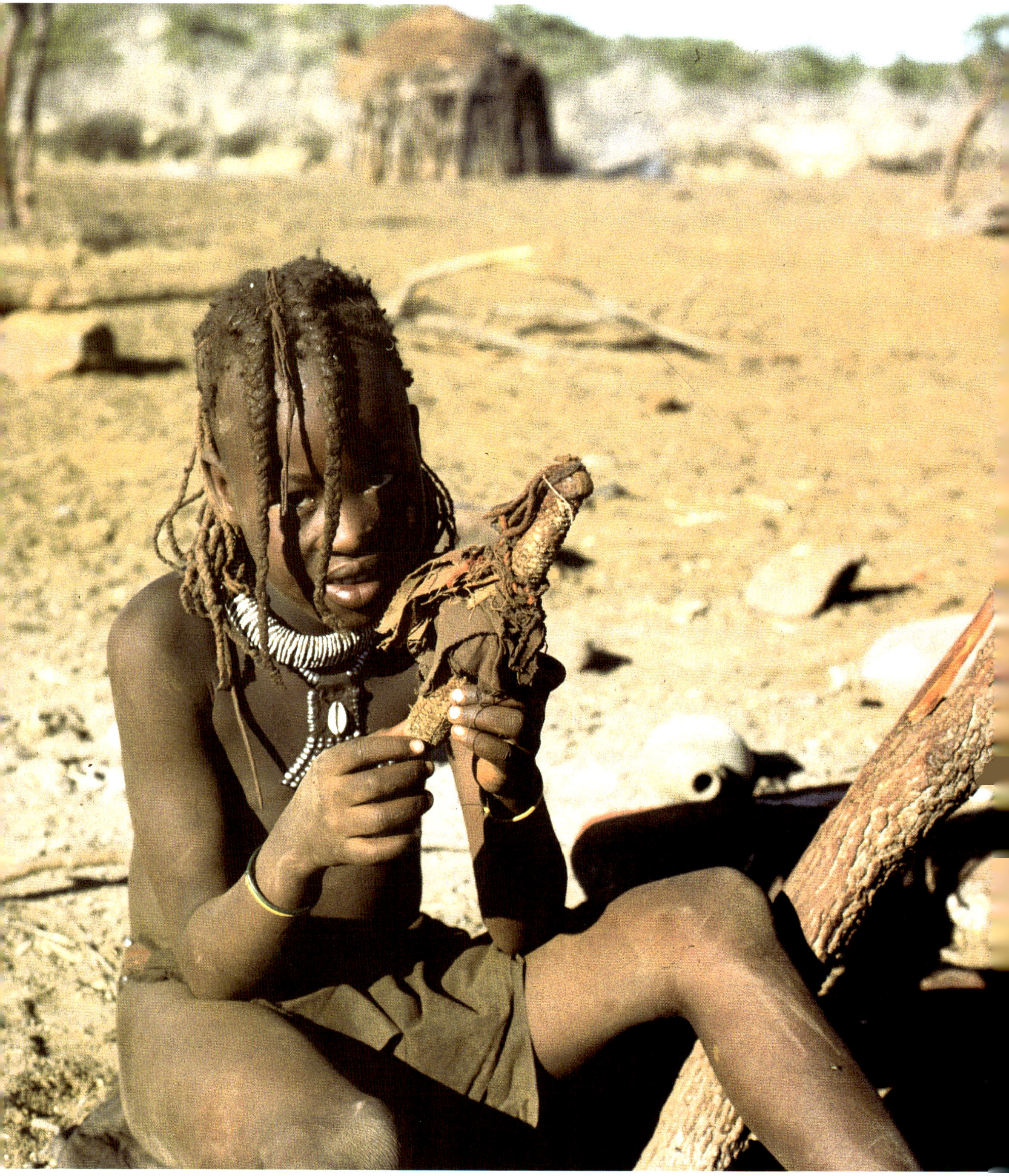

stellen und zu verehren, einem Gott als Opfer bzw. als Votivgabe auf den Altar zu stellen, oder auch den Toten mit ins Grab zu geben. Auch da genügten oft ein Stück Ast oder Bambus, etwas Stroh für die Behaarung und Steine, möglichst leuchtende, für die Augen. Aber mit dem Bedürfnis nach Betreuung, nach Nähe und zärtlicher Interaktion hatte dies wenig zu tun, im Gegenteil. Die Idole und Fetische früherer Völker – und auch noch diejenigen heutiger Stammeskulturen – tragen meist ehrfurchtgebietende oder sogar furchteinflößende Züge, also Ausdruckselemente, die auf Distanzierung zielen.

Anders bei den Puppen, deren Entwicklung zum Spielzeug seit dem 15. Jahrhundert zu beobachten ist. Nach den frühen Exemplaren, die noch etwas ungelenke, hölzerne Gliederpuppen von strenger Anmut und wohl eher zum Aufstellen und Anschauen geschaffen waren, steht bei den Puppen ab dem 19. Jahrhundert zunehmend das Hübsche und Niedliche im Vordergrund, das Gefühle der Zuwendung und Betreuung anspricht und vermehrt zum Interagieren auffordert. Es sind Puppen, mit denen gespielt wird und die sich dem Ausdrucksschema annähern, das uns zumeist aus unserer eigenen Puppenerfahrung vertraut ist. Konrad Lorenz hat es 1943 als das sogenannte »Kindchenschema« beschrieben (vgl. auch das Kapitel »Spielend lernen – Sozialisation bei den Buschleuten«).

Es zeigt die typischen morphologischen Merkmale des Kleinkindes, wie hohe vorgewölbte Stirn, zierliches Untergesicht mit kleinem Saugmund und Pausbacken – kurz

Die Puppe dieses Himba-Mädchens ist ein mit viel Phantasie und Sorgfalt bekleideter Maiskolben

Mit der ihm eigenen Fähigkeit zur Gestaltwahrnehmung hat Konrad Lorenz die Charakteristika des Kindchenschemas bei Mensch und Tier erkannt ... und selbst gezeichnet

nichts hervor, das mit »Kosten« verbunden ist, wenn die sich nicht lohnen. Der Vorteil des Kindchenschemas für die Säuglinge unserer frühen Vorfahren war offenbar, daß sich Mutter, Vater, sonstige Verwandte, aber auch andere Personen einem kleinen Menschlein dann besonders liebevoll zuwandten, wenn es mit den charakteristischen Merkmalen des Kindchenschemas ausgestattet war. So erhielt es das ganze reiche Spektrum an wichtigen Stimulationen, dessen es bedurfte, um die geistige, soziale und emotionale Potenz ausschöpfen zu können, die ohne Zweifel im Homo sapiens von Beginn angelegt war. Konrad Lorenz hat also nicht nur ein interessantes Merkmal junger Säugetiere einschließlich des Menschen beschrieben, sondern deutlich gemacht, welchen Selektionsvorteil diese spezielle Eigenschaft hatte.

123

> »EE« hat die ethologische Gedankenlinie seines Lehrers in seinem klassischen »Grundriß der vergleichenden Verhaltensforschung« aufgenommen: »Den Kindchenschema-Effekt können wir durch Pausbacken, durch einen übertrieben großen Kopf und kurze Extremitäten, durch eine übertriebene, gewölbte Stirnpartie erzielen, und zwar auch, wenn man all diese Einzelmerkmale für sich darstellt«. Das und die Tatsache, daß die einzelnen Eigenschaften sich zu einer besonders starken Gesamtwirkung addieren (Reizsummation), »sprechen für das Wirken angeborener Auslösemechanismen.«
>
> *Die Humanethologie eröffnet noch weitere überraschende Zusammenhänge. Der Teddy ist nicht nur Kleinkind-Attrappe mit Kindchenschema, die signalisiert: »Schau mal, wie süß ich bin, kauf mich, bemuttere mich!«. Mit seinem weichen Fell ist er, wie auch im Kapitel über die Mutter-Kind Beziehung ausgeführt wird, gleichzeitig Attrappe für die Mutter unserer Menschenaffen-Vorfahren, an deren Fell sich die Säuglinge festklammerten. Deshalb ist er so gut als Tröster geeignet bei kleinen und großen Kümmernissen. Im Teddy treffen sich also zwei mächtige biopsychologische Tendenzen, jene der mütterlichen/elterlichen Fürsorge und der Wunsch, umsorgt zu werden. Kein Wunder, daß der putzige Kerl ein solcher Verkaufshit wurde.*

das, was im allgemeinen unser Entzücken bzw. das Bedürfnis auslöst, ein Kind zu herzen und zu liebkosen. Die Puppenindustrie im 19. Jahrhundert hat diesen Zusammenhängen offenbar intuitiv Rechnung getragen, als sie dazu überging, diese Merkmale gerade zum Erkennungszeichen ihrer Serienproduktionen zu machen. So tragen die Züge auf den Porzellangesichtern der bekannten Jumeau-Puppe aus Paris oder anderer Markenpuppen wie von Simon & Halbig oder Armand Marseille aus Thüringen zum Prototyp dessen bei, was wir als Sammlerobjekte schätzen und offensichtlich als lieblich empfinden.

Es ist aber nicht zu bezweifeln, daß je mehr die Puppe schon damals zum Kunst- und Sammlerobjekt wurde, dem Teddybär noch andere Optionen zur Eroberung der Spielzeugbranche offenstanden. Der Kälte und Perfektion der zumeist teuren Puppe hatte er das Warme und Berührungsfreundliche des weichen Stoff- und später Plüschmaterials entgegenzusetzen. Sieht man sich langgediente Exemplare an, kann man die Spuren exzessiver Zärtlichkeit dem meist zerrauften, durch Küsse und Tränen ausgebleichten Fell ablesen. Denn Teddy spendete nicht nur Nähe und Wärme, sondern auch Trost in Fällen, wo die Erwachsenenseele ihr Verständnis versagte.

Damit kehren wir zur ursprünglichen Entstehungsgeschichte zurück. Schon die Anekdote um Theodor Roosevelt trug ein Motiv zur Legendenbildung bei, das nicht nur ihre eigene Glaubwürdigkeit verbriefte, sondern zur Wesensgeschichte des Bären Teddy selbst zu gehören scheint. Es ist das erwähnte Motiv der Schonung, die dem kleinen Bären wiederfährt, oder umgekehrt, die Umstimmung waidmännischer Aggression, die der Jäger Roosevelt erlebt.

Der Anblick des Bärenjungen scheint ohne weiteres Zutun die rigorosen Jagdziele außer Kraft zu setzen. Dieser besänftigende, Zuwendung auslösende Effekt, den man der Erscheinung des Jungbären zuschreibt, paßt recht genau in das Wirkungsspektrum, das Konrad Lorenz im Zusammenhang mit dem Kindchen-Schema beschrieben hat, und das mit der Beschwichtigung aggressiver Regungen zu tun hat. Die spezifische, Betreuung auslösende Wirkung, die den kindlichen Merkmalen anhaftet, kommt in angepaßter Weise dem Gedeihen des Jungtiers wie des Menschenkindes zugute, wir sind psychobiologisch geradezu auf diese »Ästhetik« (im Sinne einer wertenden Wahrnehmung) ausgerichtet. Rührung, Geborgenheit, Vertrauen, Trost – wir spenden sie dem Objekt dieser Empfindung ebenso, wie wir sie von ihm empfangen, und da der Teddy nur ein Wesen aus weichem Stoff ohne Launen, Tod und Wandel ist, versagt er uns die Gegenwärtigkeit dieser Gefühle nie. Ein wahrhaft einzigartiges Surrogat. Teddys werden mit auf Reisen, zum Zahnarzt, ins Bett und sogar im Ernstfall auf die Flucht genommen. Kein anderes Spielzeug macht ihnen diesen Vorrang streitig.

Und auch der Teddy machte eine »Evolution« durch. Nach den frühen Exemplaren, die den authentischen Teddybären mit relativ niedriger Stirn und charaktervoller Schnauzenlänge – vermeintlich »naturgetreu« – wiedergaben, setzte eine allmähliche Entwicklung seiner Form ein, die sich wohl kaum an weiteren Beobachtungen in freier Wildbahn orientierte, vielmehr an einer Wahrnehmungstendenz der Kunden selbst, nach der sich der Hersteller richtete.

Schließlich wurden ja jene Typen in größerer Zahl produziert, die besser verkauft wurden. Die Evolution des Kunstbären verläuft nach einem ähnlichen Selektionsprinzip wie die biologische Evolution, nur eben schneller. Der Geschmack der Käufer entschied offensichtlich über das

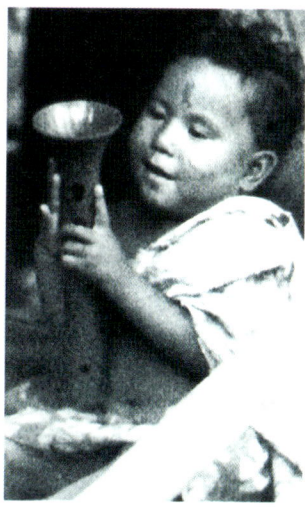

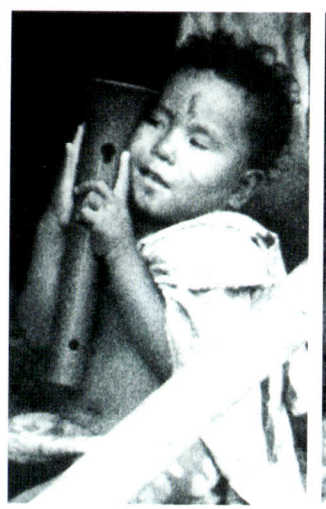

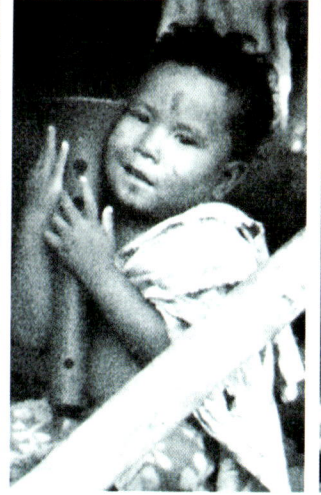

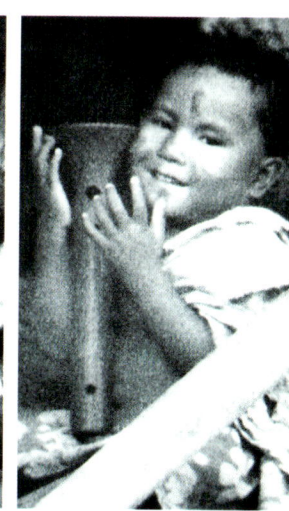

Aus einer Taschenlampe wird ein Puppenkind. Die Attrappe wird mit denselben Gefühlen behandelt wie ein richtiges Baby (Trobriand)

weitere Schicksal von Teddys Erscheinungsbild. Wie eine Studie des englischen Ethologen Robert Hinde 1985 ergab, wurden im Laufe der Zeit die Stirn immer ausgeprägter und die Schnauze kürzer, also die Züge kindlicher.

Auch die ursprünglich überlangen Gliedmaßen, die, wie es heißt, zum Greifen und Umarmen durch die Kinder bestens taugten, wurden trotz dieses starken Argumentes immer kürzer und glichen sich allmählich den Proportionen eines pummeligen Säuglings an. Sogar das Material hielt mit. Den anfänglich hartgestopften Exemplaren, die einen Balg aus Stoff oder Mohairwolle besaßen, folgten jene aus Plüsch oder flauschigen Kunstmaterialien, die dem Berührungsbedürfnis des Kindes noch stärker entgegenkamen. Eine Entwicklung also, wie sie der standesgemäßeren Puppe letztlich erspart blieb. Es gibt keine annähernd »abgeliebten« Sammlerstücke unter den traditionellen Puppen wie unter den Teddys. Das Schicksal des Teddybärs als der »Lieblingspuppe« aller Kinder hat nur noch eine namhafte Parallele, von der man sagen kann, sie habe eine vergleichbare Entwicklung genommen – allerdings nicht über ihre greifbar körperlichen Vorteile, sondern nur noch über die visuelle Präferenz des Publikums: Walt Disneys Micky Maus.

Darstellungen ihrer Geschichte überzeugen uns davon, daß die anfänglich schmächtige, etwas hinterhältig wirkende Mäusefigur mit der langen, dünnen Nase und den kleinen listigen Äuglein erst allmählich zu jener rundlichen, vergnügten und aufgeweckten Micky Maus wurde, auf deren Seite alle Sympathien im Kampf gegen das Übel dieser Welt lagen. Der äußere Wandel, der wie bei Teddy eine Schnauzenverkürzung, runderen Kopf und größere Augen mit sich brachte, ging, wie Stephen Jay Gould belegt, mit der Charakterveränderung hin zum Spaßigen, Schlauen und Anpassungsfähigen einher, die Micky populär werden ließ. Der Geschmack des Betrachters, auch wenn er nicht Käufer großen Stils ist, wirkt sich mittelfristig doch als Beschleuniger einer kulturellen Evolution aus, die interessanterweise im Prinzip ähnlich wie die biologische Evolution vor sich geht.

Denn daß der Signalgeber sich an das Signalverständnis des Empfängers anpaßt, wissen wir längst aus dem Studium der Entwicklung natürlicher Formen und Merkmale.

Die Form von Teddy und Puppe entwickelte sich im Laufe der Zeit weg von einem naturalistischen Abbild hin zum ethologischen Auslöser für Betreuungsverhalten

125

DAS

ERBE

Universalien

Mit altsteinzeitlichem Erbe in der moderne[n]

Konrad Lorenz, einer der Väter der Verhaltensforschung und Lehrer von »EE«, hat stets betont, wie wichtig die Gestaltwahrnehmung in der Ethologie ist, also die Fähigkeit, Muster, insbesondere wiederkehrende Muster, im Verhalten von Tier und Mensch zu erkennen. Kaum ein Student wird Biologe werden, der nicht gut wahrnehmen, die morphologischen Muster von Pflanze und Tier nicht sicher erfassen und behalten kann. Was da kreucht und fleucht in Wald und Gebüsch, will verläßlich erkannt sein, bevor man weitergehende Aussagen macht.

Rechte Seite: Zur Analyse der Mimik bedienen sich die Humanethologen eines computergestützten Systems. Hier die »Partitur« einer 3,6 Sekunden langen Sequenz bei einer Eipo-Frau. Im Ausdruck ist durch Striche angegeben, welche Muskeleinheiten (die Ziffern der senkrechten Achse) zu welchem Zeitpunkt kontrahiert sind. Auf eine eher unfreundliche Stimmung mit zusammengezogenen Augenbrauen (4) folgt ein erst zaghaftes (12), dann starkes (12 + 6) Lächeln, letzteres mit »Augengruß« (1 + 2)

»Woher kommen wir, was sind wir, wohin gehen wir?« schrieb Paul Gauguin 1897 auf eines seiner größten Werke, das Menschen in verschiedenen Lebensaltern bei verschiedenen Tätigkeiten in der tropischen Landschaft Tahitis porträtiert.

Diese Grundfragen menschlicher Existenz beschäftigen uns seit dem Altertum, und um ihre Beantwortung bemühen sich auch die biologischen Wissenschaften. Woher wir kommen, wissen wir seit Charles Darwin: Wir entwickelten uns im Laufe der Stammesgeschichte aus tierischen Vorfahren, die vor allem bezüglich des Gehirns einfacher organisiert und weniger leistungsfähig waren als wir Heutigen. Eine natürliche Verwandtschaft verbindet uns, abgestuft nach Nähe, mit den Vertretern des Tierreichs. Über Einzelheiten unseres stammesgeschichtlichen Werdegangs und über die Mechanismen der Evolution hat die Forschung bis heute immer neue Erkenntnisse erarbeitet.

Was wir sind, erhält aus dieser Einsicht eine Antwort: Wir sind stammesgeschichtlich Gewordene und zugleich auch weiterhin Werdende. Das statische Bild der »Krone der Schöpfung« ist abgelöst von dem dynamischen Bild des Artenwandels, der auch für uns die Chance einer Weiterentwicklung bereithält, allerdings ebenso die Möglichkeit, als Spezies auszusterben. Tierische Organismen sind nicht in der Lage, das Geschick ihrer Art zu steuern. Der Mensch dagegen kann sich Ziele setzen und damit seine Zukunft mitbestimmen. Er ist die erste Kreatur auf diesem Planeten, die dies selbstverantwortlich und zukunftsbezogen vermag. Letztlich wird alles, was wir tun und unterlassen, an der Fähigkeit gemessen, in Nachkommen zu überleben. Mit unseren Zielvorstellungen »Auf der Suche nach einer besseren Welt«, wie es Karl Popper 1984 ausdrückte, muß sich die Bereitschaft zu rechtzeitiger Fehlerkorrektur verbinden. Doch wohin wir letztlich gehen werden, wissen wir trotz aller wissenschaftlichen Erkenntnis nicht.

Es hat viele Definitionsversuche des Menschen gegeben. Homo sapiens, den Weisen, nennen ihn die Zoologen. Ob wir diesen Namen verdienen, wird sich erweisen. Das Zeug hätten wir dazu, wären wir bereit,

Welt

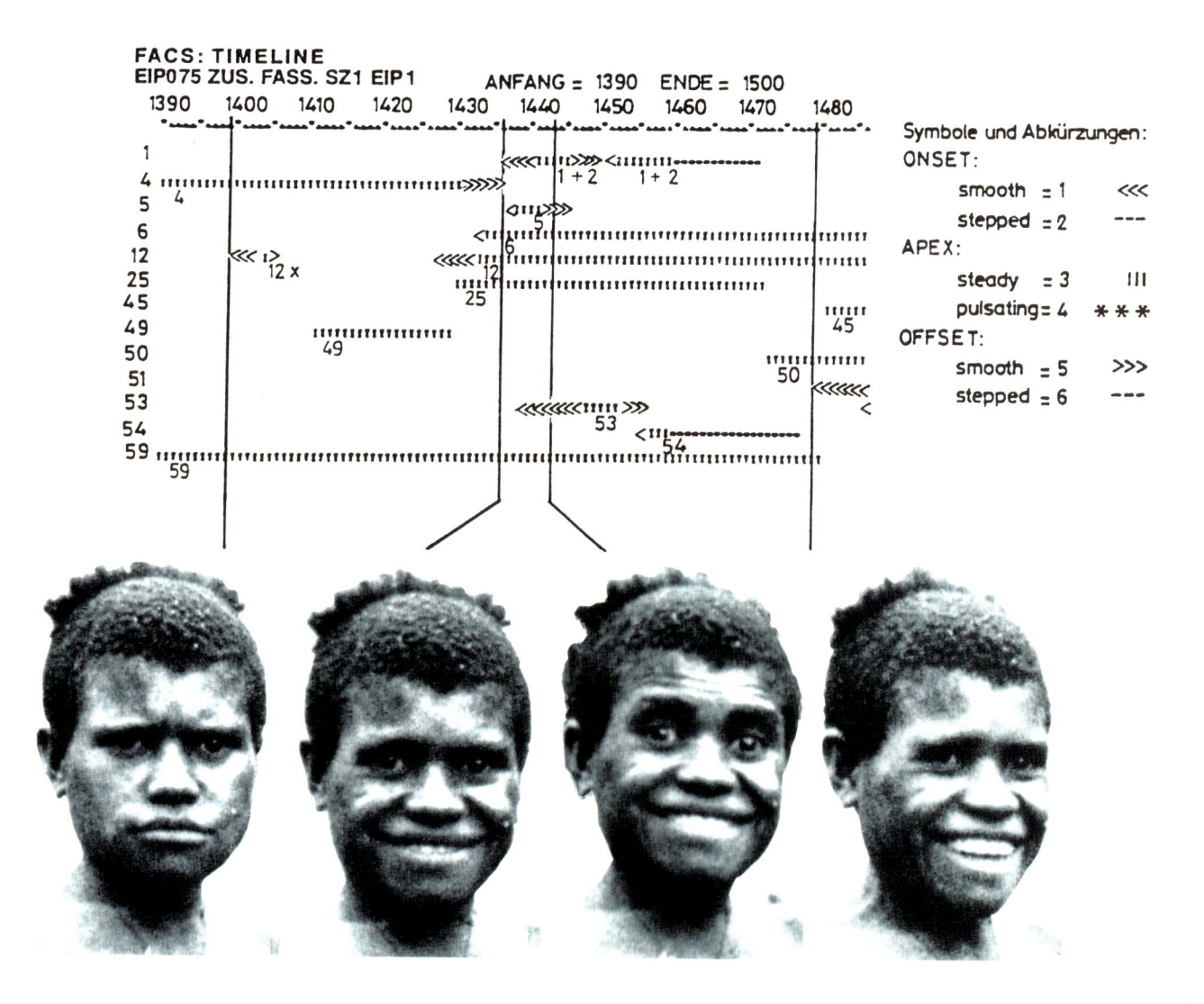

FACS: TIMELINE
EIP075 ZUS. FASS. SZ1 EIP1   ANFANG = 1390   ENDE = 1500

Symbole und Abkürzungen:
ONSET:
    smooth = 1   <<<
    stepped = 2   ---
APEX:
    steady = 3 |||
    pulsating = 4 ***
OFFSET:
    smooth = 5   >>>
    stepped = 6   ---

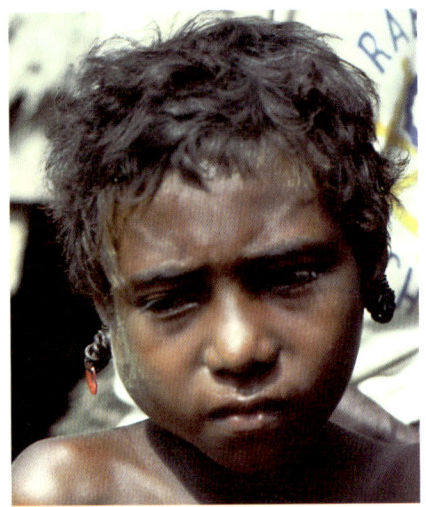

Lächeln ist weltweit das mimische Signal für Freude und Zuwendung. Nach unten gehen die Mundwinkel bei Schmerz und Kummer. Die junge Frau und das Mädchen stammen von den Trobriand-Inseln

Diese Fähigkeit zur Gestaltwahrnehmung zeichnet auch den Biologen »EE« aus und befähigte ihn, den Wechsel von der Tier- zur Menschenbeobachtung ohne Schwierigkeiten zu vollziehen. Die meisten Besucher eines fremden Landes sind zunächst überwältigt vom Neuen, nie Gesehenen, wenn sie an einem unbekannten Ort mit vorher gänzlich fremden Menschen zusammen sind. Man kann kaum Einzelheiten wahrnehmen, so sehr ist man gefangen von der Anders-

uns wissenschaftlich ein bißchen mehr mit uns selbst auseinanderzusetzen, um unsere aus der stammesgeschichtlichen Herkunft resultierenden Begabungen und Schwächen zu erkennen und zur Kenntnis zu nehmen. Der Anthropologe Arnold Gehlen sprach vom Menschen als dem »weltoffenen Neugierwesen«, eine sehr treffende Charakteristik. Auch als »riskiertes Wesen« bezeichnete er ihn und schließlich als »Mängelwesen«. Die letztere Kennzeichnung ist unzutreffend. Wir sind eher ein Volltreffer der Evolution, wie Hubert Markl betont, und das macht uns ja zu schaffen, denn nachdem wir unsere Umwelt so weidlich beherrschen und vor allem auch viele unserer natürlichen Feinde besiegten, vermehren wir uns in einer Weise, die uns schließlich selbst gefährdet. Wir sind Generalisten, das heißt wir haben erstaunlich viele körperliche und geistige Fähigkeiten, und was bei oberflächlicher Betrachtung als Mangel erscheint, wie etwa unsere Nacktheit, erweist sich bei genauerem Hinsehen als Anpassung. Die Nacktheit schützt uns nämlich vor Überhitzung bei starker körperlicher Anstrengung: Buschleute können eine Gazelle zu Tode hetzen.

Wir sind Kulturwesen von Natur. Das heißt allerdings nicht, daß wir alles lernen müssen. Manches könnte man uns ja auch gar nicht beibringen. Wie wollte man jemanden lehren, Haß, Liebe, Eifersucht und dergleichen zu empfinden? Man kann das Objekt der Liebe oder des Hasses lernen, aber die Emotion selbst wohl ebensowenig wie etwa die Fähigkeit, süß, sauer, bitter oder salzig wahrzunehmen oder Farben zu sehen. Wir gehen einfach von der Hypothese aus, daß andere das ebenso erleben und verstehen wie unsereiner, und kommen mit dieser Hypothese auch gut zurecht, solange wir nicht auf einen Menschen treffen, der anders wahrnimmt, weil er zum Beispiel farbenblind ist. Doch das ist, statistisch gesehen, eher ein seltener Fall.

Unser Denken, Wahrnehmen und Handeln wird, wie wir noch zeigen werden, in erheblichem Umfang durch stammesgeschichtliche Anpassungen bestimmt. Sie entwickelten sich in der langen Zeit, in der unsere Vorfahren auf der Entwicklungsstufe altsteinzeitlicher Jäger und Sammler lebten. Diese Periode prägte uns, und daraus erwachsen uns heute Probleme, denn unsere angeborene Ausstattung – das biologische Erbe – paßt nicht in allem auf unsere moderne Zeit.

An die 40 000 Generationen lang lebten unsere Vorfahren auf der Kulturstufe der Steinzeit in Kleinverbänden mit einer sehr einfachen Technologie. Erst vor etwa 400 Generationen begannen Menschen in einigen Gebieten unserer Erde mit Feldbestellung und Viehzucht. 20 Generationen à 25 Jahren sind seit der dritten Entdeckung Amerikas durch Kolumbus vergangen, und die Anfänge der technischen Zivilisation liegen nur wenige Generationen zurück. Unsere biologischen Vorprogrammierungen haben sich in der kurzen Zeit, in der all diese kulturellen Änderungen erfolgten, nicht geändert. Wir schufen uns mit der technischen Zivilisation, der modernen Großstadt und der anonymen Großgesellschaft eine Umwelt, für die wir biologisch nicht geschaffen sind und befinden uns in der nicht ganz ungefährlichen Situation, daß Präsidenten mit steinzeitlicher Emotionalität, die wider bessere Einsicht oft mit ihnen durchgeht, heute Supermächte leiten. Im Alltag bereitet uns der Umgang mit den Segnungen der Technik Schwierigkeiten, man denke nur an den Blutzoll, den das Automobil fordert oder an die Zerstörung unserer Umwelt durch Erfindungen, die wir gestern noch als Segen begrüßten.

Der Gegensatz von altsteinzeitlicher zu neuzeitlicher Lebensweise ist ungeheuer, man kann ihn heute noch nachvollziehen, wenn man in Kulturen lebt, die im Modell eine altsteinzeitliche Jäger- und Sammlerkultur repräsentieren. Bei den Buschleuten zeichnet sich das Leben durch den Kleinverband einiger Familien aus, in denen jeder jeden kennt. Das schafft eine Atmosphäre des Vertrauens. Jede Familie ist ferner eine weitgehend autarke wirtschaftliche Einheit, und jeder einzelne kann das, was er zum Leben braucht, selbst erjagen und sammeln. Er kann seine Hausgeräte selbst herstellen und sein Haus bauen. Die Menschen leben naturnah.

Im Gegensatz dazu befinden wir uns heute in einer Massengesellschaft, in der wegen eines allgemeinen Mißtrauens, das durch die Anonymität gefördert wird, der Mitmensch zum Stressor wird. Der moderne Mensch ist außerdem beruflich abhängig von anderen. Ein altsteinzeitlicher Jäger konnte nie »arbeitslos« werden. Die existenzbedrohende Abhängigkeit, in der wir stecken, schafft unterschwellige Ängste. Außerdem leben wir naturfern in einer Umwelt, in der uns allerlei Noxen wie Verkehrslärm, Schmutz und schlechte Luft belasten. Es ist auffällig, daß in den Zivilisationen eine Art Paradiessehnsucht gepflegt wird. Die darin entworfenen Bilder schildern ein Leben in Harmonie mit der Natur in einer Landschaft reich an Tieren, die mit freien Wiesenflächen, verstreuten Baumgruppen und Gewässern an die Savannenlandschaft erinnert, in der der Mensch einst zum Menschen wurde. Unsere Parklandschaften, die man künstlich erzeugt, kopieren eine solche Szenerie nach der archetypischen Vorstellung. Uns Menschen zeichnet auch eine ausgesprochene Phytophilie aus, eine Pflanzenliebe, die auf eine ursprüngliche Biotop-Prägung hinweist. Pflanzen sind Indikatoren eines Lebensraums, in dem man Nahrung findet. In den Städten, wo es an Grün mangelt, holen wir Ersatznatur in unsere Wohnungen in Form von Gummibäumen und anderen, keineswegs genießbaren oder anderweitig nutzbaren Pflanzen.

Natürlich war das Leben unserer Ahnen nicht paradiesisch. Es gab Raubtiere, Krankheiten, Kriege, Hungersnöte und vielerlei Strapazen, aber an solche Strapazen sind wir Menschen angepaßt, und zwar so gut, daß wir sie zum Teil sogar als lustvoll erleben. Uns Schreibtischtätern – offensichtlich sind wir nicht für den Schreibtisch geboren – ermangelt es solcher Herausforderung und deshalb machen Leute Abenteuerreisen, klettern auf Berge, stürzen sich mit Hanggleitern in die Abgründe oder leben ihren Drang nach Abenteuer in Autorennen aus.

Alle Wissenschaften vom Verhalten basieren auf der Annahme, daß Tiere und Menschen in voraussagbarer Weise handeln. Wäre es nicht so, könnten sie kaum miteinander kommunizieren, noch gäbe es eine Verhaltensforschung. Psychologen, Soziologen und Humanethologen wären arbeitslos. Das bedeutet jedoch, daß die Organismen irgendwann mit verläßlich abrufbaren Verhaltensprogrammen ausgerüstet wurden. An der Frage, wie die Lebewesen in den Besitz dieser Programme kamen, scheiden sich allerdings die Geister.

Bis in die frühen siebziger Jahre beherrschte eine als Behaviorismus bekannte Lehre das Feld. Nach ihr wird das Verhalten höherer Tiere und des Menschen so gut wie ausschließlich über Lernprozesse aufgebaut. Insbesondere der Mensch, so glaubte man, käme als »unbeschriebenes Blatt« zur Welt. Alles, was er später an Fertigkeiten zeige, aber auch seine Werthaltungen, würde er ausschließlich über Lernprozesse erwerben. Der Mensch wäre demnach nur oder fast nur ein Produkt seiner Umwelt.

So weit haben wir uns von unserem steinzeitlichen Erbe entfernt! Hütte der Buschleute in der Kalahari und Wohnsilo in Wien

artigkeit der Szenen und Menschen. »EE« ist in solchen Situationen in der Lage, eine neugierige, analytische Distanz zum Geschehen zu bewahren und so Verhaltensweisen zu erkennen, die anderen entgehen.

Dazu trägt natürlich auch die Dokumentationsmethode des Filmens bei. Die 16mm-Kamera hält unbestechlich fest, was im Bereich des Objektivs geschieht. Hans Hass, auf dessen Segelschiff »Xarifa« »EE« zwei wissenschaftlich sehr ergiebige Forschungsreisen mitgemacht hatte, kam auf die Idee, ein Prisma vor der Kamera zu befestigen, so daß der Aufnahmewinkel um 90 Grad abgelenkt wurde. Auf diese Weise konnte verhindert werden, daß Menschen sich wegen des auf sie gerichte-

Diese Lehre wurde vor allem in den Vereinigten Staaten von Amerika und in der ehemaligen Sowjetunion vertreten. Sie fand auch in Europa Gehör; noch heute hält man in einigen Zirkeln mit großer Hartnäckigkeit an ihr fest. Beweggründe dafür liegen vor allem im erzieherischen Optimismus, der postuliert, man dürfe Angeborenes im menschlichen Verhalten nicht anerkennen, da dies einem pädagogischen Fatalismus den Weg ebne. Es könne nicht sein, was nicht sein dürfe. Die biologischen Verhaltensforscher, so meinen manche, sollen die Finger vom Menschen lassen, sie könnten ja entdecken, was uns ideologisch nicht in den Kram paßt. Hinter solcher Argumentationsweise verbirgt sich auch ein Machtanspruch: Wenn man vorgeben kann, daß dem Menschen nichts angeboren sei, und daß demnach auch das, was als gut oder böse gilt, kulturell relativ sei, dann delegiert man besondere Macht an die Ideologen. Denn dann hätten sie als Erzieher das Recht, der jeweiligen Ideologie entsprechend ohne Rücksicht auf eine möglicherweise vorgegebene menschliche Natur die Normen festzulegen und Menschen ihren Vorstellungen entsprechend hinzubiegen. Dieses Vorgehen brachte die Sowjetunion zum Scheitern.

Nun wird kein Biologe daran zweifeln, daß wir Menschen erstaunlich viel lernen und somit auch Ergebnis der Erziehung sind: Wir lernen unsere Sprache, die Eigenheit einer bestimmten Kultur, der wir angehören, und deren Sitten und Bräuche. Die weltweite Verbreitung bestimmter Verhaltensweisen führte 1872 bereits Darwin zu dem Schluß, daß manches uns Menschen wohl auch angeboren sei. Dem hielten die dem Behaviorismus und kulturellen Relativismus anhängenden Vertreter der Verhaltenswissenschaften entgegen, daß solche Gemeinsamkeiten sowohl durch Kulturkontakt als auch aus funktionellen Notwendigkeiten erklärt werden könnten und daß selbst Ausdrucksbewegungen wie Lachen und Weinen sowohl nach Kontext als auch nach Ablaufform transkulturell variierten, so daß es eigentlich nicht einmal weltweit verbreitete Ausdrucksbewegungen gebe.

Die humanethologischen Forschungen der letzten zwanzig Jahre haben dagegen gezeigt, daß auch menschliches Verhalten in genau definierbaren Bereichen durch stammesgeschichtliche Anpassungen abgesichert ist. Unser Wissen um diese Anpassungen speist sich aus verschiedenen Quellen. Das Studium taub und blind geborener Kinder lehrt, daß ihr Repertoire an mimischem Ausdruck weitgehend dem normaler Kinder gleicht, obwohl die taub und blind Geborenen in ewiger Nacht und Stille heranwachsen und nie wahrnehmen können, wie sich ihre Mitmenschen verhalten. Weitere wichtige Informationsquellen sind der Tier-Mensch-Vergleich, das Studium der normalen Verhaltensentwicklung, also der Ontogenese, und der Kulturenvergleich.

In den natürlich gewachsenen Ethnien grenzen sich Menschenpopulationen von anderen ab. Dies erfolgt zunächst über kulturelle Marker wie Dialekt, Tracht, Besonderheiten des Brauchtums und Ideologie. Diese kulturelle Abgrenzung hat aber im Laufe der Zeit Rückwirkungen auf die biologische Entwicklung; sie fördert die Subspeziation, das heißt Prozesse, aus denen neue Arten entstehen. Kultur wird so zum Schrittmacher der Evolution und jede Ethnie zu einer Speerspitze der Weiterentwicklung, zu einem Experiment, in dem sich verschiedene Zielsetzungen ideologischer und ökonomischer Art, unterschiedliche Strategien der politischen Führung, Wirtschaft, Ideologie und Erziehung einer Bewährungsprobe durch die Selektion unterwerfen. Kultur arbeitet mit Vorgaben, sie wandelt ab, fördert auf unterschiedliche Weise einmal die

Der »Augengruß« wird besonders häufig gegenüber Säuglingen und Kleinkindern ausgeführt. Hier bei den Himba und den Eipo

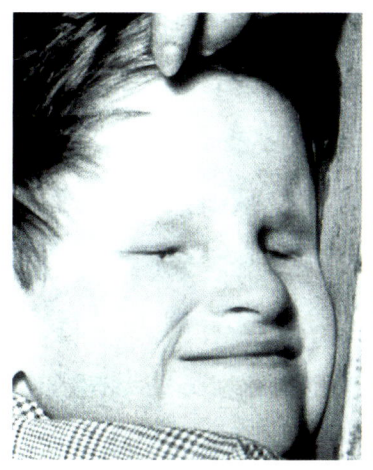

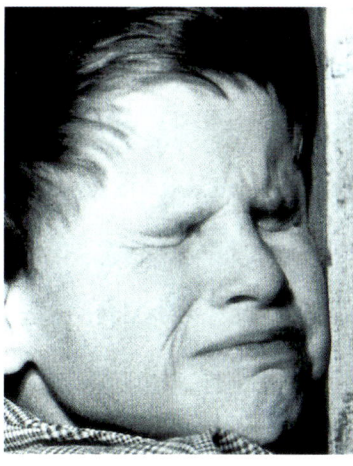

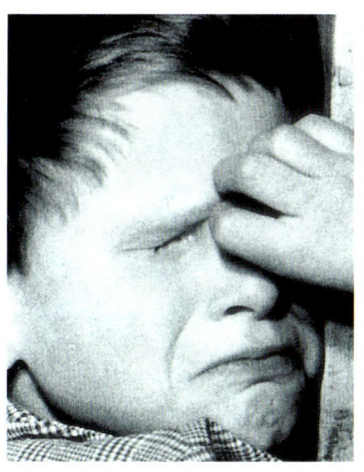

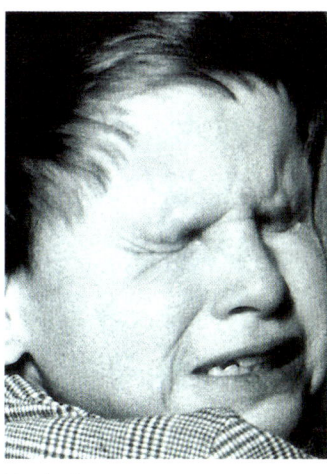

eine, dann wieder die andere Disposition. Sie unterdrückt und überformt unsere biologische Natur. Sie kommt an allen Ecken und Enden menschlichen Lebens und in allen Kulturen klar zum Vorschein; vor allem in den alltäglich zu beobachtenden Verhaltensmustern.

Interessanterweise enthalten die großen wissenschaftlichen Filmmuseen der Welt schöne Beispiele für die unterschiedlichen Methoden des Brotbackens, des Mattenwebens und für andere Tätigkeiten zur Herstellung von Dingen. Aber wie Mütter oder Väter ihre Kinder herzen, wie man sich begrüßt, Abschied nimmt, miteinander scherzt, flirtet und streitet, darüber findet man fast kein authentisches Material. Ab Mitte der sechziger Jahre begannen wir daher mit dem systematischen Aufbau eines kulturenvergleichenden Dokumentationsprogramms. Dabei ergab sich eine bemerkenswerte Übereinstimmungen im Verhalten der Menschen verschiedener Kulturen, die zum Teil bis in kleinste Einzelheiten gehen.

Als Ausdruck freundlicher Zuwendung, zum Beispiel beim Gruß über Distanz, heben Menschen in allen Kulturen kurz, fast »blitzartig«, die Augenbrauen. Die Anstiegsphase dauert nur etwa 1/6 Sekunde. Das Lächeln ist besonders oft mit diesem schnellen Brauenheben verbunden. Es handelt sich aus humanethologischer Sicht um einen ritualisierten Ausdruck freudigen Erkennens, ein »Ja zum sozialen Kontakt«, gewissermaßen um die nichtverbale Aussage »Ach, du bist es. Schön, Dich zu sehen!«.

Die Tatsache, daß dieses freundliche Signal in der Ausdrucksliteratur nicht beschrieben war, zeigt, wie wichtig die genaue Dokumentation menschlicher Bewegungsvorgänge ist. Auch wir entdeckten dies mimische Muster erst bei der Auswertung von Zeitlupenbewegungen. Das kommt wahrscheinlich daher, daß man das Signal automatisch sendet und ebenso unbewußt wahrnimmt. Was man subjektiv wahrnimmt, ist, daß jemand freundlich grüßt. Ist man sich des schnellen Brauenhebens einmal bewußt geworden, sieht man dieses Signal sehr oft. Es kommt nicht nur beim freundlichen Grüßen und Flirten vor, sondern auch bei Zustimmung, Bejahung, gelegentlich beim Danken. Die Ausmessung und statistische Auswertung von 233 Filmaufnahmen, die von K. Grammer und Mitautoren durchgeführt wurden, ergab, daß das schnelle Brauenheben bei den Eipo, Yanomami und Trobriandern, also in weit voneinander getrennten Ethnien, nahezu deckungsgleich verläuft. So konnten die Mitarbeiterinnen und Mitarbeiter unseres Teams auch mittels quantitativer Analyse nachweisen, daß es sich bei diesem mimischen Verhaltensmuster in der Tat um eine Universalie handelt.

Eine von »EE's« großen Entdeckungen war, daß taubblind geborene Kinder, die in ewiger Nacht und Stille heranwachsen, dieselben Grundmuster der Mimik aufweisen wie sehende Kinder. Diese Signale senden wir nach angeborenem Programm

ten Apparats in Positur stellten oder auf andere Weise den Fluß ihres natürlichen Verhaltens unterbrachen. Diese Methode der sogenannten Spiegelaufnahmen behielt »EE« von den ersten Dokumentationen in den 60er Jahren bis heute bei, wenn Menschen in ihrem Alltagsverhalten aufgenommen wurden. In anderen Situationen, etwa dann, wenn ein Fest gefeiert wird oder wenn sonst ein Geschehen in der Öffentlichkeit Beteiligte und Zuschauer in seinen Bann zieht, bedarf es der Vorsatzlinse nicht; dann agieren die Menschen ohnehin auf einer Art Bühne und werden durch eine auf sie gerichtete Kamera kaum gestört. So sind fast 300 000 Meter Film von ungestellten Szenen in den verschiedenen ethnischen Gruppen belichtet und für das humanethologische Filmarchiv der Max-Planck-Gesellschaft zusammengetragen worden. Es ist bei weitem das umfangreichste der Welt.

133

Subtile Ermutigu

Zur Körpersprache beim Flirten

Die Evolutionsbiologie und mit ihr die von »EE« begründete Humanethologie gehen davon aus, daß zwischen Frauen und Männern nicht nur die unübersehbaren äußeren Unterschiede bestehen, sondern auch solche in der Steuerung des Verhaltens. Besonders deutlich sollte das, so die Hypothese, in solchen Lebenssituationen zum Ausdruck kommen, die mit Sexualität und Partnerwahl zu tun haben. Für Frauen, die im Schnitt eine wesentlich höhere körperliche und emotionale Investition in ihre Nachkommen leisten, ist es nach diesen Annahmen sinnvoll, besonders selektiv zu sein und den Partner auch danach auszusuchen, ob er ein effizienter und verläßlicher Helfer beim Großziehen der Kinder sein wird.

Rechte Seite: Eine junge Himba-Frau wird von einem Mann angesprochen. Sie reagiert mit dem typischen weltweit zu beobachtenden Verlegenheitsverhalten. Sequenzen dieser Art sind sehr häufig Bestandteil weiblichen Flirtens

Kontaktanbahnungen zählen zu den kompliziertesten Momenten des sozialen Lebens. Angeborenermaßen verspürt der Mensch einem unbekannten Mitmenschen gegenüber eine gewisse Scheu und will ihn folglich zunächst in entsprechender physischer Distanz wissen, betont Irenäus Eibl-Eibesfeldt. Als ontogenetischer Baustein gilt die naturwüchsig entstehende Achtmonats-Angst bei Säuglingen (vgl. das Kapitel »Hier bin ich, wo bist du?«). Kontaktanbahnungen sind entsprechend gekennzeichnet von ambivalenten Gefühlen, weil dem Wunsch nach Abgrenzung das Bedürfnis nach sozialer Nähe gegenübersteht. Diese Mischung aus zwei gegensätzlichen Emotionen kann, wie auch in der Bildserie auf der nächsten Seite deutlich wird, zu einer gleichzeitigen Überlagerung unterschiedlicher mimischer und gestischer Ausdrucksmuster führen. Ein an sich zum Kontakt auffordernedes Lächeln kann zum Beispiel »verbissen«, das heißt in seiner Wirkung zurückgenommen oder ganz neutralisiert werden. Oder die betreffende Person verbirgt den lächelnden Mund und damit das Signal des freundlichen Interesses am anderen. In diesen Fällen drücken sich die gegensätzlichen Emotionen gleichzeitig aus, in anderen erfolgt die Überlagerung hintereinander, erst das Lächeln mit Blickkontakt als Zeichen der Zuwendung, dann das Wegdrehen des Kopfes und eventuell andere Zeichen der Abkehr. Stets besteht auch die Angst vor einer möglichen Zurückweisung. Sie bewegt denjenigen, der den Kontakt aktiv sucht. Überall im Tierreich übernimmt jenes Geschlecht den Hauptanteil der Annäherung, das die geringere Investition in den Nachwuchs leistet. Meist ist es das männliche Geschlecht, und auch bei Homo sapiens scheint die Rollenverteilung klar: Den Kontakt aktiv initiieren, ist Aufgabe des Mannes.

Es sind vor allem körpersprachliche Signale, die den Verlauf einer Anbahnung regeln. Signale, die Kontakte einleiten, die ein allzu schnelles Vorgehen abblocken, die Ängste vor einer möglichen Zurückweisung nehmen. Inzwischen ist der Mythos überholt, Frauen seien passiv, abwartend und Männer forcierten draufgängerisch die zwischengeschlechtlichen Begegnungen. Zahlreiche (wohlgemerkt wissenschaftliche) Beob-

ng

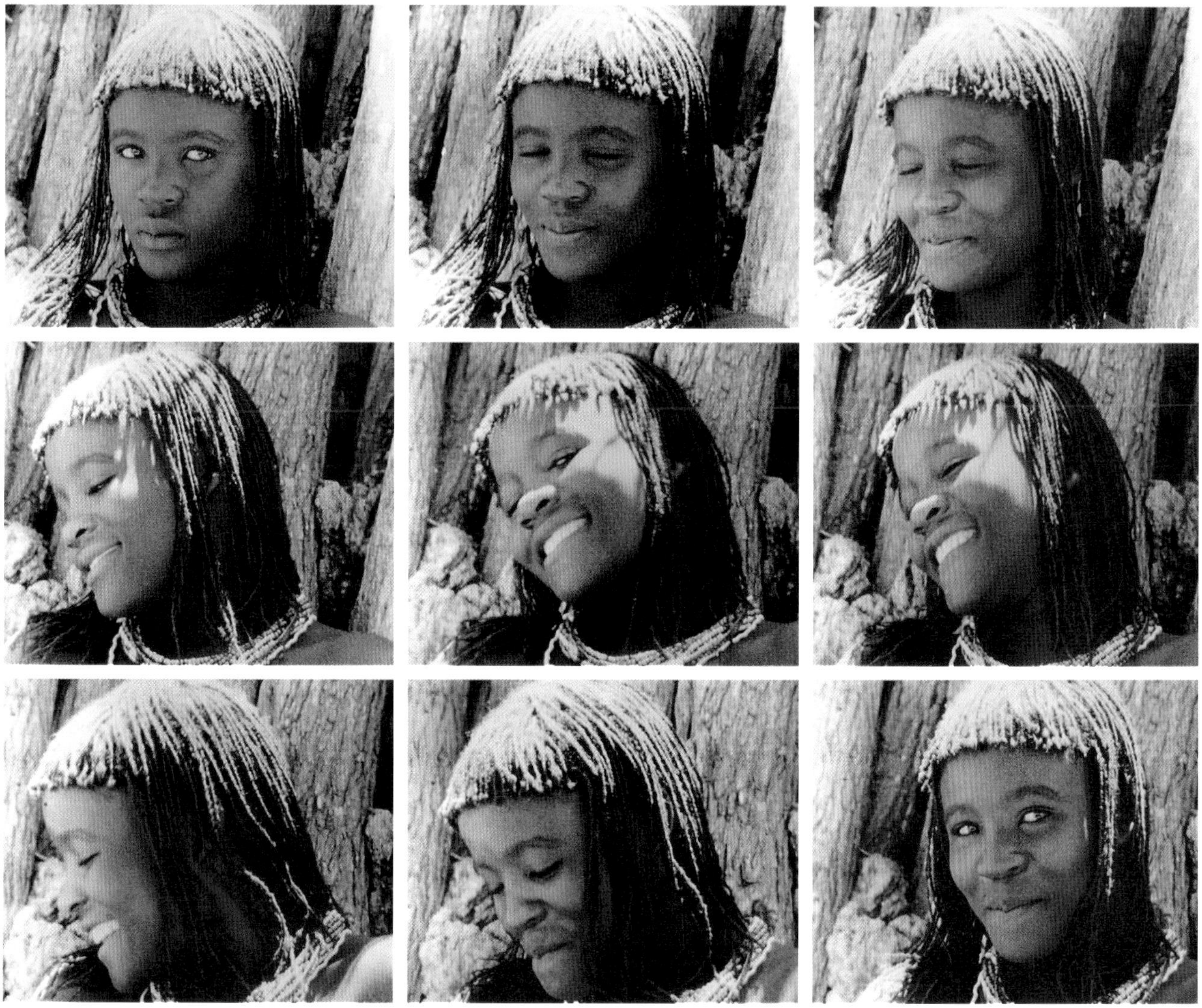

achtungen in Bars und Diskotheken führten zu einem gänzlich anderen Bild: Männer, wenngleich sie aktiv den Kontakt beginnen mögen, orientieren sich nicht nur an vorangegangenen weiblichen Aufforderungssignalen seitens der Frau. Sie benötigen sie vielmehr, um den schwierigen Schritt zu wagen, um ahnen zu können, daß eine Zurückweisung weniger wahrscheinlich ist. Kontaktauffordende Signale sind überwiegend aggressionshemmender, wenn nicht sogar submissiver Natur, und sie können in allen Kulturen gleichermaßen beobachtet werden.

Man weiß inzwischen, welche Verhaltensmuster Männer zum Kontakt »verleiten«. Offen blieb bislang jedoch die Frage nach deren spezifischer Wirkung. Ungeklärt ist auch die Frage, welche Signale Männer überhaupt registrieren, wie sie diese interpretieren, und ob Frauen so empfinden wie Männer. Aufgrund methodischer Schwierigkeiten sind Fragen dieser Art schwierig zu beantworten. Beobachtungen unter natürlichen Bedingungen haben den Vorteil, daß erforscht wird, wie sich der Mensch in ungezwungener Atmosphäre verhält. Feldstudien weisen indes Lücken auf. Ein Wissenschaftler, der beispielsweise in einer Bar erforscht, wie andere Kontakt anbahnen, weiß nach seinen Beobachtungen zwar, wie sich Frauen verhalten und ob und wann und nach welchen von ihm beobachteten Signalen eine Annäherung der Männer stattfindet. Weitgehend verborgen wird ihm jedoch die Wirkung der einzelnen Signale bleiben, denn die meisten inneren Regungen der männlichen Barbesucher bleiben unerkannt.

Die Klärung dieser Fragen erfordert ein Experiment, dessen Aufbau und Gestaltung eine systematische Beziehung zwischen weiblichem Signal und männlicher Reaktion herstellen läßt. Im Rahmen eines von der Deutschen Forschungsgemeinschaft geförderten Projekts zu Kontaktanbahnungen drehten wir einen sechsminütigen Film. Zu sehen war eine Frau, die alleine an der Theke saß. Es handelte sich um eine junge Schauspielerin, die unter anderem Verlegenheitslächeln, Blicke unterschiedlicher Dauer, Nackenpräsentieren und andere Signale aussandte, die sie sorgfältig vorher studiert und eingeübt hatte. Im Film wandte sie sich in Nahaufnahmen direkt an den Betrachter.

Insgesamt nahmen 103 männliche Studenten im durchschnittlichen Alter von 24 Jahren an diesem Experiment teil. Sie sahen den Film mit lebensgroßem Abbild auf der Leinwand in einem verdunkelten und von Bargeräuschen durchdrungenen Raum. Zunächst sollten sie per Knopfdruck den Zeitpunkt angeben, zu dem sie sich der weiblichen Kontaktaufforderung gänzlich sicher waren.

Männer, so die Resultate, sind sich nicht darüber einig, ab wann bei einer Frau Interesse vermutet werden darf. 73 Prozent der Probanden fällten ihre Entscheidung unmittelbar nach einem entsprechenden Aufforderungssignal. 27 Prozent betätigten den Knopf weniger spontan, irgendwann zwischen den Signalen. Es handelte sich hierbei um Männer, die sich signifikant von den »Spontandrückern« unterschieden: Sie waren älter, bezeichneten sich selbst als weniger kontaktfreudig und gaben größere Hemmungen im Umgang mit Frauen an. Im übrigen beeinflußte auch die weibliche Anziehungskraft die männliche Reaktion. Je attraktiver, interessanter und erotischer die Frau für die Männer war, desto unmittelbarer und spontaner reagierten sie auf die einzelnen Signale. Um zur Überzeugung zu gelangen, daß eine Frau Kontakt wünscht, benötigen schüchterne Männer eindeutig mehr weibliche Aufforderungssignale als Männer, die eigenen Angaben zufolge keine Hemmungen verspüren, sich einer Frau zu nähern.

Ambivalenz zwischen Zuwendung und Abkehr bei einem Agta-Mädchen auf den Philippinen,...

Ziel des nächsten Versuchsabschnitts war die Klärung der Frage, wie genau die Wirkung weiblichen Verhaltens gestaltet ist. Die Probanden sahen sich den Film noch einmal von vorne an und bewerteten diesmal alle wahrgenommenen körperlichen Verhaltensweisen mit einem Handhebel. Von einer spürbaren Nullstellung aus sollten sie den Hebel in gradueller Abstufung nach vorne bewegen, sobald sie freundliches und aufforderndes Verhalten wahrnahmen. Entsprechende Rückwärtsbewegungen signalisierten Abblockung und Zurückweisung. Es handelt sich bei dieser Methode um ein sehr geeignetes Verfahren. Die zeitliche Verzögerung der Hebelbewegung auf ein wahrgenommenes Signal schwankte nur zwischen 0,5 und 1,5 Sekunden.

Die heftigsten Reaktionen riefen Anblicken und Lächeln hervor. Sie sind offenbar die effektivsten Aufforderungssignale. Dazu kommen: Oberkörperbewegung, Schrägstellen des Halses, Spiel mit den Haaren, Kleiderrichten und Berührungen des eigenen Körpers. Negativ zu interpretierende Verhaltensweisen wie das allmähliche oder gänzliche Wegdrehen des Kopfes oder Körpers, registrierten Männer zwar entsprechend als Abweisung, schienen diese jedoch nicht besonders ernst zu nehmen. Gleichgültig, wie lange und intensiv sie mit Signalen der Abblockung konfrontiert wurden, zu keinem Zeitpunkt kam in ihnen die Vermutung auf, hier könne etwa Desinteresse vorliegen.

33 Frauen im durchschnittlichen Alter von 23 Jahren dienten als Kontrollgruppe. Unter gleichen Bedingungen bewerteten auch sie das Verhalten der im Film gezeigten Frau. Wir erwarteten einen deutlichen Geschlechtsunterschied in der Beurteilung des Films, denn aus der wissenschaftlichen Literatur weiß man inzwischen, daß eine geschlechtsspezifische Wahrnehmung weiblicher Körpersprache zwischen Mann und Frau zu Mißverständnissen führt. Unsere Hypothesen blieben jedoch während des ersten Versuchsabschnitts unbestätigt. Die weiblichen und männlichen Teilnehmer unterschieden sich hinsichtlich der Frage, ab wann man bei einer Frau Signale einer Kontaktaufforderung vermuten darf, nicht merklich. Erst die Hebelbewegungen enthüllten den erwarteten Geschlechtsunterschied: Frauen sind zwar prinzipiell Männern in der Entschlüsselung der Körpersprache überlegen, wie Judith Hall 1984 in ihrem Standardwerk festgestellt hat; doch in unserer Aufgabenstellung erkannten sie weniger Verhaltenselemente des typischen Flirts als Männer. Es waren eigentlich nur die Blicke und das Lächeln, die Frauen im Dienste zwischengeschlechtlicher Annäherung als bedeutsam einstuften.

Frauen senden also zwar eine ganze Reihe von typischen Flirtsignalen, sind sich dessen aber offenbar nicht in vollem Umfang bewußt. Männer andererseits erkennen auch solche Signale, die Frauen in dem Testfilm nicht wahrnahmen und möglicherweise auch in realen Situationen nicht bewußt senden. Mißverständnisse sind also vorprogrammiert.

Warum existieren diese Unterschiede? Eine mögliche Antwort gibt die Evolutionsbiologie. Männer schlagen aus ihrer übersteigerten Wahrnehmung weiblicher Körpersprache vermutlich Profit, sie benötigen ja möglichst viele positive Signale zur Ermutigung. Aufforderndes Verhalten, selbst unbewußt gesandt, gereicht indes auch Frauen zum biologischen Vorteil, denn so wird das männliche Geschlecht in verstärkten Wettbewerb versetzt. Die Frauen als Vertreterinnen des selektiven Geschlechts können dadurch den interessiertesten, freundlichsten, klügsten, originellsten, reichsten, stärksten, kurz den begehrenswertesten unter den verfügbaren Partnern ermitteln.

...das Lächeln wird dabei häufig maskiert. Entweder durch Verdecken des Mundes oder durch Abwenden des Kopfes

Stadtethologie

Forschungen zum Verhalten in Ballungsräu

Viele Tiere haben genaue Baupläne im Kopf und präzise Vorstellungen vom Material, das sie bei der Herstellung ihrer Wohnung verwenden sollten. Wir Menschen haben dagegen kein »Urhaus«, keine genetisch festgelegte Bauanleitung. Das war ein gewaltiger Vorteil, denn nur so konnten unsere Vorfahren auf dem Weg aus der afrikanischen Savanne in die unterschiedlichsten Regionen der Erde praktisch alle Klima- und Höhenzonen erfolgreich besiedeln, von den Anden zum tropischen Regenwald und dem Eis der Arktis. Auch bezüglich unserer Wohnung sind wir also ungeheuer flexible Tiere und nutzen geschickt Material, das sich in der jeweiligen Gegend findet. So entstehen wohnliche Höhlen, Baumhäuser, Pfahlbauten, Holz- und Steinhäuser der unterschiedlichsten Form.

Urhaus-Charakter dagegen haben unsere biopsychologisch begründeten Ansprüche an

Das Leben des Menschen hat sich in den letzten beiden Jahrhunderten in zunehmendem Maße vom Lande in die Stadt verlagert. In Deutschland ging die Landbevölkerung zwischen 1800 und 1925 von 75 Prozent auf 22,8 Prozent zurück. 1982 betrug ihr Anteil nur noch 15,4 Prozent. Ähnliche Entwicklungen zeichnen sich in anderen Industriestaaten ab, aber auch in den Entwicklungsländern. Von 1950 bis 1978 verdoppelte sich die städtische Bevölkerung der Welt. Hält der augenblickliche Trend an, wird man bis zum Jahre 2000 mit einer weiteren Verdoppelung rechnen müssen. Dann wird nicht nur die Mehrheit unseres Landes, sondern die der ganzen Welt in Städten leben. Die Stadt zieht die Menschen wegen der beruflichen Möglichkeiten an, aber auch weil sie Unterhaltung, kulturelle Entfaltungsmöglichkeiten und Schutz vor der sozialen Kontrolle und dem starken Normierungsdruck der dörflichen Gesellschaft bietet.

Die Stadt wird damit, zumindest was die Wahl des Wohnorts anbetrifft, zum bevorzugten Lebensraum. Diese neue Umwelt hat aber auch negative Eigenschaften. Dazu gehören die anonyme Massengesellschaft, das Fehlen von Natur und das Vorherrschen menschengeschaffener Strukturen, der Straßenverkehr und eine Reihe von anderen Belastungen durch Umweltverschmutzung und Lärm. Das hält den Menschen zwar nicht davon ab, in die Stadt zu ziehen, aber an den Wochenenden flieht er sie. Die Begleiterscheinungen dieser allwöchentlichen Blechlawine ins städtische Umland, zu den Ferienhäusern und in die Erholungsgebiete mit Wäldern, Seen und Bergen sind sattsam bekannt. Die Wochenendflucht ist ein Hinweis darauf, daß die Stadt bestimmte Bedürfnisse des Menschen nicht oder nicht ausreichend erfüllt.

Ein weiteres, bisher zu wenig beachtetes Indiz dafür ist das hohe Geburtendefizit. In der Stadt werden weit weniger Kinder geboren als auf dem Land. Die Stadt lebt demgemäß vom Zuzug. Sie ist auf Generationen gerechnet das genetische Grab ihrer Bewohner. Das mag solange akzeptabel sein, wie die Mehrzahl der Menschen auf dem Lande lebt und von dort eine ausreichende Zuwanderung erfolgt. Der Zustand wird dann demographisch problematisch, wenn die Mehrzahl der Staatsbürger städtisch lebt, wie es augenblicklich der Fall ist, und kein Zuzug zu erwarten ist.

Die humanethologische Forschung der letzten zwanzig Jahre hat gezeigt, daß der Mensch mit angeborenen Verhaltensprogrammen und Wahrnehmungsweisen ausgestattet ist, die sich als stammesgeschichtliche Anpassungen in jener Zeit entwickelten, in der er als steinzeitlicher Jäger und Sammler in kleinen Verbänden lebte. In den letzten etwa 10 000 Jahren erfolgte eine sprunghafte Entwicklung von der Steinzeit in die technisch zivilisierte Welt. Der Mensch schuf die Großstadt und damit, wie Irenäus Eibl-Eibesfeldt und Hans Hass 1985 feststellten, eine Umwelt, für die er eigentlich nicht gemacht ist. Wir haben uns zwar kulturell geändert, nicht aber biologisch. Wir sind als Kleingruppenwesen »konzipiert«; in unserer Emotionalität und anderen uns angeborenen Programmierungen unterscheiden wir uns nicht von unseren steinzeitlichen Vorvätern. Nun können angeborene

Baumhaus auf der Vogelkopf-Halbinsel West-Neuguineas. Bei emporgezogenen Steighilfen und vor der Einführung von Stahläxten waren diese luftigen Festungen ein sehr guter Schutz gegen Feinde

139

Verhaltensdispositionen zwar durch Erziehung unterdrückt oder auf andere Weise individuell verändert werden (dies ist oft der einzig mögliche Weg für eine Neuanpassung) doch sind Verhaltensmodifikationen meist kurzfristig, weil sie nicht erblich sind. Außerdem scheinen ihnen Grenzen gesetzt, wie besonders das Verhalten der Großstadtmenschen zeigt. Wenn wir uns zwingen, allzusehr gegen unsere Natur zu leben, schädigen wir uns physisch und psychisch, mit ernsten Gefahren für unser Überleben in den nachfolgenden Generationen.

Demnach stellt sich uns die Aufgabe, unsere Stadtumwelt so zu gestalten, daß sie auch unseren angeborenen Bedürfnissen entspricht. Einige kennen wir mittlerweile, so das Bedürfnis nach Naturnähe und nach dem Eingebundensein in einen Kleinverband uns persönlich bekannter Menschen. Im belebten Zentrum einer Großstadt dagegen kann man 100 000 Menschen in zwanzig Gehminuten begegnen! Ein krasser Gegensatz zur Kleingruppe. Man muß sich wundern über unsere mentale und emotionale Flexibilität, denn sonst würden wir noch viel mehr an unserer urbanen Umwelt leiden.

Wir wissen also heute um wesentliche Aspekte unserer Vorprogrammierungen, doch sind wir weit davon entfernt, die Biologie unseres Verhaltens voll erfaßt zu haben. Insbesondere um das Verhalten des Menschen in der Stadt zu verstehen und Fehlentwicklungen entgegenzuwirken, bedarf es langfristig angelegter Untersuchungen. Anonymität, Mobilität und der Einfluß der ökologischen Bedingungen der Großstadt auf das Verhalten von Menschen stellen uns vor völlig neue Probleme. Sie sind das Aufgabengebiet des jüngsten Zweiges der Humanethologie: der Stadtethologie oder urbanen Ethologie.

In traditionellen Kulturen baut man sich sein Haus selbst. Für das Dach (oben: Trobriand, unten links: Eipo) sowie für Pfosten und Verstrebungen (unten rechts: Eipo) werden ausschließlich Pflanzen verwendet

Die Stadtethologie formuliert Hypothesen über das Verhalten der Menschen in stark verdichteten Lebensräumen, wie sie für unsere Großstädte typisch sind. Dabei bezieht sie sich, wie vom Autor 1992 beschrieben, auf evolutionsbiologische, insbesondere humanethologische Theorien und nutzt vorzugsweise humanethologische Methoden, insbesondere die (eventuell video- oder filmunterstützte) Beobachtung des tatsächlichen Verhaltens der Menschen im Alltag, außerdem experimentelle Techniken und Interviewmethoden.

Beobachtungen aus unserem früheren Forschungsprojekt (vergleiche die Publikation von W. Schiefenhövel, K. Grammer und I. Eibl-Eibesfeldt 1988) zeigen, daß die Identifikation mit der Wohnung und ihrem Umfeld sowie die Existenz sozialer Beziehungen der Bewohner untereinander wichtige Faktoren für die Wohnzufriedenheit darstellen. Gleichzeitig reduzieren diese Faktoren Kriminalität und Vandalismus vor Ort. Diese beiden negativen Begleiterscheinungen städtischer Wohnbedingungen sind vor allem dort zu beklagen, wo die Menschen sich nicht kennen, wo also hohe Anonymität herrscht. Das läßt sich, wie Grammer und Atzwanger 1992 gezeigt haben, anhand biomathematischer Verhaltensmodelle nachvollziehen: Die Bereitschaft zu Kooperation hängt in erster Linie davon ab, wie wahrscheinlich zukünftige Interaktionen zwischen den Partnern sein werden: Ist die Wahrscheinlichkeit hoch, ist es die Kooperationsbereitschaft ebenfalls; wenn man nicht damit rechnen muß, daß man den Partner bald wieder trifft, sinkt der Wille zu sozialem Kontakt und Gemeinsamkeit.

Eine Möglichkeit wäre nun, die Interaktionsfrequenzen zwischen den Bewohnern durch bauliche Maßnahmen zu erhöhen. Es hat sich nämlich herausgestellt, daß Architekten mit den Plätzen in den Wohnanlagen »Bühnen der Begegnung« schaffen und daß man über deren sozialintegrative Wirkung die Kommunikation erhöhen kann. Eine interessante, bisher noch nicht letztlich beantwortete Frage ist allerdings, inwieweit und ob überhaupt Identifikation und soziale Kohäsion in Wohnanlagen durch bauliche Maßnahmen erzeugt oder beeinflußt werden können. Allerdings sprechen die Anzeichen dafür, daß dies möglich ist.

Neue stadtethologische Untersuchungen sind in solchen Wohnanlagen geplant, die sich baulich dadurch unterscheiden, daß die Kommunikation mehr oder weniger gefördert wird, und die außerdem unterschiedliche Benutzerfrequenzen in den öffentlichen Bereichen aufweisen. Durch diese Untersuchung können Zusammenhänge zwischen Wohnung und Wohnzufriedenheit erschlossen werden. Denn man kann davon ausgehen, daß eine höhere Zufriedenheit mit den Wohnbedingungen zu vermehrten Kontakten der Bewohner untereinander führt. Das reduziert die Anonymität und kann, in einer neuen Bedingungsschleife, wiederum dazu beitragen, daß sich die Menschen dort wohler fühlen.

An der Problematik des Lebens in der Großstadt lassen sich Grundlagenforschung und praxisnahe Forschung verbinden. Wir hoffen einerseits, biologisch begründete Theorien überprüfen und andererseits, Basisdaten für den weiteren Diskurs zwischen Architekten, Soziologen, Umfrageforschern, Humanökologen und Stadtethologen beisteuern zu können. Denn Ziel der Stadtethologie ist es, die Auswirkungen der Wohn- und Lebensbedingungen in den städtischen Ballungszentren zu erfassen, die Zusammenhänge zwischen der bebauten Umwelt und dem Verhalten sowie dem Wohlbefinden der Menschen zu erforschen und auf der Grundlage dieser Erkenntnisse Vorschläge zu erarbeiten für eine menschengerechtere Architektur und Stadtplanung.

Überall haben Menschen gern Pflanzen um sich, selbst in den Betonbauten der Großstadt, wie hier in Hongkong. Diese »Phytophilie« ist biologisch verankert: Der Urmensch lebte mit und von Pflanzen

unser Heim. Wir haben den tiefverwurzelten Wunsch, beschützt, geborgen, eben »behaust« zu sein, auch wenn es nur mittels einer Wand aus Stroh oder Reispapier oder eines Dachs aus Blättern geschieht. Dieses umgrenzte Territorium, von der Familie errichtet und verteidigt, wird entsprechend psychischer und sozialer Bedürfnisse gestaltet. Auch die Siedlungen der Menschen wurden lange Zeit durch archaische Muster bestimmt. Mitte der 80er Jahre entwickelte »EE« im Auftrag seiner Heimatstadt Wien Vorstellungen, wie die städtische Wohnung und das Ballungsgebiet Großstadt unseren eigentlichen Bedürfnissen besser angepaßt werden kann.

Das »Böse«

Bedingungen menschlicher Aggression

Die kriegerischsten Kulturen, bei denen »EE« seit Beginn seiner Feldforschungsaufenthalte im Jahre 1970 immer wieder zu Gast war, sind die Yanomami am oberen Orinoco in Venezuela und die Eipo im Bergland von West-Neuguinea; 20 bis 25 Prozent aller Männer in diesen Gesellschaften sterben eines gewaltsamen Todes. Das ist weit mehr als in den Industrienationen, selbst wenn man die Zeiten einrechnet, in denen es in den Weltkriegen mit seinen Massenvernichtungsmitteln hohe Verluste gegeben hatte.

Die normalerweise freundlichen und zugewandten Menschen können, wenn sich Konflikte aufschaukeln, sehr aggressiv werden und sind dann im Zustand höchster

Rechte Seite: Nächtlicher Kampf in Munggona. In höchster Erregung versucht der Krieger, einen der Gegner zu treffen. Aus nichtigem Anlaß werden bisweilen Bewohner des eigenen Dorfes getötet

Wann immer ein Individuum oder eine Gruppe von Individuen sich mit Hilfe physischer Kraft oder Drohung Dominanz über andere verschafft, sind wir mit Aggression konfrontiert. Die innerartliche oder intraspezifische Aggression ist im Tierreich ein weitverbreitetes Phänomen, sie entwickelte sich aus der Konkurrenz um begrenzte Ressourcen wie Nahrung, Geschlechtspartner oder Territorien. Ferner findet man präventive Aggression als Mittel der Verteidigung, beispielsweise wenn Muttertiere ihre Jungen verteidigen. Intraspezifische Aggression ist oft ritualisiert, so daß die Gegner das Risiko körperlicher Verletzungen niedrig halten können. Der Verlierer hat die Möglichkeit, dem Kampf ein Ende zu setzen, indem er eine Demutsstellung einnimmt, die weitere aggressive Handlungen seitens des Siegers blockiert.

Individuelle Aggression muß unterschieden werden von Aggression zwischen Gruppen. Zwischengruppenaggression, die wir auch Krieg nennen können, gibt es nur bei nichtmenschlichen und menschlichen Primaten sowie bei manchen Nagerarten, etwa der Wanderratte. In jüngster Zeit hat Jane Goodall Aggression zwischen Schimpansengruppen festgestellt, die in weitgehend geschlossenen Verbänden leben, deren Männchen miteinander verwandt sind. Diese patrouillieren entlang der Grenzen ihres Territoriums und attackieren Mitglieder anderer Gruppen. Sie beißen und töten sie unter Umständen auch.

Auch beim Menschen gibt es Aggression zwischen Individuen, so bei Rangkonflikten und beim Rivalisieren um Geschlechtspartner sowie zwischen Gruppen. Für derlei aggressive Auseinandersetzungen sind wir Menschen mit einer Anzahl stammesgeschichtlicher Anpassungen ausgestattet. So sind die fundamentalen Ausdrucksformen des Drohverhaltens in der Mimik des Gesichts und der Körperhaltung menschliche Universalien; das heißt, wir können sie in allen Kulturen beobachten. Homologien dazu findet man bei Schimpansen und anderen nichtmenschlichen Primaten. Drohender Gesichtsausdruck zum Beispiel ist ein angeborenes Signal, und seine Bedeutung wird universal verstanden. Etliche Verhaltensweisen stehen im Dienste der Aggressionsabblockung.

143

Eine Frau war getötet worden, weil sie angeblich den Tod eines Kindes durch bösen Zauber verursacht hatte. Noch gegen ihre Leiche richtete sich die Aggression. Man schleifte sie durch einen Bach, Buben schossen auf sie

Erregung bereit, den Gegner physisch anzugreifen. Wir haben Fälle gesehen, in denen Frauen so in Rage gerieten, daß sie ihre Ehemänner verletzten oder als aufgebrachte Gruppe einem Missetäter in das für sie eigentlich verbotene Männerhaus folgten, wo auch die anwesenden männlichen Insassen Respekt vor ihnen zeigten. In den allermeisten Fällen sind es jedoch, wie in allen anderen Kulturen einschließlich unserer eigenen auch, die Männer, deren Bereitschaft zu aggressiver Handlung freigesetzt wird, so daß es zu Tätlichkeiten, Totschlag oder Krieg kommt.

Weinen zum Beispiel ruft Mitgefühl und Mitleid hervor. Selbst Neugeborene reagieren auf vorgespielte Tonaufnahmen von Kinderweinen – nicht aber auf andere Laute – selbst mit Weinen. Eine andere Strategie der Aggressionsabblockung ist die Drohung, den sozialen Verkehr abzubrechen. Für uns Menschen, die wir so sehr auf den Kontakt zu anderen angewiesen sind, ist eine derartige Androhung besonders gravierend.

Es ist wichtig zu begreifen, daß, im Gegensatz zu Meinungen in mehr romantisch verklärten anthropologischen Veröffentlichungen, Menschen nicht notwendigerweise friedlich werden, wenn sie in einer warmen familiären Umgebung mit Liebe, Zuneigung und Körperkontakt aufgezogen werden, und daß sie aggressiv und kämpferisch werden, wenn ihnen dieses Umsorgtsein fehlt. In zeitgenössischen Kriegerkulturen behandeln sowohl Mütter als auch Väter ihre Kinder mit ausgesprochen großer Fürsorge und Liebe, dennoch wachsen die Söhne zu wilden Kriegern heran. Wenn Kinder in warmer und liebevoller Atmosphäre groß werden, identifizieren sie sich mit ihren Eltern und ihrer Gruppe und sind daher bereit, die dort geltenden Werte und Ideale zu übernehmen, seien sie nun heroischer oder pazifistischer Art.

Was die Motivation betrifft, so ist klar, daß aggressives Verhalten nicht bloß eine Reaktion auf externe Faktoren ist, denn die Reaktionsbereitschaft zeigt Schwankungen, die nicht allein der jeweiligen erregenden Ursache zugeschrieben werden können. Eine Anzahl innerer Faktoren trägt zur aggressiven Motivation bei. Wir wissen zum Beispiel, daß die männlichen Hormone eine anstachelnde Rolle spielen. Erfolg in wirklichen oder symbolischen Kämpfen wie beim Sport oder in Prüfungen bewirkt beim Mann einen Anstieg des Testosterons. Damit existiert also ein eingebauter Belohnungsmechanismus für das Siegen, der jedoch nicht wie bei der Nahrungsaufnahme oder beim Geschlechtsverkehr durch Trieberfüllung zum Erlöschen gebracht wird. Dies erklärt, warum der Drang zu Macht und militärischer Überlegenheit bei manchen Männern außer Kontrolle gerät, so daß sie sich nach ersten Erfolgen »zu Tode siegen« und schließlich im Desaster enden. Aggressive Motivation unterliegt außerdem dem Einfluß spontaner Aktivität bestimmter Neuronenfelder im Gehirn und der Wirkung von Neuropeptiden, Überträgerstoffen im Zentralnervensystem. Das heißt natürlich nicht, daß wir Menschen von einem unentrinnbaren Aggressionstrieb beherrscht werden, aber es bedeutet, daß die motivierenden Faktoren des inneren Milieus ebenfalls eine Rolle spielen, daß also sowohl externe als auch interne Faktoren berücksichtigt werden müssen.

Auch beim Menschen steht die Aggression im Dienste verschiedener Funktionen. Konrad Lorenz gab seinem Buch den genialen Titel »Das sogenannte Böse«. Aggression kann »böse« sein, gewiß, aber als »moralische Aggression«, als Empörung hat sie auch positive Seiten. Wann immer eine zielgerichtete Handlung von einem Hindernis blockiert wird, wird aggressive Energie freigesetzt, um es zu überwinden, falls nötig durch Gewalt. Wir »attackieren« ja nicht nur physische, sondern auch geistige Probleme und »verbeißen« uns in sie, ein weiterer positiver Aspekt der Aggression. Dieser Punkt kann nicht genug betont werden, denn oft wird Aggression einzig als ein Erzübel angesehen. Aus dieser Sichtweise heraus glaubte man, Kinder so aufziehen zu müssen, daß sie keinerlei aggressive Motivation besitzen. Dies würde aber dem betreffenden Kind großen Schaden zufügen, denn es wäre damit wehrlos. Menschen müssen sich schließlich auch gegen Ungerechtigkeit, gegen Unterdrückung und Tyrannei wehren können.

Eine organisierte Form menschlicher Aggression ist der Krieg. Die kürzlich bei Schimpansen entdeckte Form von Intergruppen-Aggression weist auf biologische Vorläufer hin. Aber als strategisch geplante und konzertierte Form von Gruppenaggression, mit Waffen geführt, die über weite Entfernungen töten können (so kommen mitleiderregende Signale nicht zum Tragen) und die primär auf die Vernichtung des Feindes abzielt, muß der Krieg als ein Ergebnis der kulturellen Evolution angesehen werden. Angeborene Dispositionen spielen dabei natürlich eine wichtige Rolle. Auch läßt sich bei Menschen, insbesondere Männern, leicht aggressive Erregung erzeugen, etwa durch Appell an die Gruppenloyalität. Außerdem wirkt die Indoktrination durch Propaganda leider überall ausgezeichnet: der Feind wird dehumanisiert, als Tier abklassifiziert. So werden Konflikte künstlich auf eine zwischenartliche Ebene verlagert, wo das Töten von keinerlei Gewissensbissen begleitet ist, sondern sogar als sportlich oder tugendhaft angesehen wird. Selbst »zivilisierte« Nationen handeln noch immer auf ähnliche Weise.

Dem biologischen Normenfilter, der gebietet »Du sollst nicht töten!«, kann ein kultureller Filter vorgeschaltet sein, der das Töten von Feinden als heroische Tat glorifiziert. Das hat im Laufe der Menschheitsgeschichte unglücklicherweise ziemlich gut funktioniert, und mörderische Überfälle und Kriege haben seit Jahrtausenden traditionelle Gemeinschaften heimgesucht. Bis zu den späten sechziger Jahren war die Annahme verbreitet, daß der Krieg erst mit der Einführung des Garten- und Ackerbaus in die Welt gekommen sei, und daß Jäger und Sammler nichtterritorial lebende, friedfertige Gemeinschaften seien. Die Forschungen der letzten Jahrzehnte zeigen, daß dies ein Mythos ist. Schon auf Felsmalereien aus der Steinzeit und auf solchen der Buschleute in Südafrika sind kämpfende Krieger dargestellt.

Um das Phänomen der Gruppenaggression beim Menschen zu verstehen, ist es wichtig zu erkennen, daß wir Menschen gegenüber Mitmenschen prinzipiell ambivalente Gefühle haben. Wohl reagieren wir mit freundlich affiliativem Verhalten auf andere, aber auch mit Furcht und agonalen Reaktionen. Wir fürchten Dominanz, neigen aber auch dazu, selbst zu dominieren, sobald wir beim Gegenüber Schwäche wahrnehmen. Agonale, das heißt für eine aggressive Auseinandersetzung vorbereitende Empfindungen, ebenso wie affiliative, das heißt freundliche Gefühle werden vom Mitmenschen in uns ausgelöst. Dabei werden furchterregende und aggressive Signale interessanterweise durch persönliche Bekanntschaft abgeblockt.

Der Krieg als solcher ist gewiß nicht in unseren Genen verankert. Er war jedoch eine sehr effektive Strategie konkurrierender Gruppen zur Erlangung und Verteidigung begrenzter Ressourcen. Mit der Erfindung zunehmend destruktiverer Waffen wurde er allerdings zu einer hochriskanten Strategie, wobei glücklicherweise, wie ja auch im Zweikampf, das Wettrüsten Hand in Hand ging mit verstärkter Ritualisierung durch Konventionen.

Aber noch ist die Lage gefährlich angesichts des weltweiten nuklearen Potentials, auch wegen der sogar mitten in Europa unvermutet aufflammenden Konflikte. Wir müssen nach Frieden streben, und Frieden ist möglich, vorausgesetzt, daß wir Modalitäten entwickeln, die jene Aufgaben regeln, die bisher vom Krieg erfüllt wurden: die Sicherung lebensnotwendiger Ressourcen und des Wunsches nach Wahrung eigener ethnischer Identität. Und das ist nur durch gesellschaftliche oder politische Verträge möglich.

In Rotanpanzern laufen die Krieger zum Grenzfluß, wo der Erbfeind aus dem Nachbartal gerade einen Angriff begonnen hat. Der Bub links antwortete auf Befragen, daß es keine Panzer in seiner Größe gebe, doch Sterben im Kampf sei nicht schlimm

Ist es nicht sehr gefährlich, in solchen Gemeinschaften zu leben, wird oft gefragt. Die möglicherweise überraschende Antwort ist »nein«. Natürlich kann man mit einem der Dorfbewohner in Streit geraten. Dann kommt es darauf an, wieviel Risiko man einzugehen bereit ist in der Verfolgung seiner subjektiv als beeinträchtigt empfundenen Rechte. Keinem von uns ist jedoch jemals von einem Einheimischen ernsthaft physisches Leid angetan worden. Insbesondere bezüglich der kriegerischen Aktivitäten ist man weitgehend ungefährdet. Denn die Gruppe A kämpft, meist seit Generationen schon, gegen B, und in diese Konstellation paßt man als X gar nicht hinein. So konnten wir 1976 denn auch auf »EEs« Wunsch ohne größere Schwierigkeiten das Tal der Feinde besuchen, obwohl der Krieg noch nicht beigelegt war. Wir hatten den Status neutraler Besucher und waren dadurch geschützt.

Angst und Angst

Vom Fratzenschneiden und Schamweisen

Die Kulturgeschichte muß entscheiden, warum in verschiedenen Kulturen ähnliche Formen künstlerischen Ausdrucks entstehen. »EE« wandte die Kriterien der vergleichenden Formenlehre, einer biologisch-anatomischen Disziplin, an. Ein Beispiel: Männchen einiger Affenarten haben Erektionen, die unabhängig von sexueller Motiviation Zeichen der Wehrhaftigkeit, der Dominanz sind. In vielen Kulturen formen Menschen phallische Figuren. Sie werden meist als »Fruchtbarkeitszauber« mißgedeutet. Doch wir finden sie an Türen und anderen Stellen, wo Gefahr von außen droht. Das Kriterium der Lage im Gesamtgefüge erlaubt die neue Interpretation: Hier ist Schutz besonders vonnöten. Der Phallus droht gegen feindliche Mächte.

Rechte Seite: Schreckreaktion einer Frau der Kalahari-Buschleute. In Sekundenbruchteilen spielen sich aufeinander abgestimmte Verhaltensweisen der Flucht ab, obwohl der Schreckreiz harmlos war

Angst und Furcht gehören wie der Schmerz zu den großen, lebenserhaltenden Mächten. Wer diese Warner nicht wahrnimmt oder mißachtet, bleibt nicht lange Gast dieser Erde. Das Tier erlebt Bedrohung konkret, in Bindung an eine ganz bestimmte Situation und die damit erworbene Reaktion der Abwehr; es ist an Gefahren und Feinde, die seinen natürlichen Lebensraum bedrohen, gut bis optimal angepaßt. Jede Tierart verfügt über ein angeborenes Programm der Gefahrenerkennung und Gefahrenmeidung, das es im Laufe seiner Stammesgeschichte erworben hat. Gesellige Säugetierarten wie die Totenkopfaffen warnen ihre Gruppenmitglieder durch Warnrufe. Diese sind ihnen angeboren, und Gefährten reagieren angeborenermaßen auf sie.

Jedes Tier besitzt ein angeborenes »Feindschema«, das als neuronales Wahrnehmungs- und Bewertungsmuster im Gehirn angelegt ist und über Attrappenversuche so ausgelöst werden kann, daß eine adäquate Verhaltensantwort, nämlich Angriff, Verteidigung oder Flucht, erfolgt.

Die feste Koppelung zwischen einer bestimmten Bedrohung und einer spezifischen Situation, die Furcht, wie sie das Tier kennt, ist beim Menschen weitgehend gelöst. Vorstellbar ist nun das Mögliche, das Wahrscheinliche wie das Unwahrscheinliche, auch die Gewißheit des eigenen Todes. Die Phantasie ergänzt das klare Bild von den realen Gefahren, das Unbestimmte und Unheimliche kann an die Stelle konkreter Bedrohung treten. So besteht in vielen Kulturen die Vorstellung, das Außermenschliche möchte Einfluß auf das Leben nehmen. Wie anders sollte der Mensch auch ergründen, was eine Krankheit, einen Unfall, eine Mißernte oder ein Unwetter verursachte. Selbst wir heutigen Menschen, die wir manche Ursachenketten naturwissenschaftlich ergründet haben, sind diese Ängste nicht los. Vieles, was zum Beispiel einen Bewohner der Kalahari mit Gewißheit und Geborgenheit umgab, seine feste soziale Gruppe, sein Status, seine Fertigkeiten, die an die Techniken seiner Selbstversorgung angepaßt waren – all das ist bei uns heutigen Menschen mit Abhängigkeiten und Ungewißheiten verbunden, der Angst vor dem sozialen Abstieg, der Angst vor Verlust des Wohn- oder Arbeits-

bewältigung

Mann aus dem Tal des Inmak-Flusses. Dort sind die Peniskalebassen besonders auffällig. Es handelt sich sozusagen um eine gefrorene Dominanzerektion, nicht um ein primär sexuelles Signal

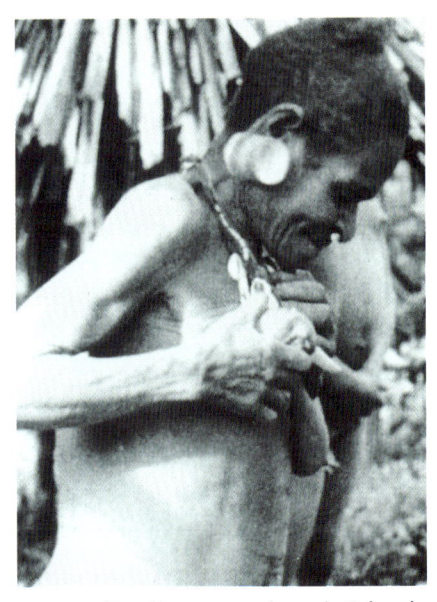

Eipo-Frauen reagieren in Schreckreaktionen mit Brustfassen. Dadurch betonen sie ihr Frausein und ihre Schutzwürdigkeit

platzes und der Angst, die oft nur lose geknüpften Beziehungen zu verlieren. Und an diese Ängste sind wir, wie Eibl-Eibesfeldt 1988 dargelegt hat, weniger gut angepaßt als an manche Bedrohungen, die unsere Steinzeitvorfahren in ihrer unsicheren Existenz erfuhren.

Gegen die skizzierten Ängste wehrt sich der Mensch seit frühesten Zeiten mit Gebilden, die seiner Vorstellung entsprungen sind. Auf den ersten Blick wirken diese Gebilde, die die verschiedenen Kulturen hervorbringen, abstrus, willkürlich und beliebig. Man kann zunächst nur staunen über all die merkwürdigen Zeichen der Abwehr gegen wirkliches und ersonnenes Übel. Magischem Geheimwissen entsprungen, nennen sie die einen, einem Sinn fürs Phantastische und Groteske die anderen, und keiner hat dabei wirklich recht, wenn er die vielfältigen Abwehrzauber unabhängig von tief verwurzelten, archaischen Verhaltensdispositionen des Menschen sieht. Da gibt es Gesichter, die unbestechlich ruhig und ausdruckslos ins Gestein gesetzt sind, als seien sie da vergessen worden; es gibt aber auch andere, die garstige Fratzen schneiden, und es gibt Figuren, die sich in obszöner Weise präsentieren.

All dies sieht man heute im realen Verhalten kaum mehr – eine Ausnahme bildet wohl das starre, ausdruckslose Gesicht, das unser Alltagsleben beherrscht – und doch kennen wir es aus einem tieferen Verständnis für die Ausdrucksmöglichkeiten des Menschen. Manch einer erinnert sich vielleicht, daß er diese selber beherrschte, ohne sie gelernt zu haben – als Kind nämlich, als er Grimassen schneiden durfte gegen den Feind im Nachbarhaus und die Narrenfreiheit besaß, die Zunge herauszustrecken oder gar den Rock zu lüften oder die Hose herunterzulassen, wenn er jemanden verspotten oder schmähen wollte. Heute finden wir Ähnliches tatsächlich fast nur noch in der Kinderkultur, zumindest, was das Mimische betrifft. Phallisches Imponieren, Brustweisen, ja verblümtes Schamweisen begegnet uns darüber hinaus bis heute in traditionellen Kulturen und sei es nur in Form von Bekleidungssitten oder Ritualen. Wir kennen die Peniskalebassen der Eipo-Männer, die reine Schau-Organe sind, um den Gegner zu beeindrucken, nicht etwa die Frauen – viel zu sperrig und unpraktisch im Kriegsgeschehen wie im Alltag! Wenn ein Eipo über etwas in Ärger oder Aufregung gerät, schnippt er vernehmlich mit dem Daumennagel gegen die Kalebasse. Damit betont er die Penisattrappe der Kalebasse, vergewissert sich sozusagen seiner dominanten Männlichkeit in einer Situation potentieller Bedrohung. Denn der erigierte Penis ist nicht nur Instrument der sexuellen Liebe und der Fortpflanzung, sondern auch – jede Vergewaltigung legt trauriges Zeugnis davon ab – der Dominanz (Abbildung links oben). Eipofrauen dagegen fassen sich bei Schreck und Überraschung an die Brüste und sprechen dazu sakrale Worte, eine Beschwörung und Abwehr des Bedrohlichen. Das Brustweisen ist sehr wahrscheinlich ebenfalls eine archaische Verhaltensweise; sie betont das Frausein und damit die Schutzwürdigkeit (Abbildung links unten). Wir finden diese und ähnliche Verhaltensweisen vor allem dort, wo es um Drohen und um eine andere Form der Abwehr von gefährlich erlebten Situationen geht. Die Wurzeln liegen in den verschiedenen Formen des aggressiven Verhaltens. Wir wehren uns mit Drohstarren, grimmigem Gesicht, Aufpumpen des Brustkorbs, Spreizen der Schultern und körperlichem Angriff gegen ernste Attacken auf unsere physische oder psychische Unversehrtheit. Basis der noch weiter ritualisierten Abwehr und des Abwehrzaubers sind außerdem: Fratzenschneiden, Zungezeigen und phallisches Präsentieren. Das Brustweisen stellt wie erwähnt wohl einen mütterlichen Appell an die Schonung durch den Feind oder die feindliche Macht dar. Wie das weibliche Schamweisen zu deuten ist, das noch in ritueller Form bei den Ägyptern belegt ist, aber auch als Hohn- und Drohgebärde im Zusammenhang mit der Vertreibung von feindlichen Heeren von Plutarch berichtet wird, ist nicht restlos geklärt. Aus dem situativen Kontext ist eher das aggressiv herausfordernde Element herauszulesen. Damit stellt sich das weibliche Sexualpräsentieren, (Abbildung rechts oben) wie Eibl-Eibesfeldt und die Autorin 1992 argumentierten, eher neben das männliche.

Was der Mensch in Situationen der Bedrohung tut, ist also, der Gefahr in der eigenen Vorstellung das konkrete, reale Gesicht zu geben, das sie in Urzeiten haben mochte, und ihr mit jener Mimik und jenen Gebärden zu antworten, die dem Menschen aus seinem angeborenen Feindverständnis vertraut sind. Aus dem konkreten Verhalten ist noch heute der reale Kontext rekonstruierbar, in welchem die mimischen und gestischen Zeichen erfolgen, und wir tun gut daran, diese Zeugnisse nicht zu vernachlässigen. Ähnlichkeiten in Kunst und Verhalten sind unter anderem über den gemeinsamen Bedeutungskontext verbunden, in dem sie sich ereignen, und die Vergleichbarkeit der Antwort entspringt der Tatsache, daß es beide Male der Mensch ist, der sie gibt.

In der Kunst vor allem haben sich die merkwürdigen und teilweise scheinbar obszönen Formen unserer Kommunikation im Dienste der Angstbewältigung niedergeschlagen. Hier treiben sie als dunkle und lange mißverstandene Symbolik ihr archaisches Wesen.

Schon an den Wänden steinzeitlicher Höhlen finden sich Darstellungen mit phallisch auffälligen Männerfiguren. Die frühen Künstler haben sie oft durch Anfügen von Tiermasken und Hörnern verfremdet, so daß sie unserer Vorstellungswelt entrückt scheinen. Daß solche Gestalten sowohl auf westfranzösischen wie nord- und südafrikanischen Höhlenwänden erscheinen, hat die zumeist regional interessierte Forschung bisher fast nur mit Fragen nach der gegenseitigen Beeinflussung zur Kenntnis genommen. Phallus oder phallische Motive sind aber seit dem frühen Altertum Gegenstand von Amulett-Darstellungen, sowie Votiv- und Kultbildern, die alle mehr oder weniger mit dem Schutz-Gedanken zu tun haben, wir finden sie im Vorderen Orient, dem klassischen Griechenland bis hinauf in den keltischen Norden. Auch Afrika und Japan kennen das phallische Amulett (Abbildung rechts Mitte). An mittelalterlichen Kirchen ganz Europas begegnet uns der phallisch gekennzeichnete Mann (Abbildung rechts unten), zum Teil in Bocksgestalt oder in Gestalt der christlichen »Sünde«, als Überrest heidnischen Brauchtums zum Schutz vor bösen Einflüssen. Böses läßt sich eben gut durch Machtvolles vertreiben; in diesen Zusammenhängen leistet das der Dominanz-Penis. In Bali und Afrika wurden, wie wir zeigen konnten, bis in unser Jahrhundert Gebäude und Gärten mit phallischen »Wächtern« versehen (Abbildung nächste Seite oben), und selbst in Ritualen neuzeitlicher Stammeskulturen spielt phallischer Aufzug und phallische Symbolik mit allen Zeichen des Imponier- und Siegesgehabes noch eine Rolle. Über gruppendynamische Funktionen hinaus, die auch bindende Komponenten des Zusammenschlusses gegenüber dem gemeinsamen Feind enthalten, besitzen solche Rituale heute wie zu allen Zeiten auch eine metaphysische Dimension der Beschwörung von übergeordneten Mächten; man versucht zum Beispiel, den Wettergott oder den Kriegsgott gnädig zu stimmen.

Eine ähnliche Wirkungsgeschichte verzeichnet das Motiv des weiblichen Schamweisens, das seit frühester Zeit als Abwehrzauber, also als

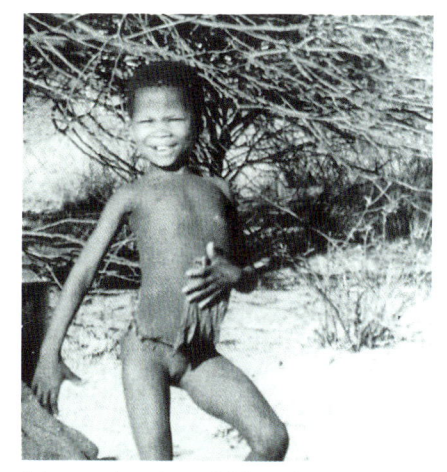

Schamweisendes Mädchen der Kalahari-Buschleute. In dieser Geste steckt aggressives Verspotten

Amulette aus Japan. In ihnen sind Phallusfigürchen versteckt, die Schutz verleihen sollen

An Kirchen aus dem Mittelalter, wie hier in Sémur en Brionnais, Burgund, Frankreich finden sich oft phallische Figuren

149

Apotropaion erscheint, so bereits auf sumerischen Siegeln und alt-iranischen Scheibenkopfnadeln, die unter anderem die Funktion von Amuletten hatten. Das Spreizen der Beine erscheint aber auch in der Form der »heraldischen Weibchen« in dominanter Position auf den Bugbrettern der Segelboote der Trobriander (Abbildung links unten) in stilisierter Form auf Kampf- und Zeremonialschilden Neuguineas, und, wie Douglas Fraser in seiner kulturenübergreifenden Studie gezeigt hat, auf Türbalken afrikanischer Häuptlingshäuser und Grabstelen in Ecuador. Auch schampräsentierende Grabfigürchen aus Alt Mexico sind bekannt. Das Motiv ist überall dort zu finden, wo es um die Beschwörung guter Mächte oder die Bekämpfung der feindlichen geht.

Im europäischen Raum hat das Schamweisen über die Darstellung auf Amuletten hinaus, die schon in der griechischen und römischen Antike beliebt waren, seine reichste Darstellung ausgerechnet an Gotteshäusern gefunden, und zwar in vorromanischer und romanischer Zeit oft an zentraler Stelle und unverhüllt, am Eingang etwa, wie an vielen irischen und englischen Kirchen, später bis zur Unkenntlichkeit verkleinert und verborgen an gotischen Kirchen. Das Argument der Fruchtbarkeit verbat sich meist angesichts des starren, grimmigen Ausdrucks, hingegen hat die christliche Lehre zur Mißdeutung als »Sünde« und Symbol der Wollust beigetragen, die bis heute in vielen Interpretationen nachzulesen ist.

Brustweisende Figuren sind uns in künstlerisch ansprechenden Beispielen vor allem als Grab- und Votivfigürchen aus präkolumbianischer Zeit in Peru und Ecuador überkommen, in kraftvoll archaischer Form als Wächterfiguren in Bali, wo sie bis heute vor den Häusern oder in den Gärten aufgestellt werden (Abbildung nächste Seite rechts oben). Vollendete Darstellungen finden sich auch in afrikanischen Beispielen, vor allem bei den Luba in Zaire. Der Gestus gehört dort ins feste Repertoire der Fetische und Kultfiguren, die vor allem Schutz- und Heilfunktionen hatten und, wie Maria Kecskesi schreibt, oft in der Vorratsecke der Wohnhütte untergebracht waren. Vorräte galt es zu allen Zeiten vor Diebstahl und Verfall zu bewahren. Auch hier ist das Argument, es handle sich um Fruchtbarkeitsfetische, nicht mit der rigiden und abweisenden Mimik zu vereinbaren.

Daß mit dem Gestus die Vorstellung schutzbringender und unheilwehrender Wirkung verbunden wurde, wissen wir ebenfalls aus der Kenntnis der frühesten Beispiele aus neusumerischer Zeit (drittes Jahrtausend v. Chr.), die durch kleines Format und Anbringungsort als Amulette ausgewiesen sind. An europäischen Kirchen ist das Motiv eher verhalten dokumentiert (Abbildung nächste Seite rechts Mitte), Eibl-Eibesfeldt selbst hat einige bisher nicht erfaßte Figürchen ausfindig gemacht, wie jenes fast völlig verwitterte an der bretonischen Kirche von Landisvisiau, das in der 1992 erschienenen Monographie zur menschlichen Angst und Abwehrsymbolik abgebildet ist.

Ein bislang kaum beschriebener Gestus geht ebenfalls auf eine Entdeckung Eibl-Eibesfeldts zurück. Gelegentlich findet man an Kirchen die Darstellung eines Mannes, der sich mit der Hand in den Bart faßt oder ihn sogar mit beiden Händen auseinanderzieht (Abbildung nächste Seite rechts unten). Beobachtungen an Figuren anderer Kulturen, etwa aus Neuguinea und Afrika, bestätigten die Vermutung, daß es sich um einen eigenständigen Gestus handelt. Er taucht auf Kult- und Zeremonialgegenständen in derselben Ausführung auf (Abbildung nächste Seite links unten). Der Mitteilung des Anthropologen Andrew Strathern zufolge, der viele Jahre in Mount Hagen (Hochland von Papua Neuguinea)

Phallische Wächterfigur aus Bali. Bei diesen Darstellungen handelt es sich nicht, wie oft angenommen wird, um Fruchtbarkeitssymbole oder bewußt obszöne Bildnisse, sondern um schutzverleihende Gestalten. Hier ist die aggressive Note auch aus der Mimik und Gestik zu erkennen

In die lagim-Bugbretter der Segelkanus der Trobriander sind fast immer hockende Frauengestalten eingeschnitzt. Das weibliche Genitale hat hier ebenfalls eine Schutzfunktion

tätig war, handelt es sich um einen Gestus, den etwa die Medlpa bei zorniger Erregung, etwa bei Ausbruch eines Kampfes ausführen. Es scheint sich um einen dem phallischen Drohen ähnlichen Imponiergestus zu handeln, indem durch Hinweis auf das männliche Merkmal »Bart« der Feind eingeschüchtert werden soll. Dies fügt sich auch in den apotropäischen Rahmen der entsprechenden Figuren an den Kirchen.

Am populärsten und verbreitetsten ist wohl das Thema der menschlichen und tierischen Fratze, die durch ihre expressive Variabilität und Steigerungsmöglichkeit, oft in Verbindung mit der herausgestreckten Zunge, Eingang in den Motivschatz fast sämtlicher Kulturen gefunden hat. Wir finden diese in Stein gehauenen, aus Holz geformten oder in Zeichnungen oder Malereien abgebildeten Verhaltensmuster des Drohgesichts mit herausgestreckter Zunge überall dort, wo nicht nur Schmuck, sondern auch Schutz eines Gegenstandes oder Hauses gefragt war. Klassische Verkörperung in Europa war die Gorgo, deren Emblem, das Gorgoneion, zum Symbol des Gebäudeschutzes schlechthin geworden und zum Teil bis zum heutigen Tage geblieben ist. Aber auch über Eingängen javanischer Tempel, auf Kampfschilden Neuguineas, an überlebensgroßen Tempelwächtern in Kolumbien, sowie auf Kult- und Vorratsgefäßen in aller Welt findet sich das übersteigert verzerrte, drohende Gesicht mit dem aufgerissenen Mund, den gebleckten Zähnen und der herausgestreckten Zunge. Wie Wulf Schiefenhövel herausgefunden hat, ist das Zungezeigen Teil des ritualisierten Brechverhaltens. Man zeigt dem Gegenüber damit, daß er so scheußlich ist wie Dinge, die uns erbrechen machen. Auch das Aus- und Anspucken erhält wegen des Verhaltenszusammenhanges mit dem Brechen seine besonders aggressive Note. Mit der nie ermüdenden Beharrlichkeit einer unveränderlichen Darstellung erinnert auch dieser Gestus an die allgegenwärtige Gefährdung existentieller Werte, die seit Anbeginn mit der Erfahrung und Vorstellung des menschlichen Lebens verbunden sind. Gerade das Beispiel der menschlichen Fratze, die oft mit tierischen Zügen versehen wird, macht deutlich, in welchem Maße Kunst durch Übertreibung und Häufung von einzelnen Merkmalen die Wirklichkeit übertreffen kann.

Durch die evolutionsbiologische Sicht menschlicher Ausdrucks- und Verhaltensweisen, ihres Entstehens und ihrer Motivationen, nicht zuletzt durch die kulturenvergleichende Dokumentation, die zum Hauptwerk Eibl-Eibesfeldts gehört, hat die Humanethologie einen Schlüssel auch zum Verständnis künstlerischer Ausdrucksweisen geliefert.

Brustweisende Statuetten werden in Bali als Wächterfiguren vor dem Haus oder im Garten aufgestellt

Eine stark verwitterte Frauenfigur an der Außenfassade des St. John´s Armenhauses in Sherborne, Dorset, England. Sie zeigt ebenfalls den Gestus des Brustweisens

Bartweisende Figuren aus Afrika und Neuguinea. Die Geste betont die Männlichkeit und hat daher aggressiven Charakter

Bartweiser finden sich auch in europäischen Kirchen, wie hier in der Kathedrale von Ciudad Rodrigo, Spanien

Die Macht der Ze

Stilisieren und Symbolisieren

Der Mensch erfährt seine Umwelt nicht als passives Wesen, das der Flut von Reizen und Information widerstandslos ausgesetzt ist. Er schafft sich gerade im visuellen Bereich aktiv sichtbare Zeichen, mit deren Hilfe er kommuniziert. Stilisieren und Symbolisieren stellen dabei zwei wichtige Formen der Zeichenbildung im Sinne einer Gestaltung, Umsetzung und Verwendung von Information dar. Beide können als eine Art »Verschlüsselung« von Mitteilungen betrachtet werden und sind trotz verschiedener Vorgehensweisen und Ziele in diesem Prozeß eng miteinander verknüpft.

Stilisieren drängt definitionsgemäß auf eine vereinfachende Schemenbildung und Formalisierung der Information nach Kriterien der Regelmäßigkeit und Symmetrie. Die Formen der Stilisierung sind daher weltweit sehr ähnlich und allgemeinverständlich. Symbolisieren hingegen meint zunächst das Codieren einer Nachricht für eine beschränkte Anzahl von Eingeweihten und findet daher oft im Rahmen einzelner, sich abgrenzender Kulturen oder Gruppen statt. Die verschiedenen Sprachen mit ihren komplexen Buchstaben-, Wort- und Bedeutungssystemen sind ein Beispiel dafür. Wir kommen darauf zurück.

Es gibt trotz dieser gegensätzlichen Bestimmungen zahlreiche Überlappungen bereits auf der Ebene der Zeichenbildung; viele stilisierte Motive sind in das Formenrepertoire der Symbolik eingegangen, also gewissermaßen ein »Substrat« der Symbolisierung. Umgekehrt enthält der Vorgang der Stilisierung selbst oft weit mehr als nur formale Aspekte und bleibt nicht ohne Einfluß auf die inhaltliche Wahrnehmung und Deutung des Gegenstandes. Das Gemeinsame wird greifbarer aus dem Verständnis und der Anwendung eines Kommunikations-Begriffs, wie ihn Eibl-Eibesfeldt für die Wissenschaft vom menschlichen Verhalten geprägt hat und wie er gerade für das Verstehen künstlerischer Werke ergiebig ist.

Unter Stilisieren verstehen wir im Bildnerischen allgemein den Vorgang der Vereinfachung eines Motivs oder eines Form-Zusammenhanges auf ein Allgemeinmaß, einen Standard hin, der es erlaubt, das Motiv als wiederholbares Emblem oder Muster in einem anderen, möglicherweise ornamentalen Zusammenhang wiederzuverwenden.

Rechte Seite: Zur Jungfernfahrt wird ein *kula*-Boot ins Meer geschoben. Die Symbolik der *lagim*-Bugbretter erschließt sich erst im intensiven Gespräch mit Gewährsleuten. Die dargestellten Elemente sollen die Insassen auf hoher See schützen

chen

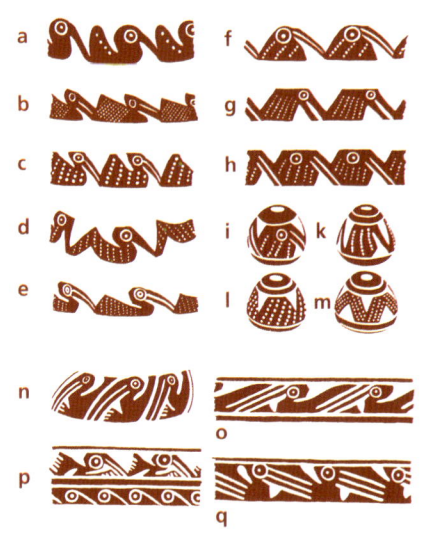

Alt-ecuadorianische Spinnwirtel.
Sie zeigen unterschiedliche Stufen der Abstrahierung des zunächst naturalistischen Pelikan-Motivs

Felsgravierungen aus Hawaii um 400 (a) und aus Tahiti (b); Petroglyphen aus Venezuela, um 6000 v.Chr. (c); bronzezeitliche Felszeichnungen aus Oberitalien, Val Camonica (d); Felsgravierungen aus Südost-Australien (e)

Als gutes Beispiel dafür können alt-ecuadorianische Spinnwirtel gelten. In einer von Wickler und Seibt nahezu lückenlos dokumentierten Stilisierungsreihe wird der Vorgang der Vereinfachung deutlich: Durch gebundene Wiederholung werden die anfänglich noch weitgehend naturalistischen Darstellungen von Pelikanen immer mehr abstrahiert und gemäß dem Gesetz der Reihung einem neuen Zusammenhang eingebunden (Abbildung links). Der so entstandene Rhythmus entfaltet eine zunehmende Eigendynamik und verstärkt die Reduktion auf Elemente, die sich dieser Rhythmik fügen. Man kann dabei drei Formen von Reduktion beobachten: Erstens: Ein Streben nach Vereinheitlichung, wobei die einzelnen Teile im Sinne von Regelmäßigkeit und Symmetrie an ein gemeinsames, verbindliches Maß angeglichen werden. Die Umrisse erscheinen gleichsam begradigt, blockhafter und um Einzelmerkmale ärmer gemacht, reduziert. Zweitens: Gleichzeitig ist ein Herausarbeiten jener Merkmale zu beobachten, welche für die Arterkennung des Pelikans notwendig sind. Der charakteristische Schnabel mit der für Pelikane typischen Länge und Krümmung wird trotz der Reduktion anderer Merkmale deutlicher. Auch das Vogelartige ist in der charakteristischen Schwimmstellung und der Andeutung des Gefieders gewahrt, ja herausgezeichnet. Noch bei der stark schematisierten Darstellung erfassen wir auf einen Blick: das ist ein Seevogel, ein Pelikan! Drittens: Eine klare Betonung, ja Übertreibung des Auges ist zu erkennen und bleibt durch alle Stilisierungsreihen bis auf die letzten Geometrisierungsstufen (k,l,m), erhalten. Gerade in den stark stilisierten Beispielen (f bis i) stellt das an zentraler Stelle angebrachte Auge ein maßgebliches Strukturierungsmerkmal dar, ohne welches das Motiv oft nur noch als schwer entzifferbare Musterung erkennbar wäre.

Es dürfte schon bei der kurzen Beschreibung deutlich geworden sein, daß die drei Formen der Abstraktion nicht allein auf formaler Ebene spielen; streng genommen trifft dies nur für die erste Stufe zu, die ein ästhetisierendes Element enthält. Bereits auf Stufe zwei kann man von einem Reduzieren sprechen, das inhaltliche Gesichtspunkte mitberücksichtigt. Jene Merkmale werden erhalten und sogar betont, die das Erkennen des Artspezifischen, des Wasservogels erleichtern. Auf einer weiteren Stufe bleibt jenes Merkmal stehen, das am ausdrucksvollsten mitzuteilen vermag, daß wir es mit einem Lebewesen zu tun haben, das gewisse Signale sendet, mit dem Betrachter also kommuniziert. Das Auge spielt dabei die wesentliche Rolle. Für die Wahrnehmung dieses Motivs ist der Mensch offenbar besonders empfänglich.

Die drei Abstraktionsstufen machen deutlich, daß die Art, wie der Mensch seine bildnerischen Zeichen setzt und »stilisiert«, nicht ganz vom Zufall gesteuert ist. In der Tat nehmen sie Bezug auf spezifische Wahrnehmungseigenschaften, die dem Menschen über seine kulturelle Zugehörigkeit hinaus eigen sind. Die Reduktion des ursprünglich recht naturalistisch ausgeführten Pelikan-Motivs zu mehr einheitlichen, wiederholbaren und zuletzt blockhaften Formen ist zum einen durch das Gesetz der ornamentalen Reihung bedingt, zum anderen entspricht sie der Tendenz zur Vereinfachung und Regelmäßigkeit, die unserer Wahrnehmungsstruktur generell inhärent ist. Wie die Arbeiten von W. Metzger und R. Arnheim verdeutlichen, neigen wir dazu, komplizierte Formen überschaubarer zu machen, Unregelmäßigkeiten einzuschmelzen und ähnliche Elemente zu »Figuren« zusammenzubinden, die uns leichter faßbar sind. Diese »Superzeichen«-Bildung hängt unter anderem mit der Verarbeitungskapazität unseres Gehirns zusammen, die für visuelle wie

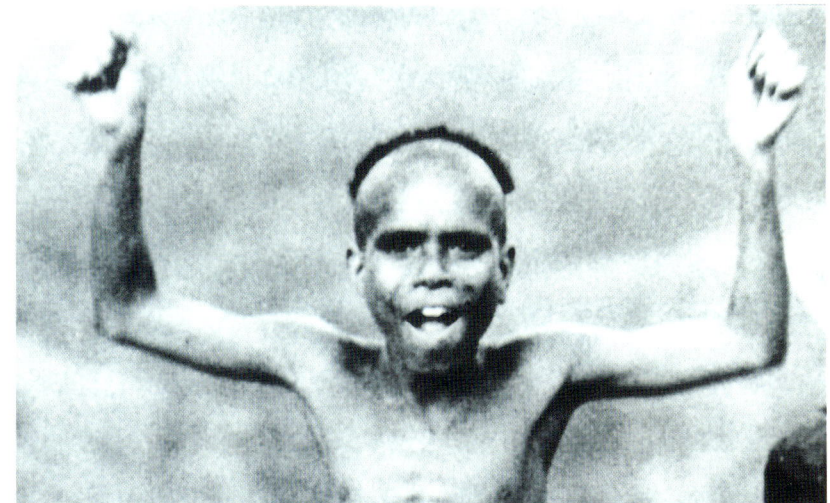

Ein Eipo-Bub in Imponierhaltung. Die Arme sind dabei erhoben, der Oberkörper wird dem Betrachter frontal präsentiert

Die menschliche-Symmetrie-Figur auf einem Kultbrett der Senufo, Elfenbeinküste, und als Graffitto auf einem Werbeplakat in einem U-Bahnhof in Kyoto

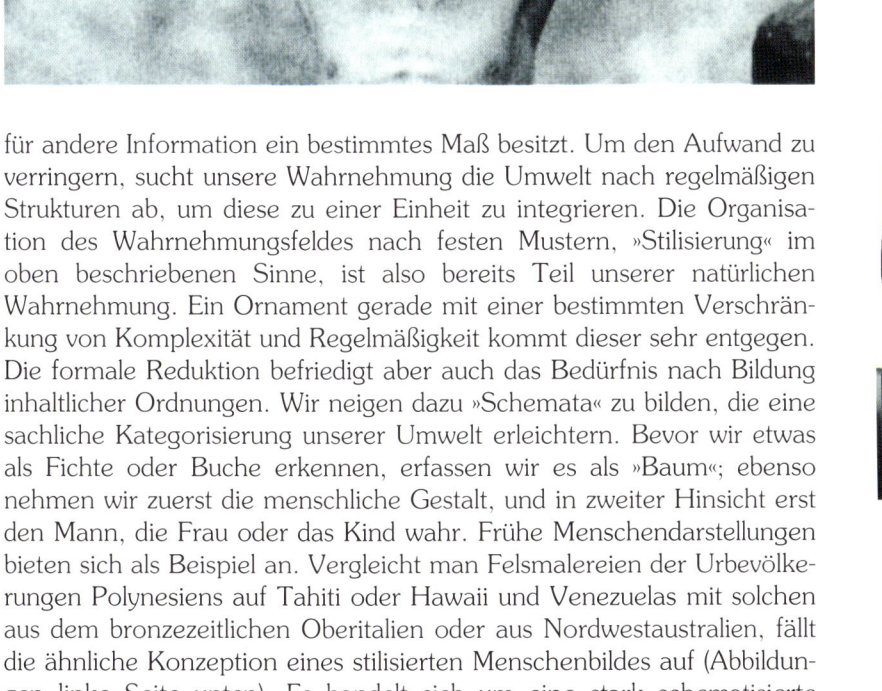

Die zum Zeichen stilisierte Menschendarstellung auf einem Zeremonialschild aus dem Asmat Gebiet, Papua Neuguinea

für andere Information ein bestimmtes Maß besitzt. Um den Aufwand zu verringern, sucht unsere Wahrnehmung die Umwelt nach regelmäßigen Strukturen ab, um diese zu einer Einheit zu integrieren. Die Organisation des Wahrnehmungsfeldes nach festen Mustern, »Stilisierung« im oben beschriebenen Sinne, ist also bereits Teil unserer natürlichen Wahrnehmung. Ein Ornament gerade mit einer bestimmten Verschränkung von Komplexität und Regelmäßigkeit kommt dieser sehr entgegen. Die formale Reduktion befriedigt aber auch das Bedürfnis nach Bildung inhaltlicher Ordnungen. Wir neigen dazu »Schemata« zu bilden, die eine sachliche Kategorisierung unserer Umwelt erleichtern. Bevor wir etwas als Fichte oder Buche erkennen, erfassen wir es als »Baum«; ebenso nehmen wir zuerst die menschliche Gestalt, und in zweiter Hinsicht erst den Mann, die Frau oder das Kind wahr. Frühe Menschendarstellungen bieten sich als Beispiel an. Vergleicht man Felsmalereien der Urbevölkerungen Polynesiens auf Tahiti oder Hawaii und Venezuelas mit solchen aus dem bronzezeitlichen Oberitalien oder aus Nordwestaustralien, fällt die ähnliche Konzeption eines stilisierten Menschenbildes auf (Abbildungen linke Seite unten). Es handelt sich um eine stark schematisierte Figur, wie Kinder sie gelegentlich zeichnen, mit paarig angefügten Gliedmaßen, aufgesetztem Kopf und der Andeutung eines Geschlechtsteiles.

Obwohl die Symmetrie eine »organische«, nicht-exakte ist, kann man von einer menschlichen Symmetrie-Figur sprechen. Sie ist durch ihre doppelt paarige Anlage im räumlichen Gleichgewicht gekennzeichnet und so leicht faßbar. Auf einen Blick ist zu erkennen, daß es sich um ein Zeichen – vielleicht ein Symbol – für »Mensch«, handelt, da, wie in einem Aufriß, alle wesentlichen Informationen über die charakteristischen Merkmale festgehalten sind. Man kann auf einer dritten Stufe die ausladenden Gliedmaßen als Spreizhaltung interpretieren, wie sie für die Imponierstellung aller höheren Primaten, einschließlich des Menschen üblich ist (Abbildung rechts oben). Die volle Breitseite wird gleichsam entfaltet und dem Betrachter vorgeführt. Ist es Zufall, daß diese Konzeption bis in die Zeichensprache heutiger Stammeskulturen sowie moderner Graffiti wie in einem geheimen Konsens beibehalten wurde? (Abbildung rechts Mitte). Dem Motiv begegnen wir auch wieder auf Zeremonialschilden aus dem Asmat-Gebiet (Irian Jaya). Offenbar handelt es sich um eine besonders einprägsame Abkürzung und Verschlüsselung

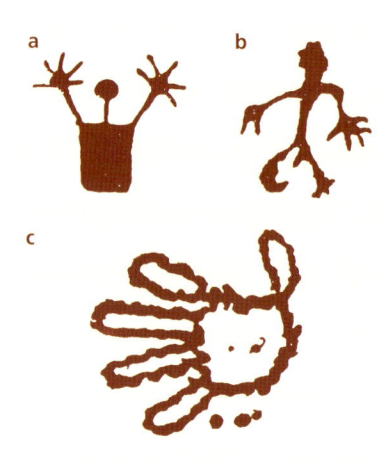

Felszeichnungen aus Oberitalien, Val Camonica, Bronzezeit (a), vom Baikal-See, Rußland (b), aus dem Oman (c)

Sogenannte Handabklatsche, Abdrücke der eingefärbten Handinnenfläche, auf einer Hauswand, Provinz Ranchi, Indien

menschlicher Darstellung, die auf Gestalteigenschaften, semantische Erkennungsqualität sowie Signalfunktion gleicherweise Rücksicht nimmt (Abbildung vorherige Seite unten). Einen weiteren Aspekt bieten einige Varianten bronzezeitlicher Felszeichnungen mit Übertreibungen des Handschemas. Sie sind sowohl in Oberitalien als auch in Schweden, Rußland und im vorderen Orient zu finden (Abbildung links oben). Das Motiv nimmt Bezug auf die charakteristische menschliche Abwehrgebärde, wie sie im Falle der Feind- und Übelabwehr in allen Kulturen zum Tragen kommt und die, wie Eibl-Eibesfeldt dokumentiert hat, auch bei taub-blind geborenen Kindern bei Ablehnung zu beobachten ist. Offenbar wird so der Droh- und Imponiercharakter der Felsbildfiguren verstärkt, der im Präsentieren der Breitseite bereits angelegt ist. Die Figuren werden damit zu Beschwörungsformeln. Oft wird auch in weiterer Reduktion nur der Handabklatsch als Zeichen auf steinzeitlichen Höhlenwänden und Hauseingängen verwendet (Abbildung links Mitte).

Das menschliche Gesicht wiederum erfährt weltweit eine stilisierende Darstellung, die mit ganz wenigen Merkmalen auskommt, um als Gesicht erkannt zu werden. Die einzelnen Zeichen für Augen, Nase und Mund beschränken sich auf strichförmige Andeutungen, die aber infolge ihrer proportionalen Verteilung als Ganzes, als Gestalt, eben als Gesicht entziffert werden (Abbildung unten, rechte Seite oben, Mitte). Noch das bekannte »Smily«-Emblem verfährt nach diesem Muster. Die angeborene Fähigkeit zur Gesichtererkennung, die, wie man inzwischen weiß, neuronal im rechten Hinterhauptslappen verankert ist, dürfte dieser besonderen Qualität der Gestaltwahrnehmung als Grundlage dienen. Die Verknüpfung der besonderen Zeichenqualität mit dem entsprechenden Wahrnehmungsinhalt »Gesicht« ist als semiotisches Problem wohl nur durch biologische Voranpassungen zu erklären. Die Evolution hat uns auf den Reiz »Gesicht« so geprägt, daß wir ihn in jeder auch noch so fernen Abstraktion erkennen. Eine wichtige Rolle scheint dabei auch die Bezeichnung der Augen zu spielen. Der Prozeß der Stilisierung

Abstrahierte Gesichtsdarstellungen auf einem Hochseeboot von der Nordküste Papua Neuguineas

enthält also bereits zahlreiche Konzeptualisierungen des Gegenstandes, die auch für die Symbolisierung maßgeblich sind.

Symbolisieren meint, das erwähnten wir bereits, im allgemeinen das Verschlüsseln einer Nachricht für eine beschränkte Anzahl von Eingeweihten. Symbole sind Zeichen, meist visueller, aber auch geruchlicher oder akustischer Art, die mit einem bestimmten Inhalt belegt werden, der dann als Bedeutungsnorm definiert und verstanden wird. Hinzu kommt der Bereich ritualisierten Verhaltens, das symbolische Funktionen erfüllt, wie beispielsweise die Rituale des Grüßens.

Die Fähigkeit, Zeichen mit Bedeutung zu belegen, respektive willkürlich Bedeutung zu setzen, ist nicht uns Menschen allein vorbehalten. Auch bei unseren nächsten Verwandten, den Schimpansen, ist Symbolisieren in Anfängen vorhanden, wie die bekannten Experimente mit Schimpansen zeigen. David Premack, einer der Wissenschaftler, die erreichten, daß Schimpansen farbige Plastikstücke als Symbole verwendeten, ist der Meinung, daß Symbolisieren eine immanente Fähigkeit lernender Tiere schlechthin ist und so die künstliche Affen-Sprache ermöglicht. Wie er meint, dürfte die Fähigkeit, Bedeutung zu transferieren, kaum erlernbar sein, wenn sie nicht schon im Organismus angelegt ist; sicherlich ist sie jedoch durch intensives Training erweiterbar.

Für den Menschen und seinen effektiven Gebrauch von Werkzeug und Sprache ist die Fähigkeit zur Symbolbildung allerdings essentiell, wie J. Kithara-Frisch betont. Erst die Integration von Technologie und Sprache im Prozeß des Symbolisierens, also des willkürlichen Setzens von Bedeutungsträgern, macht das Kulturwesen, den Menschen, aus.

Tatsächlich übernehmen Symbole in unserem täglichen Leben und im Umgang miteinander eine wichtige Funktion. Wir nutzen sie, um Nachrichten zu übermitteln, Erfahrungen und Tradition weiterzugeben. Ein Symbol kann einen einzigen definierten Inhalt besitzen oder für eine ganze Reihe von Bedeutungen stehen. So verkörpert die Flagge eines Staates beispielsweise nicht nur das politische Gebilde, sondern für die meisten seiner Bürger auch die dahinterstehenden Ideale, Ideologien und Emotionen.

Schematisierte Gesichtsdarstellungen in Stein aus Obervolta, West-Afrika, und an der Außenfassade der romanischen Kirche von Wirlings, Allgäu

Generell sind Symbole kulturspezifisch, d.h. die unmittelbare Form der Verschlüsselung nimmt Bezug auf die jeweiligen von der Kultur oder Gruppe bereitgestellten und erarbeiteten Lebenswirklichkeiten und gedanklichen Konzepte. Dies macht die Symbolik typisch und verbindlich für die jeweiligen Angehörigen dieser Kultur oder Gruppe. Symbole dieser Art dienen der Selbstdarstellung nach »außen«, der Abgrenzung der Gruppe. Hier wird nicht selten Status, Stärke oder Territorialität demonstriert, wie zum Beispiel in Wappen (Abbildung rechts unten). Gleichzeitig dienen diese Symbole aber auch dem Zusammenhalt der Gruppe. Traditionen und Werte, allgemein Normen, werden an die Gruppenmitglieder von frühester Kindheit an weitergegeben, was die Identifikation mit der eigenen Gruppe erleichtert. Auf der anderen Seite ermöglichen Symbole eine rasche, effektive Information der in die Sprache Eingeweihten.

Nicht jedes Zeichen eignet sich zum Symbol. Es ist dann passend, wenn es prägnant und damit aufmerksamkeitserregend, auffällig und zugleich eindeutig, d.h. unverwechselbar ist. Diese Eigenschaften erhält ein Zeichen allgemein aufgrund von drei verschiedenen Faktoren.

Einmal zeigt sich Prägnanz grundlegend auf der formalen Ebene – die Verarbeitungsmechanismen unserer Wahrnehmung kommen ins Spiel. Für den Bereich der visuellen Wahrnehmung heißt dies, Konturen,

Das Familienwappen von Irenäus Eibl-Eibesfeldt

Die geometrischen Ornamente der Shoowa symbolisieren unter anderem die mythische Begründung des Königtums. Die wertvollen Stickereien aus Fasern der Raphia-Palme repräsentieren Status und werden den Toten als Ehrenbezeugung mitgegeben. Shoowa, Kasaigebiet, Zaire

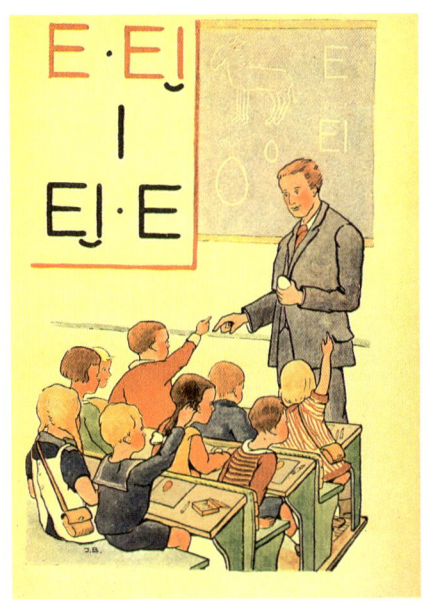

Kinder lernen das wohl schwierigste Symbolsystem – die Schrift – mit Hilfe von Schreiblehrtafen

Farb- und Formkonstraste werden unterschiedlich rezipiert und wirken damit, vereinfacht dargestellt, auf den Menschen unterschiedlich auffallend. Die Konsequenzen für den gesamten bildnerischen Bereich sind ausführlich von H. Daucher dargestellt worden. Hier setzt auch der Vorgang des Stilisierens an, denn dabei werden unter anderem auffallende Merkmale betont. Die zweite Ebene betrifft Symbole, deren Verwendung, wie Eibl-Eibesfeldt 1981 und 1984 gezeigt hat, auf gewissen Wahrnehmungspräferenzen beruht, die sich im Laufe der Stammesgeschichte herausgebildet haben. Gestische und mimische Merkmale sowie Signale, die über den Prozeß der Ritualisierung zum »Zeichen« geworden sind, und auf welche Menschen gleichermaßen mit einer bestimmten Reaktion antworten, liegen diesem Repertoire an Symbolen zugrunde. Oft sind solche Merkmale hochstilisiert und auf wesentliche Züge reduziert. In Zusammenhang mit den Stilisierungen der Hand und des menschlichen Gesichts war davon bereits die Rede. Wir finden solche Zeichen weltweit als Symbole ähnlicher, wenn nicht gar identischer Bedeutung. Sie sind mit einer »Aussage« versehen, die der Wirkung des Signals, das sozusagen dahintersteht, entspricht. Auf der dritten Ebene sind es kultur- oder gruppenspezifische Inhalte, die ein Zeichen auffallend, unverwechselbar und prägnant machen. Die Aussage, die Nachricht muß hierbei von den Gruppenmitgliedern erlernt werden. Diese Symbole sind besonders stark dem kulturellen Wandel unterworfen. Ein Blick in die Kunstgeschichte und deren Teildisziplin Ikonographie, die sich hauptsächlich mit dem Wissen um symbolische Inhalte beschäftigt, macht dies deutlich. Solche Symbole binden Gruppen natürlich auf sehr exklusive Weise an die gemeinsame Kultur.

Zeichen und Inhalte dieses Bereichs haben oftmals keine formale Beziehung mehr zueinander (Abbildung links oben). Der Grad der Entfernung vom Aussagewert (oder Inhalt) kann beliebig groß sein. Das schwierigste Symbolsystem stellt wohl die alphabetische Schrift dar. Wie H. Wagner beschreibt, spielt sich die Kommunikation auf zwei Ebenen ab. Eine beliebige Kombination von Buchstaben (Symbolen) des Alphabets steht für die Klangkombination des Gesprochenen, das wiederum für das zu bezeichnende Objekt steht. Das Geschriebene ist so ein Derivat des Mündlichen. Das Erlernen ist nicht gerade einfach, und, es wird, wie die Geschichte der zahlreichen Schreib-Lehr-Methoden zeigt, mit Hilfe vieler »Eselsbrücken« gearbeitet, um die Lernenden auf diese Symbolkonvention »einzuschwören« (Abbildung links unten). Wie gut das Einschwören auf Symbole allgemein funktioniert, wie weit Symbole in das menschliche Verhalten und damit in das Sozialleben eingreifen, wird am Beispiel des Kampfverhaltens deutlich. Menschliche Aggression unterscheidet sich von tierischer auch darin, daß der Mensch, selbst wenn individuelles oder soziales Überleben nicht gefährdet ist, das heißt wenn er eingewiesen und genügend motiviert wird, auch für symbolisch ausgedrückte Ideale zu kämpfen und sogar zu sterben bereit ist. Unsere Fähigkeit mittels Symbolen zu kommunizieren, kann ohne kritische Reflexion, wie Eibl-Eibesfeldt 1988 dargelegt hat, folglich auch in Sackgassen führen.

Zum Schluß unseres Exkurses in die Symbolik kehren wir noch einmal zurück zur Kunst. Die künstlerisch einzigartigen Dekorationen der *lagim* genannten Bugbretter der Auslegerboote auf den Trobriand-Inseln können als Beispiel für eine Zeichensprache gelten, die gleichzeitig kulturell hochspezifisch und dennoch in ein allgemeineres Verständnis übersetzbar ist. Stilisierung und Symbolisierung werden hier auf vielschichtige

Weise verwoben. Den Angaben einiger Informanten gemäß handelt es sich um eine alte magische Zeichen-Sprache, eine Art Nachricht, die den Seefahrern mit auf ihre Reise gegeben wurden, insbesondere auf die großen und aufwendigen *kula*-Fahrten (Abbildung rechts).

Auf den ersten Blick erschließen sich Formen, die in ihrer Wahl und Anordnung nicht völlig fremd erscheinen. Wir entdecken geometrische Muster, spiralförmige Einrollungen (Voluten), und punktförmige Gebilde in einer Regelmäßigkeit, die uns aus den ornamentalen Bildungen unserer Kultur vertraut ist. Die Bugbretter bieten zunächst eine überschaubare Ordnung an. Hat man jedoch die Möglichkeit, über Befragungen an das Wissen, das dahinter steckt, näher heranzukommen, erschließt sich eine weitere Ebene höchst exklusiver Bedeutungen, die zunächst nur in genauer Kenntnis der dortigen Insel-Kultur verständlich werden. So werden die einander folgenden Zeichen im obersten Abschnitt *gum* genannt, was so viel bedeutet wie »Wellen in einheitlicher Windrichtung«; sie erleichtern die Führung des Kanus und die Orientierung der Seefahrer. Darunter sind Fische abgebildet, welche die Meerestiefe anzeigen. Die einzelnen Voluten seitlich des Hockerweibchens meinen *kwita*, den Octopus, welcher das Ankertau während der Nacht in der Tiefe der gefährlichen Riffe festhält und so die Sicherheit des Bootes garantiert. Aus den einzelnen Zeichen mit relativ festgelegter Bedeutung ergibt sich stets ein unverwechselbares Ensemble mit neuer, zusammengesetzter Bedeutung wie in einem Satz. Die Trobriander vergleichen die Ornamente der *lagim* denn auch mit einem Brief.

Das Interessante dabei ist, daß diese unmittelbaren und vordergründigen Bedeutungen letztlich fast alle auf ein allgemeineres Verständnis von tieferliegenden Bedeutungsdimensionen zurückgeführt werden können; man könnte hier verkürzt sagen: auf eine ethologische Schicht. Dies betrifft vor allem den bewertenden Teil der Deutungen, der in den genannten Beispielen mit Annäherungen an das Hilfreiche, das Unternehmen Fördernde, oder aber das Gefährliche arbeitet. Man könnte die Liste der einzelnen Zeichen noch verlängern; ob *sabina*, das Sternbild gemeint ist, das den Bootsleuten in der Nacht leuchtet und die Richtung weist, oder die »Möve«, die das Aufkommen eines Sturms ankündigt – stets ist die Dimension des Glücks- oder Unheilverheißenden präsent, welche das Gelingen der risikoreichen Fahrt begünstigen oder behindern. Kein Wunder: Hat man es mit einem erfahreneren, älteren Informanten zu tun, erfährt man irgendwann, daß es sich um Zeichen einer alten Magie handelt, die nur noch wenigen zugänglich ist.

Die Dekoration der *lagim* verdeutlicht, daß die Symbolik spezifisch und bindend für eine Kultur ist: Mitteilungen werden über zum Teil versteckte Zuordnungen zu bestimmten Zeichen verschlüsselt. Darüberhinaus werden jedoch universalere Dimensionen der Bedeutung sichtbar. Lockert man den Verband von Form und Inhalt – beziehungsweise. nimmt man ihn analytisch auseinander – bleibt auf der einen Seite ein Repertoire an Formen und auf der anderen ein Repertoire an Aussagen übrig, die allgemeinverbindlicher sind. Nur in dieser einmaligen Kombination erscheinen sie kulturgebunden. Die Zeichen haben mit grundsätzlichen Wahrnehmungsgesetzen, die Inhalte mit existentiellen Deutungskonzepten des Menschen zu tun. Insofern zeigt der Vorgang der Symbolisierung Berührungspunkte mit jenem der Stilisierung. Und dies trägt auch dazu bei, daß ein so exotisches Gebilde wie ein Bugbrett der Trobriand-Insulaner nicht als völlig uneinsehbares Dokument einer anderen Kultur erscheint, sondern zu uns zu sprechen vermag.

Verziertes Bugbrett, *lagim*, eines *masawa*-Bootes der Trobriander. Im oberen Abschnitt die typische hockende Frauenfigur mit gespreizten Beinen

Schützende Mu

Böses bannende Ornamente

Oben: Kleine Figürchen mit ausdrucksstarken Gesichtern und gleichsam abwehrend erhobenen Armen blicken den Kirchenbesucher an. Gropina, Italien, 12. Jahrhundert
Unten: Abwehrgestik wird hier an einem Eingangstor aus Borneo, Indonesien, mit auffallenden Ornamenten kombiniert

Ornamente in einfacher geometrischer Form gibt es schon seit circa 300 000 Jahren, wie beispielsweise die Arbeiten von G. Behm-Blancke zu den Ausgrabungen von Bilzingsleben an der Grenze zwischen Thüringen und Sachsen belegen. Steine und Knochenfragmente aus der frühen Altsteinzeit tragen Zick-Zack-Motive, Wellenlinien, Kreise, Rechtecke und andere Muster. Mikroskopischen Analysen zufolge sind das keine Effekte der Materialbearbeitung, sondern bewußt gravierte Zeichen. Unsere Vorfahren haben dort bis heute erkennbare Spuren hinterlassen. Die jeweilige Motivation dafür ist letztlich nicht rekonstruierbar. Das allgemein menschliche Bedürfnis, die Umwelt optisch zu bezeichnen, zu gliedern und zu verzieren, sowie sich sichtbar mitzuteilen, spielt jedoch sehr wahrscheinlich eine grundlegende Rolle.

Sir Ernst Gombrich, der bekannte Kunsthistoriker, spricht von dem »Schmuck- und Ordnungstrieb« des Menschen. Letzteres, die Tendenz, überschaubare Ordnungen zu bilden und zu schematisieren, läßt sich mit neueren Erkenntnissen aus der Wahrnehmungsphysiologie erklären. Die Verarbeitungsmechanismen des menschlichen (übrigens auch des tierischen) Sehapparates funktionieren grundlegend über das Kategorisieren und Gliedern der visuellen Information nach bestimmten Gesetzmäßigkeiten. Hier kommen angeborene Konstanzleistungen der Wahrnehmung zum Tragen, die es unter anderem ermöglichen, die dargebotene Information zusammenzufassen, sie in ihrer Verteilung im Raum zu unterscheiden und so Figuren und Gestalten zu sehen. Die Regeln, nach denen diese Konstanzleistungen ablaufen, werden nach W. Metzger und M. Wertheimer als Gestaltgesetze bezeichnet. Das Gehirn hat also offenbar das biologisch begründbare Bedürfnis, die ungeheure Menge an visueller und anderer Information durch aktive Wahrnehmungsvorgänge zu gliedern. Ebenso scheint das Bezeichnen und Schmücken der Umgebung ein allgemein menschliches Bedürfnis zu sein. Sichtbare Spuren zu hinterlassen, wird mit Wohlbefinden belohnt – es macht ganz einfach Spaß. Auch unsere nächsten Verwandten kritzeln und malen gerne, wie N. Kohts, D. Morris und I. Eibl-Eibesfeldt bei Malexperimenten mit Schimpansen beobachten konnten. Die Möglichkeit zu malen wurde von den Tieren als Belohnung empfunden.

Doch zurück zu unserem Thema, den Ornamenten, die natürlicherweise den Bedürfnissen des Ordnens und Schmückens entgegenkommen. Wie uns die frühen Funde zeigen, haben vor allem geometrische Ornamente eine lange Tradition. In unzähligen Formen sind sie seit jeher Bestandteil der Kunstgeschichte der Völker. Macht man einen Streifzug durch die Zeiten und Kulturen, so fällt auf, daß zwei Formen, das Augenmotiv und die Zick-Zack-Linie, in vielen Kulturen bevorzugt als sogenannte Apotropäika verwendet werden, als Abwehrzauber gegen reales oder imaginäres Übel. Wie den Studien von I. Eibl-Eibesfeldt und Ch. Sütterlin zu entnehmen ist, stehen weltweit vor allem figürliche Abbildungen im Dienste des Schutzes. Sie bedienen sich der Droh- und Abwehrgestik, um bedrohlichen Mächten entgegenzuwirken. Auffallend oft werden die

Das Zackenmuster des Stirnbands hat vermutlich ebenso Amulettcharakter wie das Augenmotiv der oftmals ins Haar gebundenen Perlenanhänger (!Ko-Buschleute)

Dieses Haus in Kathmandu, Nepal, ist durch Augenmotive und einen bedrohlich die Zähne zeigenden Drachen doppelt gut beschützt

Das Augenmotiv, im Kontext christlicher Symbolik, »wacht« hier im Pfarrhof des Benediktinerstifts Schotten über den Besucher. 18. Jh., Pulkau, Österreich

Eine kleine »Bestie« im Inneren der Kirche von Senanque, Frankreich, zeigt bedrohlich die Zähne

Figuren mit übergroßen Augen abgebildet, und die Gesamtdarstellung ist von Augen- und/oder Zick-Zack-Motiven begleitet (Abbildungen vorherige, linke Seite). Ein Beispiel gibt die Kanzel der Stadtkirche von Gropina, Italien, an deren Außenseite sich kleine Figürchen mit erhobenen, gleichsam abwehrenden Armen und ausdrucksstarken Augen dem Betrachter zuwenden. Auch auf Borneo bedient man sich der Abwehrgestik. In ein hölzernes Eingangstor sind zwei Figuren, ein phallisch Präsentierender und eine Brustweisende, geschnitzt. Die Gesichter werden bestimmt durch große runde Augen. Den Abschluß des Tores ziert ein Zackenband. Wir finden also auch hier die Verbindung der Zick-Zack-Linie mit symbolischer Abwehrgestik. Haben die übermäßige Betonung der Augen und das Zick-Zack-Ornament dort nur schmückende Funktion oder bedient sich der Mensch dabei eines Zeichensystems, das ähnlich der Gestik und Mimik spezifische Nachrichten übermittelt und damit eine bestimmte Wirkung auf den Betrachter ausübt?

Für die Verwendung des Augenmotivs ist die Frage bald geklärt, wenn wir die Erkenntnisse der Evolutionsbiologie, insbesondere der Humanethologie zu Hilfe nehmen. In der nicht-sprachlichen Kommunikation werden über den Blick wichtige Informationen übermittelt. Ohne visuellen Kontakt geschieht kaum eine freundliche Interaktion. Langes Anschauen, das Anstarren oder gar das Drohstarren werden dagegen als aggressive Akte empfunden, insbesondere wenn es fremde Augen sind, die sich unverwandt auf uns richten. Die Augen wirken aber interessanterweise nicht nur dann, wenn sie sich im Gesicht befinden. Experimente von E. Hess und R. Coss haben gezeigt, daß die Wirkung eines künstlichen Auges, also eines Augenmotivs, jener des wirklichen Auges durchaus vergleichbar ist.

Auch im Tierreich gibt es, wie A. D. Blest gezeigt hat, vielfältige Beispiele dafür, daß sich die Träger augenähnlicher Flecken erfolgreich gegen Freßfeinde schützen. Die Flügel mancher Schmetterlingsarten weisen solch auffällige Augenattrappen auf. Vergleichbares macht der Mensch, wenn er schematisierte Augendarstellungen in Abbildungen des Gesichts oder in ornamentaler Form als übelbannendes Zeichen einsetzt. Die, wie O. Koenig ausführlich darstellte, weltweit anzutreffende Verwendung des Augenmotivs auf Amuletten gegen den »Bösen Blick« oder an schützenswertem Gut, wie dem eigenen Haus (Abbildung links oben), wird so verständlich. Der Mensch bedient sich hier ganz intuitiv der biologischen Wirkung des Signals »Auge«, dessen Verstehen uns als stammesgeschichtliches Erbe angeboren ist. Um die Wirkung zu verbessern – und weil Quantität doch manchmal Qualität bedeutet – wird nicht selten eine Vielzahl gleicher Motive abgebildet. Ein Beispiel dafür sind die Augen am Giebel des Benediktinerstifts Schotten (Abbildung links Mitte). Sie werden zumeist als christliches Symbol für das Auge Gottes gedeutet, wirken aber in biopsychologischer Weise als wachsame Hüter des Gotteshauses und Banner des Bösen. Eine weitere Art der Verwendung des Augenmotivs finden wir an Masken oder maskenähnlichen Abbildungen, die ebenfalls im Kontext der Abwehr stehen. Hier werden die Augen als eine Art Super-Attrappe, also in übersteigerter Form, eingesetzt. Die Wirkung soll durch die Größe des Zeichens erhöht werden. Masken, die tatsächliche oder in der Vorstellung vorhandene Betrachter oder Mächte durch Drohen beeinflussen sollen, bedienen sich weltweit noch eines weiteren Motivs vergleichbarer Art: Sie zeigen bedrohlich die Zähne. Es handelt sich hierbei, wie von I. Eibl-Eibesfeldt 1973 veröffentlichte Beobachtungen an Taub-Blind-Geborenen verdeutlichen, um eine angeborene Verhaltensweise: In Situationen der Wut entblößt der Mensch spontan die (im Vergleich zu unseren menschenähnlichen Vorfahren zurückgebildeten) Reißzähne. Diese Mimik finden wir als ritualisierte Zubeißdrohung auch bei nicht-menschlichen Primaten. Mensch und Tier reagieren infolge ihres angeborenen Verstehens dementsprechend mit defensivem, submissivem Verhalten, wenn sie in dieser Weise bedroht werden. Da der Mensch auch auf schematisch reduzierte oder übersteigerte Nachbildungen von Verhaltensmustern anspricht, ist es nicht verwunderlich, daß solche Gebiß-Attrappen im Kontext des Drohens und der Abwehr weltweit verwendet werden. Interessanterweise werden die realistisch abgebildeten Zähne oft durch eine Zick-Zack-Linie ersetzt (Abbildung linke Seite unten). Obschon es nur ein ganz einfaches Muster ist, übernimmt das lineare Zeichen dabei offensichtlich die Funktion des Drohens. Auf den ersten Blick erscheint diese Interpretation spekulativ, und wir müssen uns die Frage nach einer möglichen biologischen Wirkung des Ornaments, etwa vergleichbar jener des Augenmotivs, stellen. Einen ersten Hinweis gibt ein Experiment, das R. Coss 1968 unternahm. Er entdeckte, daß das Zick-Zack-Motiv eine starke physiologische Erregung beim Betrachter auslöst, die deutlich höher ist als bei anderen Motiven. Es handelt sich also offenbar um ein Zeichen, das in besonderer Weise unsere Aufmerksamkeit erregt. Das erklärt, warum wir es in den unterschiedlichsten Kulturen so häufig an Stellen finden, die von vielen Menschen gesehen werden. Das Muster, ob an Gebrauchsgegenständen, in der Architektur, in kultischem (Abbildung rechts oben) oder aggressivem Zusammenhang oder einfach am Körper als Kleidung oder Schmuck (Abbildung vorherige rechte Seite) angebracht, erregt die Aufmerksamkeit des Betrachters. Wir schauen einfach eher und länger hin. Eine Erklärung für das Zick-Zack-Motiv als Substitut für Zähne und für die bevorzugte Verwendung im Bereich des Apotropäischen ist damit allerdings noch nicht gegeben. Aus diesem Grund befragten wir mehr als 2 000 Versuchspersonen aus Mitteleuropa, Südamerika, Südafrika und Papua Neuguinea. Anhand eines Fragebogens baten wir sie, uns ihre Assoziationen zum Zick-Zack-Motiv und vergleichsweise zur Wellenlinie mitzuteilen. Es zeigte sich, daß beide Muster eine eindeutige Wirkung auslösen. Während das Zackenmotiv mit Eigenschaften wie »aggressiv«, »feindselig« und »grob« assoziiert wird, erscheint die Wirkung der Wellenlinie als »freundlich«, »friedlich« und »sanft«. Da die Eigenschaften der Motive von allen Befragten trotz ihrer unterschiedlichen ethnischen Herkunft ähnlich charakterisiert wurden, ist anzunehmen, daß ihre Bewertung keinen kulturspezifischen Einflüssen unterliegt und nicht etwa als Bedeutungsnorm erlernt wird. Die Wurzeln scheinen vielmehr tiefer zu liegen und gehören möglicherweise, vergleichbar denen des Augenmotivs, in die Ebene artspezifischer Wahrnehmungsvorurteile, die sich im Laufe der Stammesgeschichte in Anpassung an die Umwelt entwickelt haben.

Die Verwendung des Zick-Zack-Motivs mit seiner eher aggressiven Wirkung im apotropäischen Bereich als Muster allein oder als Substitut für zum Beißen entblößte Zähne ist nun verständlicher. Dieses Muster erregt nicht nur die Aufmerksamkeit, sondern es funktioniert gleichsam als subtiler Auslöser für eine bestimmte Reaktion des Betrachters, jene des defensiven Zurückweichens. Zusammen mit anderen Zeichen derselben Wirkungsrichtung (Abbildung rechts unten) ergibt sich so eine an die Biologie unserer Wahrnehmung angepaßte Nachricht, die die Funktionen des Drohens und des Schutzes effektiv erfüllt.

Die Felsenmalereien der ehemals in Südafrika lebenden Buschleute haben größtenteils kultischen Charakter; sie erzählen von den gefahrvollen Trance-Reisen der Schamanen. Auch hier ist das Zick-Zack-Motiv häufig zu finden. Kap Provinz, Südafrika

Das ausdrucksstarke Gesicht, die gefletschten Zähne und die zahlreichen Augenmotive geben dem Sakralschild der Goaribari, Golf von Papua, einen wahrlich abwehrenden Charakter. Papua Neuguinea

163

DAS

GEBEN

Neigung oder No

Zur Ethologie des Besitzes

»Radikale Humanisten«, wie sie sich selbst nannten, haben Besitz mit Egoismus und Habgier gleichgesetzt und in den siebziger Jahren gegen das Prinzip des Privateigentums mobil gemacht. Ein Vertreter dieser Richtung war zum Beispiel der Psychoanalytiker Erich Fromm. Heute, nach der auch ideengeschichtlichen Niederlage des Sozialismus, wären Verfechter der Vorstellung vom »bösen Besitz« vermutlich etwas vorsichtiger in der Formulierung ihrer Forderungen. Andererseits machen sich vielerorts verantwortungsbewußte Menschen weiterhin Gedanken über die grundsätzliche Frage, ob persönlicher Besitz eher gefördert oder beschnitten werden sollte.

Rechte Seite: Nur was wir besitzen, können wir auch verschenken oder tauschen. Stets sind es Dinge von Wert, die an andere abgegeben werden. Bei den Trobriandern zum Beispiel Schweine, die normalen Yamswurzeln, der kostbare *mwali*-Schmuck und *kuvi* Zeremonial-Yams

Besitz und das Streben danach gehören zu den menschlichen Universalien, wie Irenäus Eibl-Eibesfeldt in verschiedenen Publikationen nachgewiesen hat. Wir leben mit großer Selbstverständlichkeit damit und bedenken kaum, welche Normen jenes Verhalten beeinflussen, das mit Eigentum und Besitzstreben in Zusammenhang steht. Ein Teil dieser Normen entstammt unserem biopsychologischen Programm, sie bilden sich daraus in einer Verschränkung mit individuell Gelerntem. Dieser Bereich menschlichen Verhaltens ist daher ein gutes Beispiel für die sogenannte »Instinkt-Dressur-Verschränkung«. Die biologischen Grundlagen reichen zum Teil weit in die Stammesgeschichte zurück. Das soll in diesem Beitrag zur Ethologie des Besitzverhaltens deutlich gemacht werden.

Eine Grundlage für das Verständnis der menschlichen Besitznorm sind die stammesgeschichtlichen Um- und Neubildungen von entsprechenden Verhaltensnormen bei Tier und Mensch, über die der Züricher Zoologe Hans Kummer gearbeitet hat; die Grafik auf der folgenden Seite ist weitgehend aus seinem Text zusammengestellt. Im Verlauf der Evolution wurden alte Stufen durch neue überbaut, oft bestehen sie aber in letzteren weiter.

Beispiele zur ersten Stufe der Grafik kennt jeder Aquarianer aus der Beobachtung von Fischen und Schwanzlurchen. Gelingt es etwa einem Kammolch nicht, einen großen Wurm rasch zu verschlucken, dann kann es vorkommen, daß derselbe Wurm mit seinem freien Ende auch Beute eines anderen Molchs wird. Wenn der Wurm nicht abreißt, gewinnt nach mitunter langem Ringen der Stärkere.

Beispiele zur zweiten Stufe kann man auf dem Hühnerhof beobachten, unter bestimmten Bedingungen auch bei Affen: Der Ranghöhere oder Dominante nimmt dem Rangniederen die von ihm entdeckte Nahrung weg. Ein eindrucksvolles Foto, das Frans de Waal in seinem Buch »Wilde Diplomaten« veröffentlicht hat, zeigt, wie ein ranghoher Rhesusaffe sogar die Backentasche eines rangniederen inspiziert. Erwachsene Affen respektieren mitunter nur dann das »Besitzrecht des zuerst Gekommenen« (Stufe drei), wenn der Besitzer des Gegenstandes ihnen im Rang

rm?

Humanethologische Forschungsergebnisse, die ja stets in verschiedenen Kulturen gewonnen werden, damit also eine weite Gültigkeit haben, können in dieser wichtigen Diskussion um das Für und Wider des Besitzens eine Orientierung geben.

Am Ende dieses Kapitels wird gesagt, daß es wohl in keinem politischen System gelingen dürfte, den Wunsch nach Besitz zu unterdrücken, selbst bei kleinen Kindern nicht, die ja dem formenden Einfluß der Gesellschaft noch nicht lange ausgesetzt sind. Um eine gerechte Verteilung von Gütern und damit eine im Innern befriedete Gesellschaft zu schaffen, müssen humanethologische Rahmenbedingungen berücksichtigt werden. In diesem Fall also die menschliche Tendenz, Besitz eher zu wollen als nicht zu wollen.

»EE« hat zu Recht darauf hingewiesen, daß die moralische Verurteilung des Wunsches nach Besitz gänzlich außer acht läßt, daß wir nur dann geben können, wenn wir zuvor besessen haben. Unser biologisch verankerter Wunsch, zu besitzen und Besitz zu verteidigen, ist also interessanterweise die ähnlich ist; wenn der Abstand in der sozialen Hierarchie groß ist, wie in dem von Frans de Waal berichteten Beispiel, versucht der ranghöhere Affe dagegen, dem Erstbesitzer die begehrte Sache wegzunehmen. Wahrscheinlich ist das menschliche »Besitzrecht des zuerst Gekommenen« homolog, also stammesgeschichtlich verwandt, mit der Verhaltenstendenz von Affen, bereits eingetretenen Besitz zu respektieren. Das Entstehen dieser Verhaltensnorm ist sehr wahrscheinlich eng mit der Evolution des Sozialverhaltens verbunden.

Soziale Gruppen können, wie Irenäus Eibl-Eibesfeldt betont hat, als erweiterte Familie angesehen werden, denn die Mitglieder einer Gruppe sind zumindest teilweise miteinander verwandt, das heißt, sie haben einen gewissen Bestand an Genen, also an Erbinformation, gemeinsam.

BESITZVERHALTEN

STUFE 5
Menschen

Verhaltensnorm: Respektieren von Besitzansprüchen auch bei Abwesenheit des Besitzers
Bezug: Nahrung, viele Güter und Äquivalente

STUFE 4
Menschenaffen

Verhaltensnorm: Abgeben von Besitz, Betteln zwischen Erwachsenen, Zurückgeben von Besitz
Bezug: Nahrung, Werkzeuge (?)

STUFE 3
Affen

Verhaltensnorm: Besitzrecht beim zuerst Gekommenen (im Rahmen der Evolution sozialer Gruppen)
Bezug: Nahrung, z.T. Territorien, manchmal Artgenossen

STUFE 2
niedere Säugetiere, Vögel

Verhaltensnorm: Durchsetzung des »Besitzanspruches« durch den Ranghohen
Bezug: Nahrung

STUFE 1
vermutlich bis zu den Reptilien

Verhaltensnorm: Durchsetzung des »Besitzanspruches« durch den jeweils Stärkeren
Bezug: Nahrung

Die Grafik geht auf die Arbeit des Zoologen Hans Kummer zurück und zeigt modellhaft, welche stammesgeschichtlichen Vorbedingungen notwendig waren, bevor die komplexen Besitznormen des Menschen entstehen konnten. Die neuen Stufen repräsentieren jeweils neue Entwicklungsschritte, enthalten aber stets auch Verhaltenselemente aus den früheren Stufen

Wenn zwei Geschwister sich um Besitz streiten, werden möglicherweise die Fortpflanzungschancen von beiden behindert, etwa wenn sie sich verletzen. Eine Eingrenzung der Streitkosten, in unserem vereinfachten Beispiel durch ein Gen, das zur Respektierung des Besitzrechts des zuerst Gekommenen führt, hätte also für die potentiellen Streithähne und damit für die Ausbreitung dieses Gens klare Vorteile. Es würde sich in der Gruppe durchsetzen. Diese Modellvorstellung kann also erklären, warum sich die Respektierung des zuerst gekommenen Besitzers unter unseren menschenähnlichen Vorfahren ausgebreitet hat.

Diese Verhaltensnorm erleichtert, einmal entstanden, ferner die Interaktionen selbst zwischen nicht verwandten Individuen sozialer und intelligenter Tierarten, die ein gutes Gedächtnis haben und darauf hoffen

Basis für all die freundlichen Handlungen, mit denen wir Dinge aus unserem Besitz verschenken. »EE« führt 1984 in diesem Zusammenhang weiter aus: »Es dürfte sehr verschiedene Motivationen des Besitzens und nicht notwendigerweise einen gemeinsamen 'Besitztrieb' geben. Die Annahme

169

eines all diese verschiedenen Erscheinungen zusammenfassenden Besitztriebes wäre zumindest im heutigen Stadium der Forschung spekulativ. Tiere erwerben Objekte und stellen Bindungen zu diesen her, wenn sie diese zur Erfüllung bestimmter Bedürfnisse benötigen. Es können Bedürfnisse des Stoffwechsels (also zum Beispiel der Nahrungsaufnahme), aber auch solche anderer Art sein«.

Das Abgeben und Verteilen von Nahrung und anderen wertvollen Dingen ist ganz typisch für die Menschen. Die Römer drückten das in der Sentenz »do ut des«, ich gebe, damit du geben mögest, aus. Darin steckt die Reziprozität des Gebens und Nehmens. Sie darf, zumindest auf lange Sicht, nicht grob verletzt sein, soll eine Tauschpartnerschaft erhalten bleiben. Allerdings sind Menschen in den meisten Kulturen auch bereit, den Erhalt der Gegengabe für lange Zeiträume zu »stunden« oder auch zweimal zu geben, obwohl der Partner keine entsprechende Leistung erbracht hat. Fast noch wichtiger als der exakte Eins-zu-Eins-Austausch ist demnach der Erhalt der Tauschbeziehung als solcher.

Rechte Seite: Die Halbschwester greift nach dem Essen ihres Halbbruders. Eine der Mütter bricht das Tarostück in zwei Hälften, die sie aber nicht austeilt, sondern beide an den Vorbesitzer zurückgibt. Dem fällt es nun leichter, abzugeben. Ein Musterbeispiel feinfühliger elterlicher Lenkung in einer sehr ursprünglichen Kultur – ganz ohne kluge Bücher (Eipo)

können, daß ein Interaktionspartner sich an früher erfahrene »Fairness« erinnert und seinerseits ebenfalls die Besitznorm des zuerst Gekommenen einhält. Man bezeichnet das auch als das Prinzip der Reziprozität.
Eine Parallele zur dritten Stufe gibt es interessanterweise schon viel früher im Tierreich. Bei manchen Fischarten, zum Beispiel beim Stichling, besetzen Individuen Reviere. Meist gelingt es dem Revierbesitzer, einen eindringenden Artgenossen zu vertreiben, selbst wenn dieser stärker ist. Die Ursache liegt darin, daß ein Revierbesitzer in solchen Situationen mit mehr Einsatz kämpft, weil für ihn der Streitwert größer ist. Er hat in das Territorium bereits »investiert«, indem er es erkundet und kennengelernt hat. Der Umstand, daß der engagiert kämpfende Revierbesitzer den oft stärkeren Gegner vertreiben kann, ähnelt dem »Besitzrecht des zuerst Gekommenen«. Es ist aber nur eine Analogie dazu, also eine Funktionsähnlichkeit, keine Homologie, die sich auf eine gemeinsame Abstammung in der Reihe der Tiere gründet. Eine solche Art des »Besitzrechts« bei Fischen und anderen niederen Tieren steht also, soweit man heute weiß, außerhalb der Entwicklungen unserer direkten Ahnenreihe; sie findet deshalb in der Grafik keine Berücksichtigung, weil dort die Wurzeln unseres Besitzverhaltens in der kontinuierlichen Abfolge unserer Stammesgeschichte aufgetragen sind.
Bei nicht-menschlichen Primaten bezieht sich der Besitzanspruch auf Nahrung, bisweilen auf Territorien und manchmal auch auf Artgenossen. Bei manchen Arten bewachen, wie Kummer und Dunbar gezeigt haben, die Männchen die Weibchen und versuchen, sie sexuell zu monopolisieren. Bei Menschenaffen kann sich der Besitzanspruch auch auf Werkzeuge beziehen, wie wir durch Jane Goodall und William McGrew wissen, möglicherweise ebenfalls im Sinne eines »Besitzrechts des zuerst Gekommenen«. Man weiß heute noch nicht, ob mit der Benutzung von Werkzeugen gleichzeitig die ebenfalls bei Menschenaffen erstmals auftretende neue Verhaltensnorm des »Abgebens und Zurückgebens von Besitz« verknüpft ist (siehe dazu auch das Beispiel vom Gorilla weiter unten).
Im Tierreich kommt es normalerweise nicht vor, daß Nahrung freiwillig an erwachsene Individuen abgegeben wird. Eine Ausnahme bilden jedoch Schimpansen, möglicherweise auch die anderen Menschenaffen. Bei Schimpansen geben die Männchen an andere Erwachsene mehr ab als die Weibchen, die Nahrung vorwiegend mit ihren Jungen teilen. Frans de Waal beobachtete, daß Männchen der Zwergschimpansen (Bonobo) jene Weibchen beim Verteilen der Nahrung bevorzugen, bei denen die periodisch auftretende Brunftschwellung gerade besonders ausgeprägt ist. Die Bonobo-Männchen werden also bezüglich des Abgebens durch sexuelles Interesse beeinflußt. Jane Goodall berichtet von einer altersschwachen und invaliden Schimpansenfrau, die von ihrer Tochter Futter bekam. Dieses Beispiel zeigt die enge Verbundenheit zwischen Mutter und Tochter und ein echtes Einfühlen in das Bedürfnis des anderen.
Zum Geben und Nehmen von anderen Dingen als Nahrung gibt es bei Menschenaffen nur wenige Beobachtungen. Der zugeordnete Begriff »Werkzeug« wurde deshalb in der Grafik mit einem Fragezeichen versehen. Eine sehr aufschlußreiche Beobachtung zu Nehmen und Zurückgeben stammt aus einem Film der National Geographic Society über Dian Fossey und ihre Forschungen. Ein riesiger Gorilla nimmt ihr Kugelschreiber und Notizblock aus der Hand, um sie neugierig zu untersuchen, reicht dann aber beides wieder an die Besitzerin zurück! Im

171

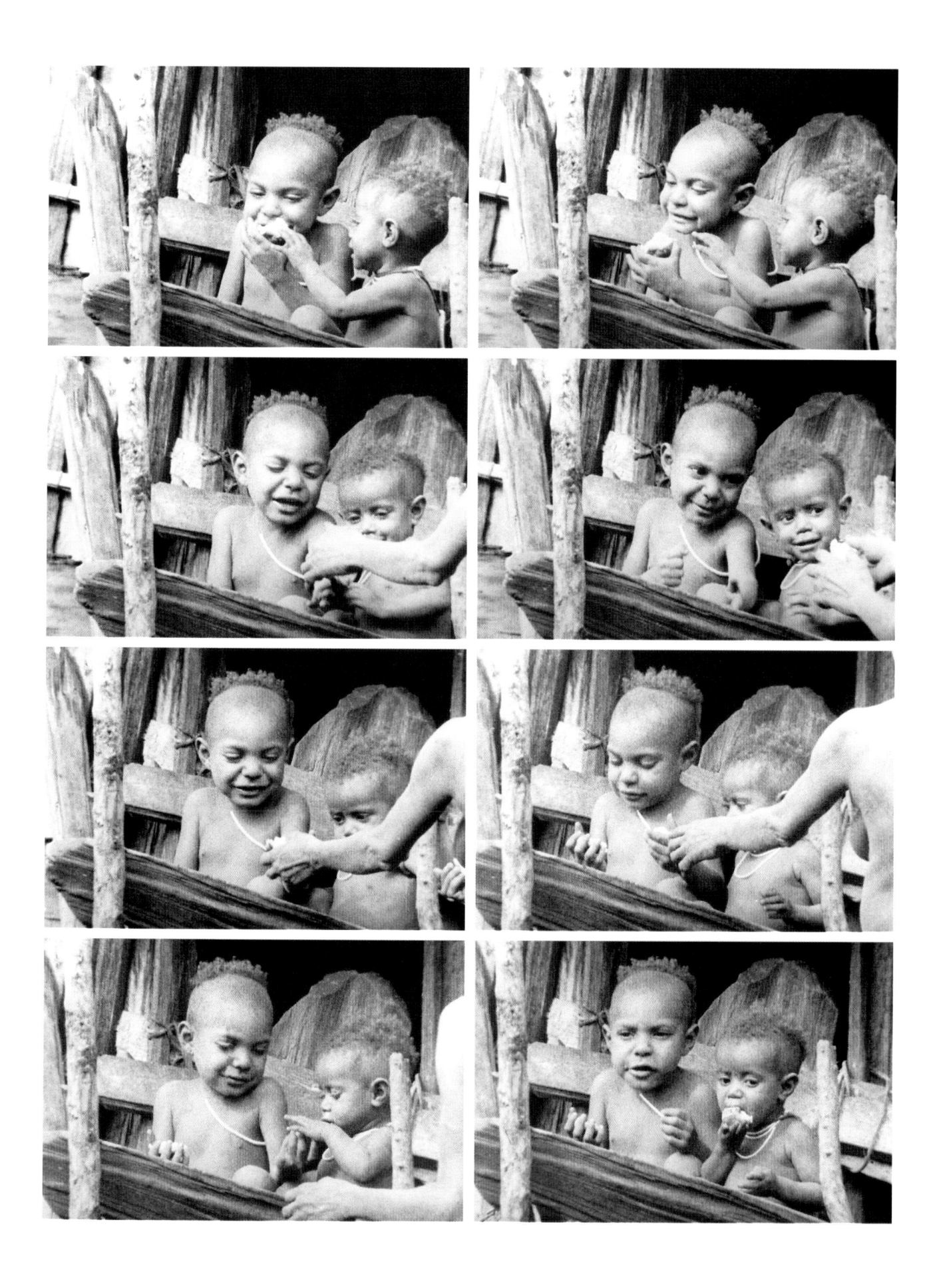

Wie bei allen Hirtenvölkern gehört auch bei den Himba das Vieh zum wertvollsten Besitz

Bei den Trobriandern ist die Kunst des Gebens und Nehmens besonders hoch entwickelt. Es kommt nicht selten vor, daß man von einem Dorfbewohner ein kleineres oder mittleres Geschenk erhält, etwa ein lecker gekochtes, meist allerdings etwas zähes Huhn. Das ist nun mehr als nur ein Akt der Freundlichkeit. Vielmehr gilt diese Gabe als eine Art Startergeschenk, durch das man den Empfänger günstig stimmt und ihn in eine Beziehung der Reziprozität einbindet. Mit dem Entgegennehmen des Huhns verpflichtet sich der Empfänger, dem Geber einen Wunsch zu erfüllen, der meist wesentlich größer ist als der Wert des Startergeschenks.

Auf diese Weise kann es zur Eskalation des Schenkens kommen, wie es in der Tat auch bei den Trobriandern und in vielen anderen Kulturen beobachtet werden kann. Man überschüttet den oder die Empfänger regelrecht mit hochwertigen Gaben und tut das zum Teil auch unter Gesten, die ausdrücken: »Hier hast Du was von meinen Sachen. Ich hab' soviel davon, daß du ersticken wirst unter all dem Zeug. Niemals wirst Du das alles zurückzahlen können.« Diese Art des aggressiven Gebens nennt man nach einer Zeremonie der Kwakiutl-Indianer an der Kanadischen Westküste potlatch. Hier wird also der biologisch vorgeprägte Wunsch zu besitzen von jenem überdeckt, anderen die eigene Überlegenheit zu beweisen.

Gegensatz dazu würden Primaten, die im Stammbaum unterhalb der Menschenaffen stehen, in einer vergleichbaren Situation den Gegenstand einfach fallen lassen, wenn er für sie keinen Wert mehr hätte.

Individuellen territorialen Besitz gibt es unter den Menschenaffen wahrscheinlich nur beim Orangutan; dort kontrollieren das Weibchen und das Männchen jeweils recht große Abschnitte des Regenwaldes, die sich partiell überlappen. Schimpansen besetzen dagegen ein gemeinsames Territorium. Es wird von der ganzen Gruppe genützt und von den Männchen verteidigt.

Der Umgang mit Besitz ist beim Menschen natürlich viel komplexer als bei seinen nächsten Verwandten im Tierreich. Menschliches Besitzstreben ist eng mit einer Reihe von Motiven verwoben, die zum Teil zwar schon bei anderen Primaten beobachtet werden können, bei ihnen aber vermutlich weitgehend unabhängig von der Besitznorm sind. Beim Menschen spielt vor allem das Streben nach sozialer Akzeptanz und nach Erreichen eines möglichst hohen Ranges eine Rolle, für den vor allem soziale Kompetenz, Großzügigkeit und Anerkennung durch die anderen vonnöten sind. Das Abgeben von Besitz und das Tauschen sind beim Menschen kulturell überbaut und haben wichtige soziale Funktionen, wie auch aus dem Kapitel über »Hxaro: Schenken und soziale Sicherheit bei den !Kung Buschleuten« deutlich wird. Dieses Verhalten und die damit verbundene Verläßlichkeit sowie weiterbestehendes Vertrauen in den Partner, auch wenn er einen einmal enttäuscht hat, hilft, Bindungen zu stiften und zu bekräftigen, es fördert die Akzeptanz in der Gruppe und ist zentraler Teil von Ritualen. Geben und Nehmen kann darüber hinaus Funktionen haben, die denen einer Sozialversicherung gleich kommen, wie es Wulf Schiefenhövel und Ingrid Nina Bell für die Trobriander gezeigt haben. Beim Menschen bezieht sich der Besitzanspruch auf eine große Anzahl von Gegenständen wie Werkzeuge, Haustiere, Schmuck und Kultgegenstände sowie auf funktionelle Äquivalente materiellen Besitzes und ideelle Werte. Beispiele für letztere sind etwa vererbbare

Rechte, bestimmte Rollen bei Festen und Kulthandlungen sowie geistiges Eigentum, etwa die Urheberschaft an einem Lied, einem Märchen oder einer materiellen Erfindung. Ein Äquivalent des Abgebens von Dingen sind »verbale Geschenke« wie Komplimente und gute Wünsche. Mit diesen Geschenken sind wir vor allem dann besonders großzügig, wenn es gilt, beim Abschied vor einer längeren Trennung die Bindung zu bekräftigen.

Wie Eibl-Eibesfeldt in seinem Lehrbuch der Humanethologie betont, respektieren wir Menschen die territoriale Besitznorm vor allem dann, wenn es sich bei dem Besitzer um ein Mitglied der eigenen Gruppe handelt. Gruppenfremde Territorien werden weniger durchgängig respektiert, und es kommt dementsprechend öfter zu Übergriffen. Allerdings vermeidet man meist ein zu weites Eindringen in fremdes Territorium, wohl aus Angst vor einer Gegenwehr der Besitzer und ihrer langfristigen Rache. Wenn die Kräfteverhältnisse deutlich ungleich sind, kommen Übergriffe eher vor. Diesbezüglich sind menschliche Eroberungen denen von Schimpansen nicht unähnlich. In einem durch Jane Goodall bekannt gewordenen Fall kam es zur Ausrottung einer Nachbargruppe und Übernahme eines Teils ihres Territoriums. Ein Unterschied besteht allerdings darin, daß beim Menschen kulturelle Konventionen geschaffen werden, die Grenzen festlegen. Im Großen und Ganzen funktioniert das ausreichend gut. Zynischerweise macht das Völkerrecht es aber möglich, Gebietsgewinne des stärkeren Staates im Nachhinein derart zu verankern, daß der Anschein von Rechtmäßigkeit entsteht. Es gibt somit, wie dieses Prinzip des Gebietsgewinns zeigt, auch beim Menschen Beispiele für die ältesten Entwicklungsstufen der Besitznorm, nämlich den Besitzanspruch des Stärkeren (Stufe eins), und selbst im modernen Rechtsstaat ist das Dominanzrecht (Stufe zwei) noch in Kraft, das die Besitzansprüche Ranghoher begünstigt, etwa gut dotierte Ämterkumulation verbunden mit mehreren Pensionsansprüchen und anderen geldwerten Vorteilen. Den meisten von uns ist bewußt, wie lange wir für den Besitz bestimmter Güter gearbeitet und gespart haben. Daß aber auch viele Stunden unseres Arbeitslebens für nichts anderes draufgehen als für solche materiellen Güter, die fast nur der »Statusmimikry« dienen, also der Nachahmung der Reichen (zum Beispiel Hochstapelei mit repräsentativen Autos), ist uns vermutlich weniger klar. Viele Männer erleben den Besitz eines »zu kleinen« Autos als persönliche Schwäche. Frauen tendieren in den verschiedenen Kulturen dazu, ihren Status durch den Rang und Besitz ihres Mannes zu definieren. Logische Folge dessen ist, daß die Autos der Männer größer sind als die ihrer Frauen.

Eine Vielzahl von biopsychologischen Programmen und Motiven zur Besitznorm zieht sich bis heute durch unsere Kulturgeschichte. Diese Programme sind selbst durch ausgeklügelte Propaganda nicht beliebig veränderbar, wie der Zusammenbruch der sozialistischen Staaten gezeigt hat. Einer ihrer Kardinalfehler war, die Durchschlagskraft des individuellen Strebens nach Besitz zu verkennen. Auch in unserer Kultur werden Normen, die mit Besitz in Zusammenhang stehen, von manchen Wissenschaftlern noch immer ausschließlich als Ergebnis »soziokulturellen« Lernens angesehen, obwohl die humanethologische Forschung belegt, daß die menschliche Besitznorm eine Verschränkung aus biologischem Erbe und kulturell Erlerntem ist. Es wird vermutlich unter keinem System der Erziehung und politischen Beeinflussung gelingen, Kinder so aufwachsen zu lassen, daß sie kein Besitzstreben zeigen.

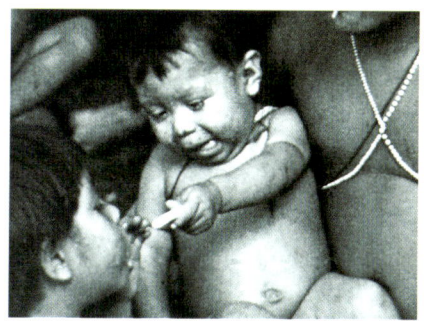

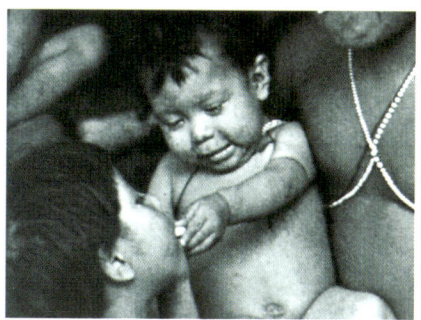

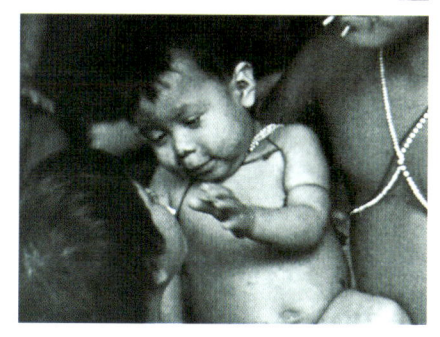

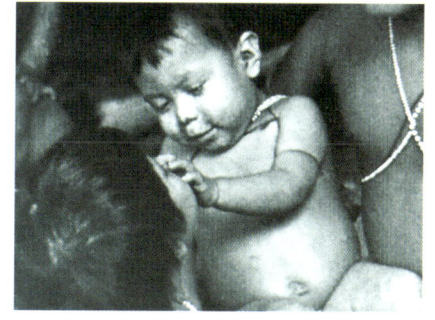

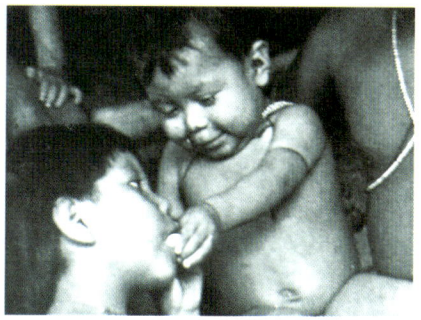

Früh schon sind Kleinkinder in der Lage, Gib-Nimm-Spiele zu erfinden. Sie folgen darin einem biologischen Impuls und üben gleichzeitig Regeln ihrer Kultur ein (Yanomami)

Hxaro

Schenken und soziale Sicherheit

*Im Kollegenkreis hört man bisweilen die Frage: »Wie kann ein einzelner Wissenschaftler so viele verschiedene Kulturen bearbeiten wie »EE«, wo doch die meisten Feldforscher sich auf ein oder zwei Ethnien beschränken?«
In der Tat ist das Ausmaß der humanethologischen Dokumentation ungewöhnlich. Zwei Gründe sind es vor allem, die das möglich machen.*

Der französische Soziologe Marcel Mauss wies in den 20er Jahren in seinem klassischen Essay »Die Gabe« nach, daß jeglichem Gütertausch eine sozialisierende Dimension innewohnt, die nicht getrennt vom materiellen Wert gesehen werden kann. Die Erkenntnis, daß in traditionellen Gesellschaften Soziales und Ökonomisches unentwirrbar miteinander verflochten sind, eröffnete das neue Forschungsgebiet einer wirklich anthropologischen Ökonomie. Aus entwicklungsgeschichtlicher Perspektive ist es sinnvoll, daß die meisten Tauschhandlungen sowohl einen wirtschaftlichen als auch einen sozialen Aspekt haben, – denn während rein wirtschaftliche Transaktionen voraussagbare Bedürfnisse decken, ist es die soziale Beziehung, die in Zeiten unvorhergesehener Ereignisse, wie etwa bei erschöpften Ressourcen, bei Krankheit, Unglück, Konflikt oder politischer Bedrohung in Kraft tritt und als soziales Sicherungssystem wirkt. So alt und wichtig sind diese beiden Dimensionen des Tauschs in unserem biologischen und kulturellen Erbe, daß sie durch emotionale Belohnung verstärkt werden; diese wird bewirkt durch chemische Veränderungen in unserem Körper.

In allen untersuchten Gesellschaften fühlen sich die Menschen »gut«, wenn sie jemandem etwas schenken, was diesem große Freude macht oder ihm hilft, aber sie fühlen sich »enttäuscht« oder »deprimiert«, wenn keine Gegenleistung folgt. Das erstere Gefühl entwickelte sich vermutlich im Laufe der Selektion, (vgl. das Kapitel »Norm oder Neigung?«), um die Bildung eines sozialen Netzwerks zu fördern, das letztere, um Ausbeutung zu vermeiden. Während die Kriterien für Großzügigkeit oder Geiz kulturell definiert sind, sind emotionale Reaktionen darauf universell und werden sprachlich durch Metaphern ausgedrückt, die vielen Kulturen gemein sind, wie etwa, daß das Herz »aufgeht« oder die Seele »sich emporschwingt« bei Großzügigkeit, oder das Herz »sinkt«, wenn man enttäuscht wird.

In unserer Industriegesellschaft übernehmen allmählich Einrichtungen wie Kranken-, Sozial- und Lebensversicherung die Aufgaben des alten sozialen Netzes, decken Risiken und Unsicherheit. Wir brauchen zwar den Bei-

Rechte Seite: In langfristig angelegten *hxaro*-Tauschpartnerschaften der Buschleute spielen vor allem Schmuck aus Straußenei-Plättchen und Glasperlen eine große Rolle

stand unserer Freunde und Nachbarn, aber wir versuchen, Freundschaft von wirtschaftlichen Bedürfnissen zu trennen – wegen der Verpflichtungen und Spannungen, die ihre Verflechtung mit sich bringt. Allerdings schwächen wir damit häufig auch den Schwerpunkt solcher Beziehungen, nämlich den emotionalen Trost des menschlichen Sozialsicherungsnetzes. Bei nichtindustriellen Gesellschaften vergangener und heutiger Zeit, besonders bei Jägern und Sammlern wie den Kalahari-Buschleuten, die keinerlei Nahrungsvorräte für Notzeiten anlegen, bleibt das auf Verwandtschaftsbeziehungen gegründete Sicherungsnetz intakt, das Soziales und Wirtschaftliches untrennbar umschließt. Das ständige Ausbalancieren ökonomischer und sozialer Anliegen steht im Zentrum des Interesses, liefert Gesprächsstoff und schafft die Grundstimmung für den Alltag im Lager der Buschleute ebenso wie in Dörfern oder Siedlungen vieler anderer traditioneller Gesellschaften. Wir wollen hier betrachten, wie ökonomische und soziale Faktoren zu einem Sozialsicherungsnetz verflochten sind – nämlich bei den !Kung-Buschleuten des Dobe-Gebiets im Nordwesten der Kalahari-Wüste.

Überall sind vor allem solche Dinge kostbar, die schwer erhältlich sind oder nur in langwieriger Arbeit angefertigt werden können

Für jede der fünf Kulturen, die in diesem Buch beschrieben werden, besteht eine Kooperation mit anerkannten Spezialisten, die lange Jahre Feldforschung in den betreffenden Gebieten betrieben haben. Sie sprechen die Sprache der Einheimischen, kennen die Mitglieder der Siedlungen und wissen um die Sozialstruktur, die politische Organisation, die Ökonomie, die Religion, generell über das Leben zwischen Geburt und Sterben in den kleinen Gemeinschaften. Die einführenden Kapitel über die fünf »Modellkulturen« und viele Aufsätze in Fachzeitschriften sind denn auch von diesen Kolleginnen und Kollegen verfaßt.

Die !Kung besitzen in der weiten Landschaft landrechtliche Areale, die sie *n!ori* nennen. Jedes *n!ori* bietet genügend Nahrung und Wasser, um eine Gruppe von 25 bis 40 Menschen pro Durchschnittsjahr zu versorgen, wie Richard Lee 1979 gezeigt hat. Jedoch ist die Ressourcenverteilung in den Gebieten keineswegs gleichmäßig, und so sind Grundnahrungsmittel in einigen *n!ori* reichlich vorhanden, in anderen gar nicht. Obgleich die Kalahari in manchen Jahren ausgezeichnete Ressourcen für die Jagd und das Nahrungssammeln bieten kann, so unterliegt dies doch großen Schwankungen. Infolge Mangels an Oberflächenwasser liegen viele Ressourcen für die meiste Zeit des Jahres brach, und versiegen gänzlich in Dürrejahren. Hinzu kommen saisonale und jährliche Schwankungen bei den Nahrungspflanzen wie auch bei den Wanderungen der Wildtiere und beim Jagderfolg. Und nicht nur Unwägbarkeiten ihres Lebensraums stellen Risiken für die Buschleute dar – auch Krankheit, Konflikt, vergebliche Suche nach einem Heiratspartner und andere soziale oder politische Probleme spielen eine Rolle. Um mit solchen Situationen fertig zu werden, haben die Buschleute ein System gegenseitigen Austauschs etabliert, genannt *hxaro*, in dem sich jede Person, männlich oder weiblich, alt oder jung, persönliche Beziehungen schafft, um sich so gegen die erwähnten Risiken abzusichern. Die *hxaro*-Beziehungen stellen einen ausgewogenen, aber nicht notwendigerweise äquivalenten, oft verzögerten Austausch von Geschenken dar, deren dauernder Fluß beide Partner auf dem Laufenden hält über das Wesen ihrer Beziehung, das einerseits aus dem sozialen Element der Freundschaft und Hilfsbereitschaft besteht und andererseits aus einem wirtschaftlichen, nämlich Gütertausch und gegenseitigem Zugriff auf Ressourcen.

Eine Vielzahl von Gegenständen – außer Nahrungsmitteln – können als Geschenk beim *hxaro* dienen: Schmuckketten, Decken, Pfeile, Werkzeuge, Straußeneier, etc.. Praktisch sämtliche Waren und Wertgegenstände zirkulieren beim *hxaro*, am häufigsten jedoch werden Ketten aus Glasperlen oder Straußeneiplättchen verschenkt. Obgleich der Geschenketausch symbolisch für die zugrundeliegende soziale Beziehung ist, werden doch die Geschenke wegen ihres eigenen Werts, ihrer Schönheit, Nützlichkeit oder Bequemlichkeit geschätzt und versorgen die !Kung mit schätzungsweise 70 Prozent ihrer weltlichen Habe.

Überdies verleiht es sozialen Status, ein Geschenk zu erhalten, da es ein Zeichen dafür ist, daß andere den Empfänger wertschätzen. Die Geschenke werden mit Bescheidenheit und Diskretion gegeben, man will nicht hochmütig wirken oder etwa Neid erwecken, obgleich es vorkommen kann, daß der Geber beim Erbitten einer Gegengabe betont, wie nützlich oder schön das eigene Geschenk war, um zu zeigen, wie wichtig ihm oder ihr die Freundschaftsbeziehung ist. *Hxaro*-Gaben werden oft im sozialen Kontext angefertigt. Wenn die !Kung Geschenke herstellen, sitzen sie gesellig beisammen, schwätzen, lachen und pausieren, um gegenseitig ihre Arbeiten zu bewundern. Es ist, als ob die Geschenke an sozialer Bedeutung wachsen, während die Arbeit an ihnen bei endlosen Gesprächen vonstatten geht, denn in der Zukunft werden sich die Leute an ihre Hersteller erinnern und wissen, wieviel Mühe sie sich gemacht haben.

Die Beziehungen, die dem Geschenketausch beim *hxaro* zugrundeliegen, sind, wie alle Formen gegenseitiger Reziprozität bei Sammlervölkern, schwierig zu definieren. Aus der Sicht der !Kung bedeutet eine *hxaro*-Partnerschaft, daß zwei Personen sich gegenseitig »im Herzen halten« und dementsprechend für einander verantwortlich sind. Eine

Person hat das Recht, ihren *hxaro*-Partner zu rufen, wann immer sie in Not ist, seien diese Nöte verursacht durch Umweltgegebenheiten, Konflikt, körperliche Behinderung oder auch durch persönliche Schwierigkeiten, etwa einen passenden Heiratspartner zu finden. Die Bedingungen einer *hxaro*-Partnerschaft kommen dem sehr nah, was Sahlins 1972 als »generalized reciprocity«, verallgemeinerte Reziprozität, definiert hat: Derjenige der etwas hat, gibt dem, der etwas braucht, wobei der Bedarf relativ ist im Verhältnis zu den Möglichkeiten beider Partner. *Hxaro*-Geschenke müssen gleichwertig und innerhalb eines absehbaren Zeitraumes erwidert werden, denn sie teilen dem Empfänger mit, daß und wie die Beziehung weiterbesteht. Im Gegensatz dazu sind Gegengaben für vorliegende Verpflichtungen nicht durch Zeit, Quantität oder Qualität festgelegt, denn Bedürfnisse sind endlos. Es wäre nicht sinnvoll, für geleistete Hilfe sofort eine Gegenleistung zu erhalten, denn dann wäre die Freundschaftsbeziehung ausgeglichen und könnte beendet werden. Vielmehr ist es wünschenswert, die Schuld aufzuschieben, bis der Zustand des Habens und Nichthabens umgekehrt ist, damit Zeitpunkt und Effekt der Gegenleistung erst im Bedarfsfall eintreten.

Kinder werden dann in das *hxaro*-System eingeführt, wenn sie als Kleinkinder von den Großeltern mütterlicher- oder väterlicherseits eine Perlenkette geschenkt bekommen; darauf können Gaben anderer Verwandter folgen. Die symbolische Einübung für das *hxaro* beginnt im Alter zwischen sechs Monaten und einem Jahr, wenn die Großmutter des Kindes seine Kette auseinanderschneidet, sie reinigt, und dann dem Kind in die Hand legt, damit es sie weitergibt an ein anderes Familienmitglied. Daraufhin ersetzt sie dem Kind die Kette durch eine neue. Von nun an, ob das Kind einverstanden ist oder nicht, wird dieser Prozeß fortgesetzt, bis es sich im Alter zwischen fünf und neun Jahren aus eigenem Antrieb in das *hxaro* einklinkt. In ihrer Jugend dehnen die !Kung den Bereich ihrer *hxaro*-Beziehungen bei Verwandten und Spielkameraden aus, und wenn sie heiraten, werden sie gänzlich in das *hxaro*-System integriert. Von da an werden die betreffenden Partnerschaften ernst genommen, und die !Kung weiten ihre *hxaro*-Beziehungen zu fernen Verwandten aus. Neue Partnerschaften werden geknüpft, indem man möglichen Partnern Geschenke gibt und damit den Wunsch anzeigt, daß man eine langdauernde *hxaro*-Beziehung eingehen möchte. Die Empfänger besprechen dann die Sache mit ihrem Ehepartner, und zusammen wird entschieden, ob sie willens und fähig sind, eine neue *hxaro*-Verpflichtung einzugehen. Zum Zeichen der Akzeptanz werden zunächst gleichwertige Geschenke gegeben und nach mehreren Jahren, zahlreichen Tauschgeschenken und periodischen Besuchen wird die Beziehung als stabil angesehen.

Ein Erwachsener verfügt, wie die Autorin 1976 gezeigt hat, durchschnittlich über einen Kreis von 16 bis 17 Tauschpartnerschaften, die gut verteilt sind. Dabei ist die räumliche Verteilung vielleicht das wichtigste Kriterium. Die 520 Partnerschaften von 35 !Kung der Gruppe bei /Xai/Xai waren wie folgt aufgeteilt: 18 Prozent mit Personen des eigenen Camps, 25 Prozent mit Personen innerhalb eines 24-Kilometer-Radius vom Camp, 25 Prozent zwischen 25 und 49 Kilometer entfernt, weitere 24 Prozent mit Personen, die 50 bis 100 Kilometer entfernt und 8 Prozent waren mehr als 100 Kilometer entfernt. Partnerschaften mit Personen in anderen Camps bieten die Möglichkeit für ausgedehnte Besuche, wovon die !Kung häufig Gebrauch machen, sei es um an Ressourcen außerhalb ihres Gebietes zu kommen, sei es aus Gründen der

Die Autorin dieses Beitrags über die hxaro-*Tauschpartnerschaften bei den !Kung-Buschleuten hat in den 70er Jahren eine sehr detaillierte Untersuchung der einzelnen Elemente des hxaro vorgenommen und damit reichhaltiges Datenmaterial eingebracht, das die Grundlage auch für weitergehende Analysen bildet.*

Der zweite Grund für das Gelingen der ungewöhnlich umfangreichen Dokumentation in den verschiedenen Kulturen ist »EEs« Einsatz in der humanethologischen Forschung, die vor etwa 25 Jahren begann und bis heute unvermindert fortgesetzt wird. Wer mit ihm »im Feld« gearbeitet hat, weiß um die Energie, mit der er Zelt oder Hütte verläßt, sobald das Licht für die Filmdokumentation ausreicht, und um die Ausdauer, mit der er dort bleibt, wo soziale Interaktionen in Dorf, Garten, Steppe oder Kral stattfinden. Oft ist das mit großer Hitze verbunden oder mit körperlichen Belastungen, die infolge von Erkrankungen in den Tropen auftreten können. Auf diese Weise sind fast 300 000 Meter Film belichtet worden, die ungestellt das Leben der Einheimischen zeigen. Und es wurden viele Erkenntnisse darüber gewonnen und publiziert, warum bestimmte Facetten der jeweiligen Kultur gerade so sind und nicht anders.

*Soziale Sicherungssysteme in schriftlosen archetypischen Kulturen, entstehen durch einen ständigen, sehr komplexen Fluß des Gebens und Nehmens, der wiederum ausschließlich von der Erinnerung der Beteiligten kontrolliert wird. In den frühen Handelssystemen der Sumerer, Phönizier, Griechen und Römer war das anders, denn ihnen standen schriftliche Aufzeichnungen über die vielfältigen Transaktionen zur Verfügung. Eine evolutionsbiologische Hypothese zur Entstehung des Homo sapiens mit seinem im Tierreich so singulär leistungsfähigen Gehirn besagt, daß es vor allem die Notwendigkeit war, all die einzelnen und doch miteinander verzahnten Sozialbeziehungen im Kopf zu haben, die ja auch für die Angehörigen der heute noch existierenden ursprünglichen Gesellschaften so typisch sind.
Das hxaro-System der Buschleute ist ein gutes Beispiel für die intellektuelle Leistungsfähigkeit der Menschen in diesen Kulturen.*

Geselligkeit oder als Zuflucht in Krisenzeiten. Räumliche Verteilung ist aber nicht das einzige Kriterium für eine Tauschpartnerwahl, denn die !Kung wählen auch sorgfältig sowohl männliche als auch weibliche Partner mit verschiedenen Fähigkeiten und aus verschiedenen Altersgruppen, wobei ältere Partner Verbindungen zur Vergangenheit und junge Partner Beziehungen der Zukunft repräsentieren. Bei der Wahl von *hxaro*-Partnern sind sich die !Kung bewußt, daß ihnen das Schicksal dabei manchmal Vorteile beschert, daß manche Partnerschaften ausgewogen und manche ein Verlustgeschäft sein können, und daher ziehen sie sich nicht aus unergiebigen Beziehungen zurück, außer wenn sie das Gefühl haben, offen benachteiligt zu werden.

Nicht nur können sich die !Kung an ihre Partner wenden, wenn sie Hilfe benötigen, sondern sie tun es auch regelmäßig. Die Partnerschaften innerhalb des Camps werden alltäglich mit Fingerspitzengefühl genutzt, um Güter zu teilen oder um praktische Hilfe zu bekommen. Jene in anderen Buschmannsiedlungen ermöglichen ausgedehnte Besuche, ein wichtiger Aspekt im Leben der !Kung. Beispielsweise machten 20 !Kung-Haushalte, die 1968 und erneut 1974 untersucht wurden, insgesamt während dieser zwei Jahre 68 Besuche von mehr als einwöchiger Dauer zu *hxaro*-Partnern außerhalb ihres Gebiets, mit anderen Worten: eineinhalb Besuche pro Familie pro Jahr. Die Durchschnittsdauer solcher Besuche war knapp über zwei Monate, was bedeutet, daß ein !Kung-Haushalt jährlich etwa drei Monate lang von den Ressourcen seiner Partner lebt. Zieht man Besuche, die kürzer als eine Woche waren, in Betracht, dann ist diese Zahl sogar höher. Der Besuch von *hxaro*-Partnern ist also Teil des täglichen Lebens.

Da *hxaro*-Partnerschaften keine ökonomischen Verträge mit festgelegten Bedingungen, sondern vielmehr Verpflichtungen zu gegenseitiger Hilfe sind, kann es für die !Kung schwierig sein, eine Ausbeutung durch Schnorrer zu vermeiden. Die lose Art der Beziehung eignet sich zwar, um eine Reihe von Bedürfnissen zu decken, aber es erfordert ständige Beobachtung und Diskussion, um herauszufinden, wer etwas hat und wer wirklich bedürftig ist. Die meisten !Kung meinen, daß es nicht nur die Pflicht des Empfängers ist, Gaben zu erwidern, sondern daß auch der Gebende die Bereitschaft dazu wecken soll. So ist das Abwägen, wer hat und wer bedürftig ist, ein ständiges Gesellschaftsspiel, das zunächst gut gelaunt und mit Vergnügen gespielt wird. Wenn jedoch Ungleichgewichtigkeiten oder Ungerechtigkeiten auftreten, greifen die !Kung rasch zu Klatsch und Tratsch, auch in Hörweite desjenigen, der gegen die Regeln verstoßen hat.

Um nicht ausgenutzt zu werden, legen sie manchmal offen, was sie wirklich besitzen, oder sie hören tagelang, ja wochen- oder monatelang auf zu arbeiten, um sich als »Habenichts« zu etablieren und so Gegengaben zu erhalten. Es ist nicht ungewöhnlich, daß ein Jäger, der eine Glückssträhne hatte, plötzlich erklärt, daß sein »Glück« nun versiegt sei, und sich einige Wochen lang ausruht, damit andere an der Reihe sind, ihn mit Fleisch zu versorgen. Wenn der Versuch einer Ausbeutung weiter andauert, kann es ernstlichen Disput geben, gefolgt von der Auflösung der Partnerschaft. Allerdings passiert dies selten, denn der Wink wird gewöhnlich verstanden und die Verpflichtung erfüllt. Im allgemeinen werden *hxaro*-Partnerschaften nur abgebrochen, wenn beide Partner allmählich das Interesse verlieren und die Beziehung eingehen lassen oder beim Tod eines der Partner. Im letzteren Fall, wenn die Beziehung als fruchtbar angesehen wurde, bringen die Kinder des Verstorbenen etwas von dessen Habe zum *hxaro*-Partner oder seinen Kindern und bitten, daß die Beziehung in der nächsten Generation weitergeführt werden möge. Land und *hxaro*-Partnerschaften zusammen bilden den Besitz, den die !Kung ihren Kindern vererben.

Zunächst wurde das *hxaro* geschildert unter dem Aspekt der Partnerschaft, aber tatsächlich wirkt es, indem es die !Kung wie Kettenglieder in ein komplexes Netzwerk von Geben und Nehmen einbindet. *Hxaro*-Ketten, wörtlich »Pfade für Dinge«, dehnen sich viele hunderte von Kilometern aus, manchmal selbst sprachliche Barrieren übergreifend, obwohl jedes Mitglied für sich vielleicht nur etwa drei bis sieben weitere Kettenglieder entlang jeder Kettenreihe kennt. Die !Kung empfinden zwar die stärkste Verpflichtung gegenüber ihren direkten Partnern, aber es bleibt ein Gefühl der Verantwortung auch gegenüber den zwei oder drei nächsten Personen entlang jeder Kette. Die *hxaro*-Ketten verbinden all jene, die sonst nicht durch Verwandtschaft oder Freundschaft verbunden wären, und erweitern so den Tausch-Kosmos eines Individuums beträchtlich.

Ferner erleichtern sie gegenseitige Besuche, denn gewöhnlich führt eine Kette zuerst über zwei oder drei Familien eines Camps, bevor sie ins nächste weiterführt. So sind diejenigen, die einen *hxaro*-Partner besuchen, nicht nur bei ihrem direkten Partner willkommen, sondern auch bei anderen Insassen der Siedlung, die indirekt Gaben von ihnen erhalten und sie als großzügige und verläßliche Freunde kennen. In früheren Zeiten, als das Dobe-Gebiet von umgebenden Volksgruppen stärker isoliert war als heute, scheinen *hxaro*-Ketten eine größere Rolle gespielt zu haben, da sie den !Kung ermöglichten, die größeren Handelsrouten Südafrikas anzuzapfen und an Waren wie Ketten, Tabak und Metalle zu gelangen.

Das *hxaro* der !Kung San ist nur ein Beispiel eines sozialen Systems zur Aufteilung von Risiken; überall auf dem Erdball finden sich ungezählte ähnliche Sozialsicherungsnetze. In Stammesgemeinschaften, die Nahrungsanbau betreiben und bei denen Vorratshaltung eine große Rolle spielt, kann das risikomindernde Sozialnetz weniger umfangreich sein und weniger fein abgestimmt auf alltägliche Krisen. Es eignet sich eher zur Bewältigung von seltenen, aber schlimmen Krisen, die für Familie oder Gemeinschaft eine Katastrophe bedeuten. In welcher Form auch immer es auftritt, kann gesagt werden, daß die während der Altsteinzeit erfolgte Bildung eines raffinierten Sozialsicherungsnetzes vermutlich von größerer Bedeutung war als sonstige Faktoren, die es Menschen ermöglichten, in mannigfachen Nischen auf unserem Planeten zu überleben.

Abschließend mag man fragen: Wie sieht die Zukunft des *hxaro* aus? Infolge großer Veränderungen der Dobe-Region und ihrer Nachbargebiete, unterliegt die Konfiguration der *hxaro*-Ketten und Partnerschaften ständiger Restrukturierung, denn nur so können sie weiterhin risikomindernd wirken und es den !Kung ermöglichen, neue Vorteile wahrzunehmen, die umgebende Populationen bieten. So ist es vermutlich seit Jahrhunderten der Fall gewesen. Ungeachtet der wachsenden Ressourcen Botswanas und Namibias gibt es wenig Anzeichen, daß es in naher Zukunft neue Formen breitgefächerter sozialer Sicherheit für die ländliche Bevölkerung geben wird. Solange Risiken existieren, die am besten mit Hilfe sozialer Beziehungen vermindert werden können, so lange wird das *hxaro* wohl auch in wechselnden Zeiten weiterbestehen und die !Kung einbetten in das ewig weitergeknüpfte Netz jener, die sich gegenseitig »im Herzen halten«.

In Zeiten knapper Nahrung kann man zu seinen *hxaro*-Partnern ziehen und zum Beispiel in ihrem Territorium jagen. Hier wird eine Sonde gerichtet, mit der man Springhasen in ihren unterirdischen Bauten fängt

Rahaka

Mehr als nur eine Pfeilspitze

In Wiener Bürgerhäusern, so erinnerte sich »EE«, als er Zeuge des Pfeiltausches der Yanomami wurde, gab es eine eigens aufgestellte Schale, in die man als Besucher, der zum ersten Mal Gast in der Familie war, seine Visitenkarte zum Stoß der bereits vorhandenen ablegte. Bei dieser Gelegenheit konnte der Gast, wenn er einige der Kärtchen in die Hand nahm und las, feststellen, welche berühmten oder zumindest interessanten Leute die betreffende Familie zuvor bereits mit ihrem Besuch beehrt hatten.

Die Yanomami des oberen Orinoco leben noch heute, sofern sie nicht in unmittelbarer Nähe zur Mission siedeln, weitgehend vom Ertrag ihrer einfachen Gärten, von der Sammeltätigkeit der Frauen und der Ausbeute der Jagdzüge, die die Männer mit Pfeilen und Bogen bewaffnet allein oder in kleinen Gruppen unternehmen. Die Jagd mit Pfeil und Bogen spielt vor allem für die Versorgung der eigenen Familie mit proteinhaltiger Nahrung eine große Rolle. Eine besondere Bedeutung hat tierische Nahrung auch als Gastgeschenk für Besucher aus anderen Lokalgruppen der Yanomami. Nahrungsgeschenke wie Körbe mit geräuchertem Fleisch und Bananen oder Maniokfladen werden den Gästen anläßlich gemeinschaftlich begangener Bestattungszeremonien überreicht.

Die Waffen des Mannes werden nicht nur bei der Jagd, sondern auch in kämpferischen Auseinandersetzungen verwendet. Bewohner von Dörfern, zu denen keine freundschaftlichen Beziehungen unterhalten werden, gelten als Feinde. Man ist leicht bereit, die Schamanen fremder Dörfer zu beargwöhnen und sie für Unglück und Krankheit verantwortlich zu machen. Zuweilen steigern sich die Gefühle der Abneigung und Wut zur Bereitschaft für kriegerische Übergriffe. Zumeist werden die Feinde aus dem Hinterhalt angegriffen. Das Töten von Frauen oder Kindern ist nicht generell verpönt, wenngleich die Pfeile in erster Linie den gegnerischen Männern zugedacht sind.

Bogen und Pfeile überragen den Schützen um nahezu zwei Kopflängen. Die schlichten Bögen werden aus dunklem Holz von wilden oder angepflanzten Palmen geschnitzt und sind an den Enden spitz zulaufend. Die Sehne wird aus geharztem Rindenbast gedreht. An den Enden der Sehnen befinden sich kleine Schlingen, die an den Bogenspitzen eingehängt werden. Durch Drehen um die Achse erreicht man eine Verkürzung und damit Spannung der Sehne. Um die Elastizität der Bögen zu erhalten, werden sie von Zeit zu Zeit über Nacht in das Wasser eines Baches gelegt.

Die Pfeile sind aus verschiedenen Materialien hergestellt und ebenso wie die Bögen etwa zwei Meter lang. Die aus angepflanztem Pfeilrohr her-

Rechte Seite: Der Tausch von *rahaka*-Pfeilspitzen ist ein zeremonieller Akt, über den lebenslange Partnerschaften entstehen

181

In den Familienabteilen des shapono *wird persönliches Eigentum aufbewahrt. Dazu gehören Pfeile und Pfeilspitzen*

gestellten Pfeilschäfte werden über dem Feuer gehärtet. Sorgfältig prüft man, ob sie gerade sind. Am unteren Ende werden sie beidseitig mit zugeschnittenen Schwingenfedern größerer Wildvögel versehen, um sie während des Fluges zu stabilisieren

Vier verschiedene Pfeilspitzentypen werden unterschieden; die lanzettförmigen des Typs *rahaka* fertigt man aus Bambus. Da sie im rituellen Kontext die weitaus größte Rolle spielen, werden wir nach der Vorstellung der anderen Typen ausführlich auf sie zu sprechen kommen. Vor allem zur Jagd auf größere Vögel, kleine Landtiere und auch auf Fische benutzt der Jäger die *atari*-Pfeilspitzen. Sie sind aus einem Hartholzstück hergestellt, an dem mit Pflanzenfasern und Harz ein zugespitzter Knochensplitter so angebracht wird, daß er als Widerhaken dient. Der dritte Pfeilspitzentypus ist ein mit Curare (*mamokori*) imprägnierter Hartholzdorn, der drei Kerben als Sollbruchstellen aufweist. Diese *husu namo* genannten Spitzen werden in erster Linie bei der Affenjagd und zum Erlegen von anderen Baum-Klettertieren verwendet, da diese Tiere, wenn sie hoch in den Bäumen getroffen werden, erst mit Wirkung des Nervengiftes die den Ast umklammernden Füße öffnen und zu Boden fallen. Wie die Harpunen-Pfeilspitze *atari* ist auch die *husu namo* Pfeilspitze fest mit dem Pfeilschaft verbunden. Im Gegensatz zu diesen beiden werden die *rahaka* in die obere Öffnung der Pfeilschäfte eingepaßt, die man dann lediglich mit einer Schnur umwickelt, damit sie nicht aufspleißen. Die *rahaka* werden vor allem für die Jagd auf größere Tiere verwendet. Löst sich die Bambuspfeilspitze bei einem Treffer aus dem Rohr, sucht der Jäger, meist mit Erfolg, zunächst den mit relativ großem Aufwand hergestellten Pfeilschaft und läßt das Tier mit der Spitze im Fleisch unter Blutverlust entfliehen. Die Blutspur leitet ihn zum verwundeten Tier.

Mit den *rahaka* erlegen die Yanomami vorzugsweise Wildschweine, Tapire, Ameisenbären und Faultiere. Die *rahaka*-Spitze selbst wird auch als Messer benutzt. Für die Jagd auf Vögel, die ihres Gefieders wegen getötet werden, ersetzt man die *rahaka* durch einen Pfeilaufsatz aus einem mehrfach gegabelten Zweig. Die Fläche des Aufpralls ist bei diesen Spitzen so groß, daß die bunten Federn nicht durch Blut verunreinigt werden. Etliche Ersatz-*rahaka* verwahrt man in einem Bambusköcher (*thora*), der an einer dünnen Halsschnur auf dem Rücken getragen wird. Der *thora* ist mit einer festen Kappe aus Fell, Leder oder Amphibienhaut dicht verschlossen.

Die lanzettförmigen, aufgesteckten *rahaka*-Pfeilspitzen werden aus mehreren Bambusarten geschnitzt, die sich äußerlich durch die Struktur ihrer Oberfläche unterscheiden. Die bekanntesten Bambusarten sind in der Yanomami-Terminologie:

Erstens: *sipo shaishairimi* oder auch *mamokak shaishairimi*. Dieser Bambus ist hell und leicht schuppig. Zweitens: Der *sipo koropirimi* hat ebenfalls eine rauhe Oberfläche. Diese Holzart ist von Natur aus giftig und verursacht bei Verwundung große Schmerzen. Die Wirksamkeit der Spitze testen die Yanomami, indem sie sich damit über die Oberlippe fahren. Hinterläßt sie ein Gefühl der Taubheit, so gilt sie als gefährlich. Drittens: Der *sipo takakarimi* ist ein gelblicher, glatter und längsgestreifter Bambus. Viertens: Andere Arten von *rahaka*, zum Beispiel die *rahaka shiiwe*, die laut Padre Cocco, einem mittlerweile verstorbenen Kenner der Yanomami, nur von den Waika-Gruppen benutzt werden.

1984 hatte Mathasikiwaiwe, der Anführer der Patanoetheri eine solche Spitze aus dem Dorf Mahekototheri und eine aus Arimawetheri. Dieser

*Rechte Seite: In eigens gefertigten Köchern (*thora*) transportiert man die* rahaka. *Nach dem Tod des Besitzers wird beides zerstört*

Typ ist ebenfalls giftig; er bewirkt brennende Schmerzen, Durchfall und starke Blutung. Padre Cocco berichtet: Wenn eine Pfeilspitze einen Feind getroffen hat und der Schütze sie zurückbekommt, steckt er sie in den Boden neben den rückwärtigen Dachpfeiler, läßt sie dort drei Tage lang, damit sie sich durchfeuchtet, das Blut verliert und später zu neuen Diensten bereit steht.

Der geerntete wilde Bambus wird mit der Machete in grobe Stücke geteilt, die in Blätter gehüllt unter dem Dach oberhalb der Feuerstelle aufgehängt werden. Der aufsteigende Rauch und die Wärme trocknen das Holz aus und härten es. Bisweilen werden die groben Bambusstücke lange Zeit in dieser Weise konserviert. Bei Bedarf fertigen die Yanomami-Männer in einem weiteren Arbeitsschritt aus den Rohlingen das Endprodukt. Dabei verwenden sie ein Messer, das aus einem Zahn des Wasserschweins hergestellt ist. Die großen Blätter der Bäume, die die Yanomami *wereko* beziehungsweise *irimi* nennen, gewinnen im Prozeß der Austrocknung die Eigenschaft von Schmirgelpapier. Mit ihnen wird die *rahaka* glatt poliert. Zum Abschluß können die Spitzen rot oder dunkelbraun bemalt werden, was allerdings nicht obligatorisch ist. Bisweilen werden sie auch ornamental verziert, wobei eine einfache Schlangenlinie das Standardmotiv ist.

Feinde werden entweder mit Curarepfeilen (*pei namo*) oder mit *rahaka* getötet. Jede *rahaka* ist entweder der Jagd oder dem Krieg vorbehalten. Im Ernstfall gehen die Krieger beziehungsweise Jäger zwar nicht immer den Regeln entsprechend vor, doch im Prinzip sind die Pfeilaufsätze immer einer eindeutigen Verwendung zugedacht. Jagd-*rahaka* und Kampf-*rahaka* unterscheiden sich weder im Material noch in der Art ihrer Verarbeitung. Einzig die *rahaka shiiwe* wird ausschließlich im Krieg verwendet. Bei der Herstellung schon wird die Bestimmung der *rahaka* festgelegt, die auch dann beibehalten wird, wenn die Spitze an einen anderen Mann weitergegeben wird. Ganz besondere *rahaka* werden nicht im *thora* aufbewahrt, sondern in Blätter gewickelt in einem losen Korb über das Feuer gehängt, man nennt sie *wakeshipe*, was soviel bedeutet wie »die Feuergeschwärzten«.

Der Austausch von Pfeilspitzen ist ein wichtiger Teil der Besuchszeremonie. Gegenseitiges Besuchen und Austauschen von Gütern sind in allen Kulturen eng miteinander verknüpft, wie ja auch im vorhergehenden Kapitel betont worden ist. Der soziale Zusammenhalt wird durch Geben und Nehmen bewirkt und so nach außen sichtbar. Sowohl in Allianzbeziehungen zwischen Gruppen wie auch zwischen Einzelpersonen kommt es immer wieder zum Austausch von Gaben.

Dem Geben kann dabei unterschiedliche Bedeutung zukommen. Innerhalb nicht hierarchisch gegliederter Gesellschaften wie jenen der Yanomami, der !Kung oder anderer Wildbeuter- beziehungsweise einfacher Gartenbauergesellschaften führt der Austausch von Nahrung, aber auch von Gebrauchsgegenständen dazu, daß die Gleichheit innerhalb der Gruppe erhalten bleibt. Der Austausch zwischen den Dörfern dagegen hat offenbar eine andere Funktion: Vor allem zu Beginn einer Beziehung zwischen zwei Siedlungsgemeinschaften nehmen einzelne Männer die so eröffnete Möglichkeit wahr, individuelle Beziehungen zu bestimmten Partnern aufzubauen.

Die Ethnie der Yanomami fühlt sich nicht durch eine Gruppenidentität verbunden. Obgleich die Lokalgemeinschaft die Einheit darstellt, mit der sich die Yanomami identifizieren, besteht dieser Zusammenhalt nur auf Zeit und wandelt sich relativ häufig. Langanhaltende Verbindungen zwischen einzelnen Familienverbänden werden durch Heiratsallianzen in aufeinanderfolgenden Generationen immer wieder verstärkt. Freundliche Allianzen zwischen Dörfern bauen also auf persönlichen Beziehungen auf, während nicht näher bekannte Lokalgruppen als Feinde gelten. In egalitären Gesellschaften wird die Gleichheit mitunter sogar mit großem Aufwand aufrecht erhalten. Es gibt ein Gebot zum Abgeben und Teilen, das steten Ausgleich bewirkt. Akkumulation von Werten ist verpönt. Das Abgeben an andere, gemeinsam begangene Feste, ferner auch die Regel, erlegtes Wild nicht selbst in das heimatliche Lager zu tragen, sondern es an einen anderen Jäger abzugeben, der es dann auch zubereitet, all diese ritualisierten Handlungsweisen müssen als Mechanismen verstanden werden, das Prinzip der Egalität aufrechtzuerhalten. Selbst der beim Tod eines Angehörigen übliche Brauch, allen Besitz des Verstorbenen zu vernichten, wirkt sich letztlich ausgleichend aus, da er einer Akkumulation durch Vererbung entgegenwirkt. In egalitären Gesellschaften muß zudem jeder seine Position innerhalb der Gruppe ständig neu bestimmen. Niemand kann sich auf einen festgeschriebenen oder dauerhaften Status berufen, wie dies in Gesellschaften mit institutionalisierten Machtpositionen der Fall ist. Nach dem Tod eines Menschen wird seine Leiche, wie alles, was er oder sie zu Lebzeiten angesammelt hat, der Vernichtung durch das Feuer preisgegeben. Was nicht durch Verbrennen zerstört werden kann, wie etwa eingehandelte Metallwerkzeuge, wird so klein wie möglich geschlagen und im Wald oder in Flüssen verstreut.

Jeder, auch die Kinder von wichtigen Männern oder Frauen, sind auf sich selbst gestellt und müssen als junge Erwachsene ihre Rangposition innerhalb der Gruppe selbst erringen. Insofern gibt es bei den Yanomami auch keine Insignien, Abzeichen oder andere Symbole von Würden-

---

In angelsächsischen Familien ist eine ähnliche Tradition lebendig. Man legt alle zu Weihnachten erhaltenen Kartengrüße auf ein Tischchen, so daß jeder Außenstehende gleich erkennen kann, wieviele Menschen an die Empfänger gedacht hatten.

Der Visitenkartentausch erlebt in Japan eine für Europäer unerwartete Blüte. Wer als Wissenschaftler zu einer internationalen Tagung in eine der japanischen Universitätsstädte reist, tut gut daran, sich reichlich mit den dezenten Kärtchen einzudecken; 10 bis 20 benötigt man mindestens pro Tag, um nicht mit leeren Händen dazustehen, wenn die japanischen Kolleginnen und Kollegen einen mit dem Symbol ihrer Identität überhäufen.

In diesen Gebräuchen äußert sich, das ist die Vermutung der Humanethologen, stets dasselbe Grundmuster: Man benötigt Außenkontakte auch zu nicht-verwandten Personen und ist stolz darauf, sie erfolgreich geknüpft zu haben.

trägern, die vererbbar wären. Das Leben innerhalb der Gruppe ist von ständigem Austarieren der sozialen Balance bestimmt.

Verhindert also das Abgeben und Teilen innerhalb der eigenen Lokalgruppe das Erlangen von besonderen Statuspositionen durch Anhäufung materieller Güter, kommt der Gabe zwischen Individuen verschiedener Residenzgruppen dagegen im wesentlichen eine bandstiftende Funktion zu. Wenn sich Yanomami aus verschiedenen Residenzgruppen besuchen, so beschenken sie sich häufig mit Gegenständen oder Nahrung, zu denen die andere Gruppe wenig Zugang hat. *Hipekei*, Akt des Gebens, nennen sie dieses gegenseitige Beschenken. Tabak ist für alle eine willkommene Gabe. Frauen tauschen gerne Fruchtkerne aus, wobei gerade diejenigen sehr begehrt sind, die in der eigenen Gegend selten vorkommen. Gaben an Fleisch und Nahrung aus den Gärten gehören zu den normierten gesellschaftlichen Verpflichtungen. Genormten Gaben dieser Art, die zwischen Yanomami-Männern in der Gegend des oberen Orinoco ausgetauscht werden, sind auch die Pfeilspitzen. In manchen Gegenden ist das Rohmaterial für die *pei namo* rar, dort stellt dann diese Art von Pfeilspitzen ein begehrtes Tauschobjekte dar, jedoch sind in erster Linie *rahaka* als Gaben gebräuchlich.

Jeder Yanomami-Mann ist an sich in der Lage, sich seine Pfeilspitzen selbst zu fertigen. Dennoch bildet das Ritual des Austauschs von *rahaka* ein wichtiges Element im Verlauf eines Besuches. Man kann daran erkennen, daß es eben nicht darum geht, einen seltenen und damit kostbaren Gegenstand zu erhalten, sondern darum, ein soziales Band zu knüpfen oder zu festigen. Zum einen gehört es zum festgelegten Zeremoniell, daß sich männliche Besucher den Gastgebern zunächst rituell »stellen«: Sie beziehen auf dem offenen Rund der Dorfmitte eine Furchtlosigkeit demonstrierende Position (vgl. das Kapitel über die Yanomami), obwohl sie von den Gastgebern mit Pfeil und Bogen bedroht werden. Schließlich werden sie von einzelnen Männern der Gastgebergruppe persönlich in die eigene Abteilung des *shapono* gebeten. Dort verharren sie etwa eine Stunde lang unbeweglich in der Hängematte, während die Gastgeber sich auf die häufig unerwartet eingetroffenen Besucher einrichten. Schließlich erhalten die Gäste zu trinken und eventuell zu essen. Dann beginnt man zu reden.

Mittlerweile haben sich mehrere Bewohner des Dorfes um die Feuerstelle des Gastgebers versammelt und fordern den wichtigsten Besucher auf, seine Pfeilspitzen zu zeigen: *Rahaka a ta praari!*, »Leg deine Pfeilspitzen ab!«, fordern sie ihn auf und hören dann aufmerksam zu, wenn der Fremde Rechenschaft über deren Herkunft, so etwa über frühere Besitzer, ablegt. *Rahaka pe ha no wayowai*, »Die Spur der *rahaka* verfolgen«, heißt dieses Ritual. Danach zeigen, wenn der Besuch aus mehreren Vertretern einer anderen Gruppe besteht, auch die anderen Besucher ihre Pfeilspitzen. Dann folgt eine Unterhaltung, bei der man sich einer stark formalisierten Form eines heftigen, duellartigen Dialogs bedient. Die Gesprächspartner können sich anhand des Spektrums von vorhandenen *rahaka* und den abgegebenen Erklärungen ein Bild über das Netzwerk der Beziehungen ihrer Besucher zu anderen Dörfern machen. Am Ende eines solchen, häufig nur eine Nacht lang währenden Besuchs werden zwischen den Gästen und den Gastgebern einige *rahaka* getauscht. Dabei informiert der Gebende den Nehmenden über die Funktion des Pfeils, sei er für die Jagd oder für den Krieg, und er bittet: »Hipe-mai!«, »Gib sie nicht weiter!«. »Erschieß mich nicht mit dieser Pfeilspitze!«, ist hier implizit gemeint. So ist das Überreichen der Pfeil-

Rahaka eines Mannes. In ihrer Funktion entsprechen diese Pfeilspitzen unseren Visitenkarten: Sie zeigen das soziale Beziehungsnetz der betreffenden Person

In diesem Beitrag berichtet die Autorin von Ergebnissen ihrer ethnologischen Feldarbeit bei den Yanomami. »Hipe mai!«, »Gib deine Pfeilspitze nicht weiter!« sagen die Partner des Pfeilspitzentausches zueinander. Erst wenn man längere Zeit mit ihnen verbracht und ihre Sprache mit den verschiedenen Möglichkeiten der Metapherbildung verstehen gelernt hat, kann man Redewendungen dieser Art richtig begreifen.

»Gib sie nicht an mich zurück, indem du sie von deinem Bogen auf mich schnellen läßt!«, ist die eigentliche Botschaft der symbolischen Gabe.

Statt in kostbarer Schale im Foyer eines Stadthauses der alten k. u. k.-Metropole werden die rahaka-Pfeilspitzen der Yanomami-Indianer in einem eigenen kleinen Köcher am Körper getragen. So kann man jederzeit – auch auf der Wanderschaft – nachweisen, in wes potenten Gebers Gunst man steht.

spitzen zugleich auch eine Form des Friedensstiftens. Mit der ausdrücklich formulierten Bitte: »Gib die Waffe nicht weiter!« und der darin verborgenen Bitte um Frieden werden intensive Beziehungen zwischen zwei Männern geknüpft oder bestätigt.

Es ist wichtig zu verstehen, daß der Pfeilspitzenaustausch Individuen verschiedener Lokalgruppen zu Verbündeten macht. Die Tatsache, daß Waffen abgegeben werden, läßt den Tausch als vertrauensbildende Maßnahme klar erkennen. »Ich vertraue dir so sehr, daß ich dir selbst meine Waffen anvertraue; in mir hast du einen guten Verbündeten, auf den du dich wirklich verlassen kannst.« Dies wird durch diese Transaktion ausgesagt, und so werden Beziehungen aufgebaut, die über das System von Verpflichtungen und Versorgungsansprüchen der eigenen Gruppe hinausgehen. Als Garant der Vertrauensbasis zwischen zwei Individuen verschiedener Lokalgruppen steht symbolisch die Gabe der Pfeilspitze.

Die Bindung zwischen verbündeten Individuen ist so stark, daß sie selbst den Tod überdauert. Dies geschieht in zweifacher Weise. Zum einen werden individualisierte Allianzen häufig von Vater und Mutter auf Sohn und Tochter vererbt. Zum anderen wirkt die besondere Gabe der Pfeilspitze bis über den Tod des Gebers oder Nehmers hinaus. Dazu sind jedoch zunächst einige Erklärungen zur Bestattung der Verstorbenen nötig. Etwa zweimal im Jahr lädt eine Dorfgemeinschaft befreundete Gruppen zu einem größeren Treffen ein. Die Gastfreundschaft der einzelnen Familien zueinander verläuft entlang festgelegter Beziehungen zwischen Einzelpersonen, beziehungsweise einzelnen Familien. Jede Familie wird von einer ganz bestimmten Familie der Gastgebergruppe eingeladen. Bei Besuchen in umgekehrter Richtung wird dieselbe Folge beachtet. Bei diesen Feiern, deren Kern immer das Gedenken der Toten ist, werden durch das gemeinschaftliche Betrauern der Verstorbenen die emotionalen Bindungen zueinander gefestigt.

Die Bestattung findet bei den Yanomami in zwei Phasen statt. Nach Eintritt des Todes wird die Leiche zunächst verbrannt. Aus der erkalteten Asche werden dann die Knochenrückstände aufgelesen. Die Familie selbst tötet die Haustiere des oder der Verstorbenen. Seine oder ihre Gegenstände, soweit sie zur traditionellen Kultur der Yanomami gehören, werden verbrannt. Eine Ausnahme bilden der Köcher und die Pfeilspitzen. Diese werden gemeinsam mit der Totenasche von einer mit dem Toten verwandten Frau, der Mutter, Ehefrau, Schwester oder Tochter, aufbewahrt. Metallwerkzeuge, die ja ausnahmslos erst in neuerer Zeit von der westlichen Zivilisation übernommen wurden, werden zerstört und in einen Fluß oder fernab in den Wald geworfen.

Die Totenasche wird im Laufe der nächsten Monate im Rahmen mehrerer Feste in Bananenkompott verrührt und gemeinsam verzehrt. Es hängt von der zur Verfügung stehenden Menge an Bananen ab, wann die erste Zeremonie und wie viele Feiern insgesamt stattfinden können. Die Knochen des Verstorbenen werden dann bei einem großen Fest zermahlen und von den nächsten Freunden und Verwandten in Bananensuppe gemischt und verzehrt. Man teilt die Asche immer in zwei Hälften. Einen Teil ißt man, den anderen hebt man für später auf. Beim Essen dieses letzten Rests zerstört man dann mit einem Prügel auch die *rahaka* einschließlich des *thora*-Köchers sowie die kleinen Kürbiskalebassen, in denen die Asche aufbewahrt war. Die Bruchstücke werden dann ebenfalls verbrannt, die dabei entstehende Asche wirft man weg. Die Angehörigen des Verstorbenen entlohnen die Familie, die die Zeremonie durchgeführt hat, mit Fleisch.

Grundsätzlich ist man bemüht, möglichst viele der Verbündeten und Verwandten aus anderen Dörfern einzuladen. Werden sie nicht benachrichtigt, so fassen sie dies als schlimmen Affront auf. Die Benachrichtigung über den Tod eines Mannes verläuft wieder in ritualisierter Weise, wobei auch hier die *rahaka* eine Rolle spielen. Die Trauergäste aus anderen Dörfern werden informiert, indem die hinterbliebenen Familienangehörigen um jene Pfeilspitzen bitten, die er zu Lebzeiten an sie abgegeben hatte. Hier wird deutlich, daß das Abgeben der *rahaka* nur bedingt ein wirkliches Herschenken ist, daß viel wichtiger als der Transfer von Gegenständen, die sowieso jeder selbst produzieren kann, die Beziehung zwischen Geber und Nehmer ist.

Ist der Verstorbene in einer kriegerischen Auseinandersetzung ums Leben gekommen, so sollten sich die ehemals als Tauschpartner mit ihm verbündeten Männer verpflichtet fühlen, ihn zu rächen. Daran werden sie durch die *rahaka* des Toten gemahnt, deren Austausch eine Beziehung stiftete, die so auch den Tod überdauert. Die Rächer bleiben beim Verzehren der Totenasche abstinent, sie bedürfen ihrer Kräfte für die zu erwartenden Kriegszüge.

Da die Yanomami das Totentabu befolgen, das heißt die Nennung eines Toten streng vermeiden, wenn sie der Person wohl gewogen waren, bedienen sie sich metaphorischer Redewendungen. Die *rahaka* stehen hier als Sinnbild für die Beziehung zwischen einzelnen Männern. Soll der Tod eines Freundes angesprochen werden, so verwenden sie häufig Formulierungen wie: »*Rahaka re hoa waitheri yohoprariyo ma re kuhe*«, »Eine wertvolle Pfeilspitze fiel kürzlich aus meinem Köcher«, so übersetzte Marie-Claude Mattéi-Muller aus unserem Team eine für diesen Zusammenhang typische Phrase eines offiziellen Redners.

Gegenstände gewinnen so als Tauschobjekte einen symbolischen Wert, der weit über ihren materiellen Wert hinausgeht. Darin liegt die bandstiftende Kraft des Geschenks. Am Beispiel der *rahaka* sahen wir, daß die eher unbedeutenden Pfeilspitzen aus Bambus so sehr für die Beziehung zum Partner stehen, daß sie zum Symbol für jenen Menschen werden können. Die *rahaka* stehen für das Vertrauen und das freundschaftliche Band, das zwei Individuen voneinander erwarten und erhoffen.

In den letzten Jahren werden die Yanomami in einigen Gegenden des traditionellen Siedlungs- und Streifgebietes durch einen Goldrausch in ihrer traditionellen Lebensweise stark beeinträchtigt.

Auf dem brasilianischen Teil des Stammesterritoriums nahm die Invasion zum Teil Formen an, die das physische Überleben dieser Waldbewohner akut bedrohten. Schließlich konnte nur der massive Protest internationaler Menschenrechtsorganisationen das Zugrundegehen der Yanomami verhindern.

Neben der physischen Bedrohung durch gewaltsame Übergriffe, aber auch durch das Einschleppen bisher unbekannter Krankheiten, kommt es mit dem massiven Kontakt zu anderen Bevölkerungsgruppen immer auch zu Aufgabe der traditionellen Gerätschaften und Waffen. Das Jagdgewehr verdrängt in Gebieten mit häufigem Kontakt zu Siedlern oder Goldschürfern zunehmend Pfeile und Bogen. Abgesehen von der Gefahr eines rapiden Überjagens ihrer Streifgründe können die Patronenhülsen auch die gesellschaftlichen und symbolischen Funktionen der *rahaka*-Pfeilspitzen nicht übernehmen.

Allein das Verschwinden der Pfeilspitzen bedeutet einen Eingriff in das System der sozialen Vernetzung, dessen Folgen nur schwerlich abzuschätzen sind.

Die Form der Pfeile entspricht jeweils ihrer Verwendung. Die *rahaka* (fünfter und sechster Pfeil von links) werden bei der Jagd und im Kampf benutzt

DAS

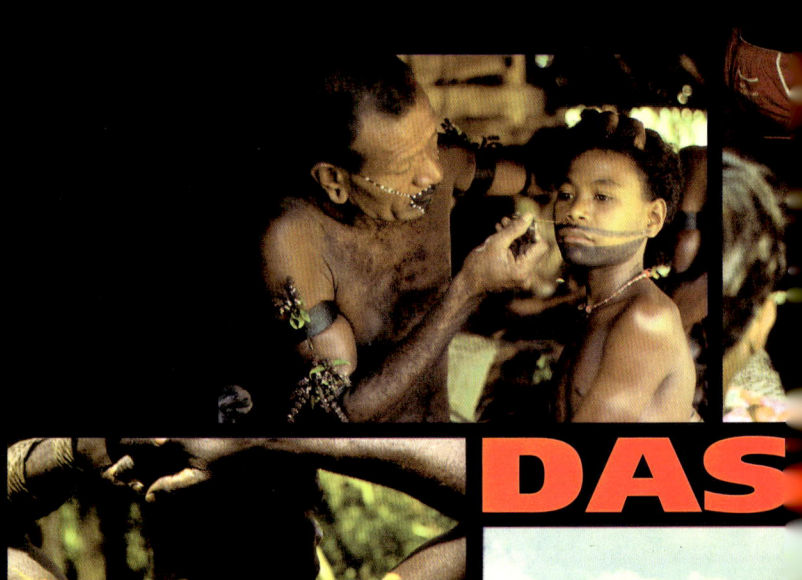

FEST

Schön von innen

Schmücken und Bemalen

Den Evolutionsbiologen »EE« fasziniert am Kulturenvergleich nicht nur die vielfach zu beobachtende Gleichheit der Verhaltens- und Darstellungsweisen, sondern auch die Unterschiedlichkeit des Erscheinungsbildes menschlicher Äußerungen in einem gegebenen Kontext. Das Verändern des Körpers durch Bemalen und Schmücken ist ein solcher interessanter Teilbereich. Warum sind wir Menschen, vom Eis der Arktis bis zum Regenwald Neuguineas, nicht zufrieden mit unserem Körper, wie wir ihn von unseren Eltern ererbten? Warum wollen wir sein Äußeres verändern – teilweise, wie bereits im Kapitel über die Himba geschildert, unter drastischen, schmerzhaften Eingriffen?

Den schmalen Fußpfad nach rechts und links bogenförmig umtanzend nähert sich die Formation der Gäste aus dem Heime-Tal jenseits des Gebirges dem Dorf der Gastgeber. Die sich windende Menschenschlange kriecht von der letzten Anhöhe hinunter nach Munggona, wo aufgeregte Stimmen das Schauspiel kommentieren. 43 prächtig geschmückte und bewaffnete Männer sind es, die in kurzen Schritten, gewundene Bögen tanzend und damit künstlich die Wegstrecke verlängernd, die Zeit bis zur tatsächlichen Ankunft verzögern und damit, in perfekter Inszenierung, die Spannung erhöhen. Als sie von dem kalten, unwirtlichen Kamm des 3 700 Meter hohen Passes hinabstiegen, versammelten sie sich, um ein uraltes Ritual abzuhalten. Sie riefen Murkonye an, den Schöpfergott, damit er sie schön und strahlend mache. Denn bei den aufwendigen offiziellen Besuchsfesten will man die Gastgeber beeindrucken. Nicht nur durch die Anzahl der Tänzer und den aufwendigen Schmuck, sondern vor allem durch ihre strotzende Kraft und von innen heraus strahlende Schönheit. Wenn ein Tanzfest bevorsteht auf dem heiligen Dorfplatz, legen Frauen und Männer der Eipo ihren schönsten und wertvollsten Schmuck an. Die Tänzerinnen tragen Halsketten aus Beuteltier-, Schweine- oder Hundezähnen, oder aus *Kauri* und anderen Kostbarkeiten vom fernen, ihnen unbekannten Meer, und bemalen sich die Beine mit weißer Kalkfarbe. Die Striche und Punkte leuchten dann im Schein der Feuer und verleihen den rhythmischen Bewegungen eine zauberische, erotische Komponente. Für den Tanz haben sie besonders viele buschige Lagen der winzigen Röckchen aus Riedgras angelegt, die ganz neu sind und im flackernden Licht ebenfalls einen hellen Reflex geben. Beim Auf- und Abwippen der Tänzerinnen bewegt sich das Büschel aus Halmen wie eine auffächernde Quaste und erzeugt durch rhythmisches Rascheln einen Continuo zum Gesang der Männer und ihren eigenen gelegentlich einsetzenden Schrillschreien. Die Tänzer tragen alles an Dekoration, was sie oder ihre Familien verfügbar haben. Um die Stirn Bänder aus weißen Meeresschnecken oder Glasperlen, hinter die Paradiesvogel- oder Kasuarfedern gesteckt sind, Halsketten von der Art, wie sie die

und außen

Frauen tragen, im durchbohrten Ohrläppchen einen Bambuspflock mit weiß gekalkter Schnittfläche, in der Nase Stäbe aus weißem Kalzit oder anderem Material, über der Brust eine schräge Schärpe aus dem gelben Bast von Orchideen, auf dem Rücken ein besonders großes, schön gefärbtes und mit Federn verziertes Netz sowie den rot, weiß und schwarz bemalten *mum*, das längliche Penissymbol der initiierten Männer, oberhalb des Bizeps geflochtene Bänder, zum Teil mit eingesteckten Knochendolchen, am Handgelenk Ringe aus gedrehten Lianenstücken des Rotan, neue, mit kleinen Accessoires versehene Peniskalebassen und den zur Wespentaille gewickelten Rotangürtel. Männer müssen, so sagen sie, breite Schultern und eine schmale Körpermitte haben, denn die Frauen seien breit und hätten vorgewölbte Bäuche von den Kindern, die darin wüchsen.

Wir alle möchten schön sein, von anderen bewundert werden. Bei Festen mehr noch als im Alltag, denn Feste schaffen die Bühnen, auf denen man sich wirkungsvoll darstellen kann.

Iluboko aus Tauwema. Enigmatisches Make-up, magische Schönheit

In seinen Schriften betont »EE« die gruppenbindende Funktion vieler Verhaltensweisen des sozialen Tieres Mensch. Auch der Schmuck hat diese Funktion.

Auffällig ist, daß die Menschen jedenfalls bislang, in ihrer 100 000 bis 200 000 Jahre währenden Geschichte, keine einheitliche Weltkultur geschaffen haben. Im Gegenteil, selbst in zentral geführten Staatsgebilden haben sich Stammestraditionen erhalten, Unterkulturen ausgeprägt. Die Tracht der Tegernseer ist anders als die der Ruhpoldinger, die Musikstile unterscheiden sich bereits auf kleinstem Raum, ebenso die Dialekte. Ganz offenbar war es für unsere frühen Vorfahren von Vorteil, in Haartracht, Kleidung und Sprache Zugehörigkeit zu einer klar definierten Gruppe aufzuweisen.

So erhielt die Gemeinschaft jederzeit den deutlich sichtbaren oder hörbaren Beweis »Ich bin einer von Euch!« Dieser Prozeß wird von »EE« als »Kleingruppenbildung« bezeichnet.

Oben: Trobriandische Zeremonienmeister sind bei großen Festen aufwendig geschmückt. Das setzt ein sichtbares Zeichen ihrer herausgehobenen Funktion
Unten: Bub mit *mweki,* der traditionellen Genitalbedeckung der Trobriand-Männer

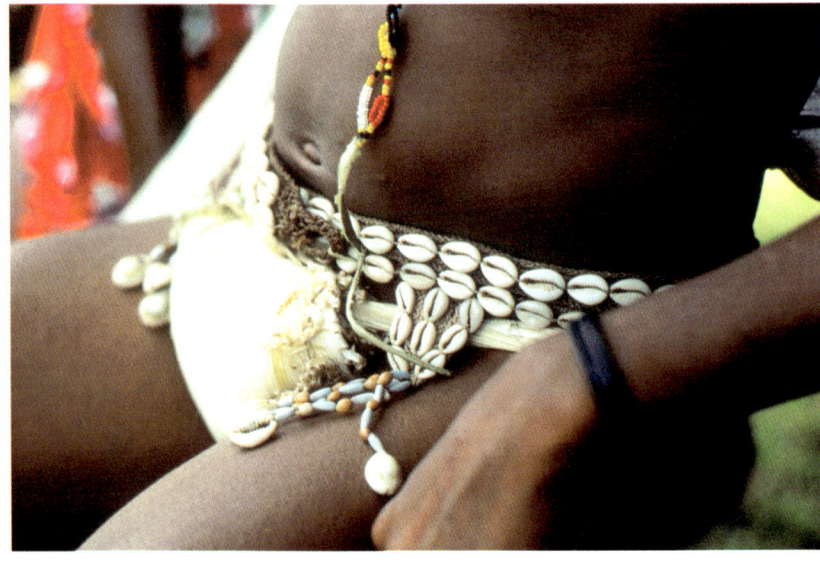

In unserer Kultur schmücken sich, in der jetzigen Phase der kulturhistorischen Entwicklung wenigstens, die Frauen aufwendiger als die Männer. Bei den Eipo, einer der Bergpapua-Gruppen, die vor vielen zehntausend Jahren nach Neuguinea einwanderten, dekorieren sich die Angehörigen des männlichen Geschlechts weit aufwendiger als die des weiblichen.

Wie in mancherlei anderer Hinsicht auch repräsentieren die lange von der Welt isolierten Gebirgsbewohner, die bei Beginn unserer Forschungsarbeiten unter steinzeitlichen Bedingungen lebten, sehr archaische Weisen menschlicher Existenz. Neugeborene Mädchen werden von den Müttern bisweilen nicht angenommen; mit dieser uns grausam erscheinenden Sitte wird die Anzahl ihrer Nachkommen und die Gesamtgröße der Gemeinschaft reguliert, denn Frauen sind stets der begrenzende Faktor menschlicher Reproduktion. Durch die Unterzahl an Frauen ist der Konkurrenzdruck unter den Männer hoch, erfordert der Wettstreit um Sexual- und Heiratspartnerinnen ein hohes Maß an Selbstdarstellung. Sei es durch auffälliges Verhalten als Krieger, kluge Beiträge in öffentlichen Diskussionen oder einfühlsames Eingehen auf den anderen im kleinen Kreise, sei es durch einen gesunden, schönen, aufwendig geschmückten Körper.

Vergleichbar mit der Frühzeit unserer menschenähnlichen Ahnen. Die Männer der Australopithecus-Arten waren um das Doppelte größer und schwerer als die Frauen und hatten eindrucksvolle Eckzähne, die nach heutiger Kenntnis eher zum Drohen denn zum physischen Angriff benutzt wurden. Die Anzahl der für eine längere Partnerschaft verfügbaren Frau-

Oben: Eipo-Tänzerinnen. Bemalung und buschige Tanzröckchen betonen ihre graziösen weiblichen Bewegungen
Unten links: Nur bei Tanzfesten dürfen die Frauen den heiligen Dorfplatz betreten
Unten rechts: Bälge des kleinen Paradiesvogels sind besonders begehrter Tanzschmuck

Typisch für traditionelle Kulturen ist, daß Kinder in das Festgeschehen miteinbezogen werden. Hier wird ein Trobriand-Bub bemalt

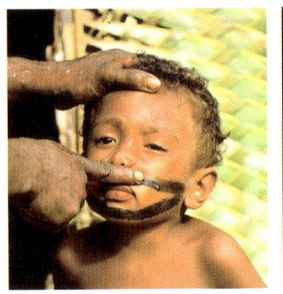

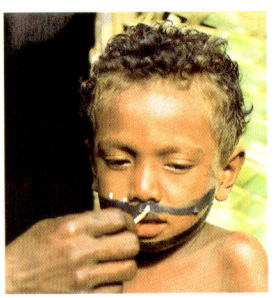

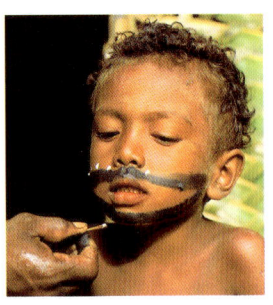

Kunst, Musik, Religion und Staatsideologie sind besonders auffällige Felder dieser sogenannten Pseudospeziation, der kulturell gesteuerten Formierung von Unterschieden, die die Angehörigen der verschiedenen Kulturen wie Mitglieder verschiedener Spezies, also biologischer Arten, erscheinen lassen. Dabei sind wir alle auf diesem Globus biologisch gesehen Homines sapientes, »wissende Menschen«, die miteinander fruchtbare Nachkommen haben können. Die bisweilen sogar gewaltsame Abgrenzung von den »Anderen« ist der Preis für das Aufgehobensein im überschaubaren Kreis der »Unseren«.

en war zu dieser Zeit vermutlich dadurch begrenzt, daß einige mächtige Männer Harems hatten. Bei den Eipo stand diese Form der Ehigkeit, der sogenannten Polygynie, ebenfalls einigen einflußreichen Männern offen. Man kann verstehen, warum die Frauen sich dort weniger herausputzen müssen. Sie finden alle einen Partner, waren tatsächlich auch, bis auf gerade Verwitwete oder jüngst Geschiedene und ältere Witwen, alle verheiratet. Bei den Trobriandern, 1 300 Hochgebirgs- und Seekilometer Luftlinie entfernt von den Eipo, ist die kulturhistorische Situation, wie schon in dem Einführungskapitel über sie dargestellt, ganz anders. Die Inselbewohner repräsentieren in vielerlei Hinsicht eine »modernere« Gesellschaft. Bei ihnen ist das eher ökonomisch und zeremoniell als sexuell bedeutsame Recht der Polygynie auf ganz wenige Oberhäuptlinge beschränkt. Frauen und Männer leben im physischen wie im übertragenen Sinne enger miteinander, als es bei den Papua in den Bergen der Fall ist. Die Frauen sind nach dem Prinzip der matrilinearen Deszendenz maßgebend für die Abstammung der Kinder und die Zuteilung mancher ihrer Rechte. Männlich und weiblich sind also nicht so krasse Gegensätze wie in der archaischen Gesellschaft der Eipo. Das zeigt sich auch in der Art sich zu schmücken. Bei den alljährlichen *milamala* Erntefesten ist die Gesichtsbemalung der beiden Geschlechter im Prinzip gleich. Interessanterweise wird dabei das Untergesicht oft mit schwarzen aggressiv wirkenden Strichmustern versehen. Ein deutlicher Gegensatz zu den sonst auch auf uns so sehr ästhetisch wirkenden künstlerischen Äußerungen der Trobriander. Besonders auffällig ist die Kleidung der Tänzerinnen und Tänzer bei diesen Festen. In gemessenen Schritten bewegen sie sich zum Gesang der Zuschauer und zum Rhythmus der Handtrommeln. Aus einiger Entfernung kann man kaum erkennen, wer Männlein und wer Weiblein ist, denn alle tragen Röcke aus Bananenfasern. Die Machart ist nur wenig anders: die Röckchen der Frauen sind seitlich gebunden, die der Männer vorn, letztere sind auch ein wenig länger. Hier hat die Mode also eine Art Unisex-Look kreiert, eine verblüffende äußerliche Gleichheit von Männern und Frauen, die so völlig anders ist als die kulturelle Überbetonung der biologischen Unterschiede zwischen den Geschlechtern, wie wir sie bei den Eipo und in anderen Gesellschaften finden.

Doch auch die Trobrianderinnen und Trobriander haben die Androgynie, das gleichzeitig Frau- und Mann-Sein, nicht zum Hauptprinzip ihrer gesellschaftlichen Konstruktion erklärt. In einem anderen Tanz, dem *mweki*, präsentieren sich junge Männer, bekleidet mit dem typischen Genitalblatt aus der Rinde der Betelpalme, in sehr männlicher Weise, die Hüften rhythmisch nach vorn stoßend. Eine pantomimische Nachahmung der Kopulationsbewegungen. Die Zuschauer beiderlei Geschlechts schreien vor Lachen. Bei Festen darf man, soll man sogar bisweilen, die Normen des Alltags verlassen.

Rechte Seite: Ganz individuell ist der Festschmuck der Trobriander. Meist ölt man die Haut mit dem Fett von Kokosnüssen ein und streut Stücke zerriebener gelber Blätter darauf. Im Armband des Mannes oben rechts stecken Würzblätter. Beim Fest möchte man auch gut riechen

195

Höhepunkte des

Feiern und Feste zwischen Kult und Kalkül

Im August 1979 sahen wir zum ersten Mal die eindrucksvoll zur Schau gestellten Yamskegel in den Dörfern der Trobriander. Die Bewohner berichteten stolz, in Jahren der Wetternte, des kayasa, *seien manche der Haufen so groß, daß man die darin enthaltenen Yams gar nicht vor der nächsten Ernte aufessen könne. Man lasse sie dann einfach verrotten. Später erfuhren wir dann, daß nicht alle Jahre Überfluß herrscht, sondern daß es mitunter sogar echte Nahrungsknappheit gibt.*

Die Informanten erzählten auch vom kula, *jenem System des Tauschs zweier verschiedener Arten von Wertgegenständen über weite Entfernungen, von dem bereits Bronislaw Malinowski in seinem Buch*

Rechte Seite: Menschen feiern Feste zu Zeiten des Überflusses. Auf den Trobriand-Inseln finden die *milamala*-Tänze nach der Ernte statt

Kulturen präsentieren sich, ihre innere Struktur verratend, im Fest. Wenn bei einer Kirchweih der namensgebende Heilige gefeiert oder die Geburt eines Religionsstifters festlich begangen wird, steht die Anbindung an den Mythos, an die außermenschlichen Mächte im Vordergrund. Wenn, im Gegenentwurf zum religiösen Fest, ein Barockfürst seine Herrschaft feierlich zelebriert, sind weltliche Motive Motor der Festivitäten. Zwischen sakralem Ritual und säkularer Ausgelassenheit liegt das Spektrum dessen, was wir Menschen tun, wenn wir das Einerlei des Alltäglichen verlassen, in den psychobiologisch interessanten Ausnahmezustand der Erwartung und des intensiven Erlebens versetzt werden. Feier, Ferien, Fest und Fez, eine Berlinische Verballhornung des französischen Plurals fêtes, entstammen einer indogermanischen Wortsippe, die bereits früh kirchliche wie weltliche Feste und Feiertage bezeichnete.

Kein Zweifel, Menschen brauchen Feste. Sie scheinen eine biopsychologische Notwendigkeit zu sein und keine Gesellschaft kann ohne sie existieren. Doch was treibt uns dazu, einen Saal voller Leute zum Fünfzigsten einzuladen, eine Hochzeit auszurichten, die das Mehrfache eines Monatsgehalts kostet, den zweiten Geburtstag unseres Kindes in der Anwesenheit geladener Gleichaltriger zu begehen, obwohl wir wissen, daß spätestens beim Kakaotrinken das Chaos ausbrechen wird? Davon, wie das Ausrichten von Festen mit unserem Streben nach Status zusammenhängt, wird weiter unten die Rede sein. Hier sollen zunächst die auslösenden Faktoren angesprochen werden.

Überall begeht man die sogenannten Übergangsriten mit einem Fest. Das Geborensein, die Taufe, der erste Schultag, Kommunion, Konfirmation oder Firmung, die Erlangung der Volljährigkeit, die Eheschließung, die erste Geburt, die silberne Hochzeit, das Berufsjubiläum und das Begräbnis sind einige der bei uns noch üblichen rites de passage. Wir begehen sie feierlich zusammen mit Verwandten und Freunden, um die Passage von einem körperlichen oder gesellschaftlichen Zustand in den anderen zu markieren, das Anderswerden zu akzentuieren, auch wenn eigentlich gar keine wirkliche biographische Zäsur vor-

Lebens

»Argonauten des westlichen Pazifik« berichtet hatte. Das Prinzip des kula besteht darin, daß besonders wertvolle Einzelexemplare der aus großen Stücken der Conus-Schnecke hergestellten mwali und der aus vielen kleinen Scheibchen der Spondylus-Schnecke angefertigten soulava-Halsketten in einen ewigen Kreislauf eingepaßt sind, der sich in festgelegtem Drehsinn und über genau definierte Stationen über die Inseln bewegt. Die soulava werden mit besonderen kula-Booten im Uhrzeigersinn von einem Partner zum anderen transportiert, die mwali entgegengesetzt. Mwali und soulava werden nicht Eigentum der Empfänger. Sie machen bei ihm quasi nur Station, denn er muß sie bei der nächsten konzertierten Tauschaktion wieder in den Kreislauf geben, darf sie keinesfalls behalten oder verkaufen. Die mit dem kula verbundenen Riten und Feste sind nach wie

In vielen Kulturen werden männliche Jugendliche zu Erwachsenen »gemacht«. Bei den Eipo durch die Verleihung der ersten Peniskalebasse und des ersten Männergürtels

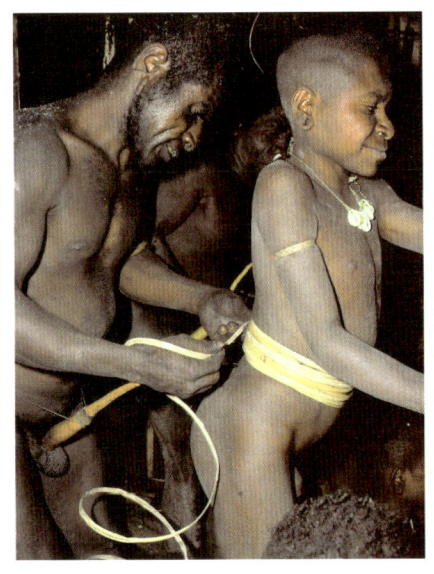

liegt. Das Bedürfnis der Gesellschaft nach feierlicher Inszenierung scheint weit bedeutender zu sein als die tatsächlichen biologischen Anlässe oder sozialen Übergänge. Also, so darf man vermuten, bilden die jeweiligen Ereignisse im Leben des Individuums nur einen Vorwand für die Gemeinschaft, festliche Rituale zu initiieren, die letztlich mehr ihr selbst als der oder dem Gefeierten zugute kommen.

Das wird auch bei den frühen Europäern so gewesen sein, im Aurignacien vor 15 000 oder 20 000 Jahren. Der riesige Höhlenraum wird von mehreren Feuern erleuchtet. Ihr unruhiger Schein fällt auf die Stirnwand des steinernen Doms und läßt eine farbige Phantasiewelt unfaßlicher Schönheit entstehen. Stiere, gepunktete Pferde und Auerochsen lösen sich fast aus der Wand, so geschickt ist der reliefartige Untergrund in die Körper der Tiere integriert. Die Menschen in den Bildnissen sind unscheinbarer, manche bekämpfen sich mit Pfeil und Bogen. An der Bildwand stehen Jugendliche, die ausgebreiteten Hände gegen den Felsen pressend. Ein älterer Mann mit einem kurzen Blasrohr nähert sich, in der Hand einen Behälter mit Kalkfarbe. Er nimmt etwas davon in den Mund und sprüht, während die Anwesenden einen litaneiartigen Gesang anstimmen, feinverteiltes Pigment durch das Rohr auf die Hände der Initianden. Deren Abdruck ist bis zum heutigen Tag erhalten in der südwestfranzösischen Höhle von Pech-Merle. Das Szenario dagegen ist erfunden. Doch ähnlich dürfte sich es zugetragen haben, wenn Gruppen auserwählter Personen den geheiligten Bezirk des nie Gesehenen betraten. Ob hier tatsächlich Initianden Zeichen ihrer Person hinterließen oder ob die zu verschiedenen Zeiten an den großen Tiergestalten tätig gewesenen Künstler ihre geschickten Hände als symbolisches Signet abbildeten, können wir nicht wissen. Gewiß scheint aber, daß diese unerhörten, vom Menschen ausgestalteten Tempel im Innern der Erde Orte religiöser Feiern waren. Menschen suchen sich die singuläre Szenerie, den spektakulären, unvergeßlichen Ort für ihre heiligsten Zeremonien.

Die gotischen Kathedralen sind eine folgerichtige Entsprechung dieses Bedürfnisses nach dem grandiosen Rahmen für die Rituale der Gemeinschaft. Dort feiert man die Eucharistie, verwendet die brausende Orgel, Oblaten, Weihrauch und Myrrhe, Kerzenschein, Glockengeläut, das gemeinsame Lied, dieselben symbolischen Gesten und synchronisierte Bewegungen zu einem alle Sinne ansprechenden Gesamtereignis. Die Religionen der Welt bedürfen solcher Zeremonien, deren bedeutendste Funktion jene der Bindung der Beteiligten sein dürfte. Wer die Messe mitmacht, sich einklinkt in den Gleichklang der Handlungen und Gefühle, der entwickelt jenes Bewußtsein der Zugehörigkeit, das für die längste Zeit unserer Geschichte die kleineren und größeren Gruppen zusammenhielt. Zudem vermittelt der Inhalt des verkündeten Glaubens den Gläubigen Gemeinsamkeit mit jenen, die sich zu denselben Inhalten bekennen. So ist also das religiöse Fest stets mit einer Stärkung der Bindung unter den Beteiligten verbunden.

Abgesehen vom individuellen Bedürfnis nach dem heiligen Schauer und der Ängste bannenden Rückbindung an außermenschliche Mächte, das als religiöser Urgrund aller sakralen Rituale menschliches Universale sein dürfte, dienen also Feiern dieser Art der Gruppe. Wenn es die Religion nicht von Anbeginn der Menschheit gegeben hätte, woran aus humanethologischer Sicht im Gegensatz zu jener mancher Religionswissenschaftler keine Zweifel bestehen, spätestens für diese Funktion hätte sie entstehen müssen.

In einem anderen Funktionszusammenhang stehen Feste, die von einer Person oder Gruppe für andere ausgerichtet werden. Das *kayasa* der Trobriander ist ein Beispiel dafür. Vapalaguyau ist ein vitaler, in jeder Hinsicht geschickter etwa 50jähriger Mann aus dem Dorf Tauwema. An einem Tag nach der Ernte des Jahres 1987 stellt er sich in jener Ecke des Dorfplatzes, die seinem großen Haus

Oben: Die Besuchsfeste der Eipo sind seltene Glanzpunkte im Einerlei des Alltags. Zum Tanzschmuck der Männer gehören auch ihre Waffen
Unten: In auffälliger Formation nähern sich die Tänzer dem gastgebenden Dorf

Die rote Pandanusfrucht enthält Fett, ist schwierig zu beschaffen und sehr begehrt. Eine ideale Festspeise für Gäste

vor sehr eindrucksvoll. In monatelanger Arbeit werden masawa-*Auslegerboote hergestellt, die zum Teil über 15 Meter lang sind und 30 oder mehr Personen aufnehmen können. Eine Gruppe Männer, alle in Festtracht, mit geölten Körpern und wertvollem Schmuck, zieht das Boot kraftvoll über untergelegte Baumstammrollen zum Meer und bringt es durch die Brandung in ruhigeres Wasser. So geschieht es, unter den Augen der zuschauenden Menge, mit drei, vier oder fünf dieser Schiffe der trobriandischen Argonauten. Wenn das letzte jenseits der Brandung ist, beginnt nach alter Tradition eine Wettfahrt, bei der das schnellste Boot ermittelt wird und der* toli waga *feststellen kann, welche Segeleigenschaften sein Fahrzeug hat. Denn die später stattfindenden Expeditionen zum Transport der* kula-*Wertgegenstände verlangen solides Material und hohe Seemannskunst.*

Schauspiele dieser Art eignen sich verständlicherweise als Kernstück von Festen. Geschmückte, festlich gestimmte Menschen strömen zusammen, begegnen sich in der Atmosphäre des besonderen Augenblicks und speisen gemeinsam. Das Mahl ist in der Tat weltweit Inbegriff der Feier. In ihm zeigt sich erneut die Universalität der uns allen innewohnenden Handlungstendenzen. Nicht zufällig ist die

am nächsten liegt, in Positur und hält eine Rede, die etwa folgendermaßen beginnt: »Ich fordere euch heraus zum *kayasa*! Ich bin so reich, daß ich jedem, der am Erntewettbewerb teilnimmt, wertvolle Preise zahlen kann. Ihr könnt gar nicht so viel ernten, daß ich in Zahlungsschwierigkeiten komme. Strengt euch an, ihr Leute aus Tauwema! Kostbare Dinge stehen für die Gewinner bereit. Für eure Mühe sollt ihr alle entlohnt werden.«

Das Prinzip des *kayasa* besteht darin, daß ein Organisator, der *toli kayasa*, in diesem Fall also Vapalaguyau, sich bereit erklärt, den Wettbewerb auszurichten und die Preise zu stiften. Nach Ausrufung eines *kayasa* entfalten die Familien mit Beginn der neuen Rodungsperiode ungewöhnlichen Fleiß. Es werden größere Areale als sonst für den Anbau der Yamsknollen vorbereitet, man steckt wesentlich mehr Energie in alle Arbeitsgänge. Wenn man bedenkt, daß nur mit Beil, Buschmesser und

Grabstock gearbeitet, daß keinerlei Kunstdünger verwendet wird, daß ein großer Teil der Arbeitsleistung dafür aufgewendet werden muß, stabile, hohe Zäune gegen den Einfall von Wildschweinen zu errichten, ist das Ernteergebnis um so erstaunlicher. Bis zu 6 000 Kilogramm pro Familie sind keine Seltenheit. Noch in den Gärten türmt man die gesamte Ernte kunstvoll zu kegelförmigen Haufen auf, eindrucksvollen Beweisen des Gärtnerfleißes. Das Volumen dieser Demonstrationskegel wird mittels eines empirisch gefundenen Algorithmus bestimmt und in *peta* (Körben) ausgedrückt. Später bringt man die Ernte unter allerlei Ausgelassenheiten, die bisweilen auch sehr direkte, pantomimische Annäherungen der Frauen an die Männer enthalten, ins Dorf und schichtet dort erneut Kegel auf.

An einem festgelegten Tag, an dem Gäste von nah und fern herbeiströmen, findet die Zeremonie der Verkündigung der Gewinner statt. Die Hauptpreise bestehen aus kostbaren großen Tontöpfen von den Amphlett-Inseln und heutzutage meist auch aus Bargeld. An Preisgeldern und sonstigen Ausgaben muß ein *toli kayasa* den Gegenwert von ungefähr 1 000 Mark aufwenden, bei den sehr großen Wettbewerben auch wesentlich mehr.

Wichtiger als sein finanzieller Einsatz, der sich aus verschiedenen Quellen speist, auch aus geborgten Wertsachen oder vorzeitig erhaltenen Tauschgeschenken, und dessen Kontrolle ein ausgezeichnetes Gedächtnis und hohe Intelligenz erfordert, ist jedoch die soziale Kompetenz des *toli kayasa*. Er muß zu jeder Zeit im Sinn behalten, welche Personen ihm nützen und welche ihm schaden können. Danach richtet er seine vielfältigen Strategien der Allianzenbildung. Die Organisation des Festes selbst erfordert sehr gute logistische Fähigkeiten, denn die oft von weit her in Segelkanus Anreisenden müssen trotz der Widrigkeiten von Wind und Wetter pünktlich eintreffen, gut untergebracht und opulent verköstigt werden. Ohne Mithilfe seiner Großfamilie ist der tüchtigste *toli kayasa* hilflos. Also muß er seine Führungseigenschaften auch in diesem Bereich zur Geltung bringen.

Das Risiko, daß sein *kayasa* zusammenbricht, daß er sich finanziell übernimmt, mit seinen Partnern überwirft oder durch Krankheit außer Stand gesetzt wird, seine ehrgeizigen Pläne zu verfolgen, ist durchaus gegeben. Nur wer eine große Sache zu Ende bringt, steigt im Ansehen. Zögernde, an sich Zweifelnde setzen sich der mentalen und psychischen Belastung eines *kayasa* erst gar nicht aus. Neue archäologische Forschungen haben ergeben, daß der Übergang von den weitgehend egalitären Gesellschaften der Jäger und Sammler zu den geschichteten Gesellschaften der Ackerbauer und Tierzüchter mit der Möglichkeit zur (Über-) Produktion von lagerfähigen Lebensmitteln verknüpft war. Größere Mengen dieser Nahrung wurden offenbar von einzelnen Männern kontrolliert. Die Übernahme der Funktion des Initiators, Organisators und Verteilers von Gütern verlieh ihnen und ihren Familien politischen Einfluß.

Das ist der Weg, den sich Vapalaguyau, der trobriandischen Tradition folgend, vorgenommen hat. Ein *liku*, den typischen Yamsvorratsspeicher der Einflußreichen, hat er bereits errichtet: bescheiden klein und unauffällig am Rand des Dorfplatzes. Doch eines Tages, wenn seine Kräfte und seine Partner ihn nicht verlassen, dann wird sein Kalkül aufgehen, wird sein *liku* das Dorf überragen und stellvertretend für ihn im Zentrum stehen. Feste, von denen man spricht, sind ein Schlüssel zum Erfolg – auf den Inseln und anderswo.

christliche Eucharistie Feier des gemeinsamen Mahles.

»EE« brachte kula *und* kayasa *in einen funktionalen Zusammenhang. Die Wetternten, so seine Interpretation der zunächst fremd wirkenden Sitte der periodischen »nutzlosen« Überproduktion, sind Teil eines alten Systems der Absicherung der Lebensgrundlagen. In jedem Jahr gibt es wenigstens in einigen Dörfern mehr Lebensmittel, als die Bevölkerung benötigt. Durch das rituell ausgestaltete Netz der* kula*-Tauschpartner existieren Infrastruktur und Logistik, die erforderlich sind, wenn lokal begrenzte Hungersnöte ausgeglichen werden sollen. So dienen die Feste den Zeiten des Mangels.*

Man kann, das ist ein Fazit der ein viertel Jahrhundert währenden Forschungsarbeiten des Humanethologen »EE«, vor dem Erfindungsreichtum, dem planerischen Geschick, dem ökonomischen Sinn und der intellektuellen und künstlerischen Gestaltungskraft der Menschen in traditionellen Kulturen nur staunen.

DIE

SAMMLUNG

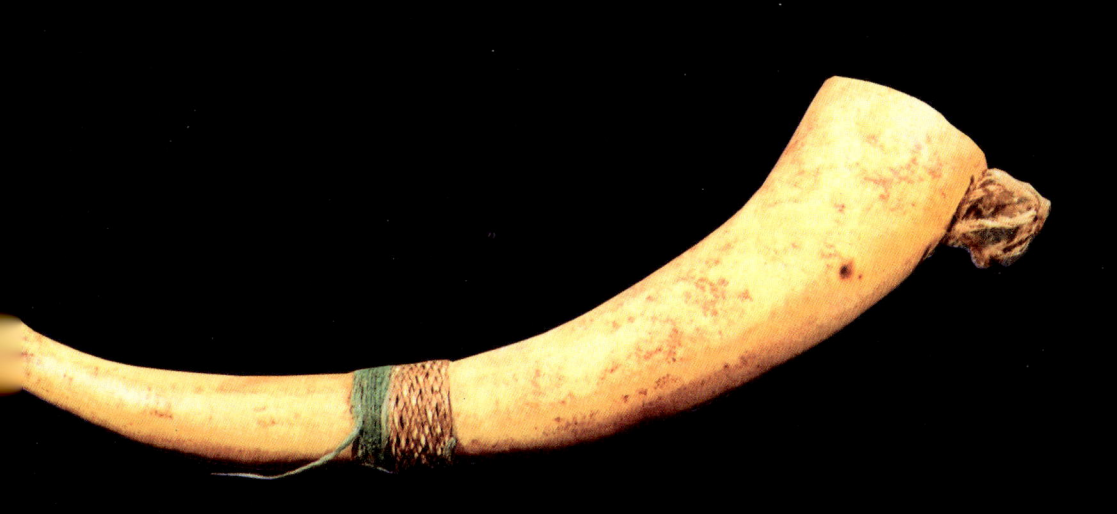

Beschreibung der Ethnographika

Die ethnographische Sammlung von Irenäus Eibl-Eibesfeldt umfaßt mehr als 1000 Objekte und stellt damit eine sehr ausführliche Dokumentation der materiellen Kultur der zum Teil seit mehr als zwanzig Jahren besuchten Ethnien dar. Die Ethnographika, von herkömmlichen Feuererzeugern bis zum aufwendig gearbeiteten Schmuck, vom Kinderspielzeug zum Zeremonialgegenstand, geben uns Einblick in die unterschiedlichen Weisen der Lebensgestaltung in den betreffenden Gemeinschaften.

Dem Betrachter wird deutlich, wie wenig Materielles die Menschen eigentlich brauchen. Bei den Eipo in den Bergen West-Neuguineas sind es: Ein Dach über dem Kopf, ein Platz zum Schlafen, ein Steinbeil zum Bearbeiten von Holz, ein Bambusmesser zum Schneiden, einen Grabstock zum Pflanzen, Ernten und Jäten, Pfeile und Bogen für die Jagd und den Krieg, ein Rotanpanzer zum Schutz vor feindlichen Pfeilen, Liane und Zunder zum Feuersägen, Schnüre oder Fasern zum Binden, ein Netzbeutel zum Transportieren von Lasten, ein Behälter für Wasser und eine Bedeckung für das Genitale. Dazu Schmuck, um schön zu sein.

Die Werkzeuge der Menschen in den fünf Kulturen sind mit einfachsten Mitteln hergestellte Hilfen im Kampf ums Dasein, gleichzeitig aber auch individuell und meist über das Maß der schieren Notwendigkeit hinaus schön gestaltete Besitzstücke einzelner Personen. Sie ermöglichen den Erwerb, den Transport und die Zubereitung von Nahrung. Doch sie haben auch eine weitere, wichtige Funktion: Sie sind das materielle Element des Gebens und Nehmens, das symbolische Pfand der Beziehung zwischen den Menschen. Dadurch, daß sie von Hand zu Hand, von Person zu Person gehen, entsteht ein Netz gegenseitiger Verpflichtungen, das ganz typisch für alle menschlichen Gemeinschaften ist.

Bedauerlicherweise haben viele der gezeigten Objekte bereits heute historischen Wert, denn in ihrem Herkunftsort hat sich die Kultur so stark verändert, haben Dinge aus der sogenannten westlichen Zivilisation ihre traditionellen Vorläufer so weitgehend verdrängt, daß viele der Gegenstände schon aus dem Alltagsgebrauch verschwunden sind.

Hier kann nur ein kleiner Teil der Sammlung präsentiert werden. Ausgewählt wurden Ethnographika aus den Kulturen der Buschleute, der Eipo, der Yanomami, der Himba und der Trobriander. Wenn immer möglich, sind die einheimischen Bezeichnungen der Gegenstände in der betreffenden Sprache angegeben. Eine Ausnahme machen die Ethnographika der Buschleute; für sie geben die verfügbaren Wörterlisten keine einheitliche Schreibweise an. Die Reihenfolge der Objekte entspricht jener der Ausstellung »Im Spiegel der anderen«. Die ersten beiden Ethnien sind praktisch mit ihrem gesamten Besitz vertreten, so wird die Beschränktheit der materiellen Güter deutlich. Wir dürfen beim Betrachten der einfachen Gegenstände nicht vergessen, daß die Menschen zwar mit einem Minimum an Hilfsmitteln auskommen, trotzdem aber ein ausgesprochen reiches geistiges und soziales Leben führen.

Kopfschmucktragende Puppe, *omuatje*, eines Mädchens. Himba, Otjitanga, Kaokoveld, Namibia. L 27

Puppe, *omuatje*, eines Mädchens. Holz, Stoffreste und Kordel. Himba, Otjitanga, Kaokoveld, Namibia. L 40

Puppe, *omuatje*. Maiskolben, Schnur und Stoffstückchen. Himba, Ohamaremba, Kaokoveld, Namibia. L 21

Eine einfache **Puppe**, *noreshi*, aus gebundenem Gras. Yanomami, Ihirimauetheri, Venezuela. L 38, B 29

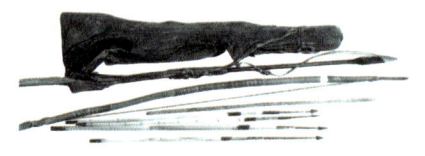

Rindenköcher mit Pfeilen im Tragebeutel aus Antilopenhaut und Speer. !Ko, Taktswane, Botswana. L 69, 55, 144

Hölzerner Behälter zur Aufbewahrung giftiger Käferlarven, dem Grundstoff für das Pfeilgift. !Ko, Bere, Botswana. L 12

Schlingenfalle aus Pflanzenfasern für Kleintiere. G/wi, Zentralkalahari, Botswana. L 190

Die **Ahle**, hier mit Lederfutteral, wird zum Lochstanzen in Leder verwendet. G/wi, Zentralkalahari, Botswana. L 14

Frauenschurz aus Antilopenleder. Wird mit Rückenschurz kombiniert. G/wi, Zentralkalahari, Botswana. L 24, B 37

Springhasensonde. Zum Festhalten der Tiere in ihrem Bau. !Ko, Bere, Botswana. L 150

Löffel zum Zerteilen und Ausschaben von Melonen. G/wi, Zentralkalahari, Botswana. L 12, B 3

Lauskratzer aus Holz geschnitzt und mit Ornamenten verziert. G/wi, Zentralkalahari, Botswana. L 13

Grabstock mit Ritzornamentik. Zum Ausgraben von Pflanzenwurzeln. !Ko, Bere, Botswana. L 75

Stößel und **Mörser** zum Zerstampfen von Nahrung. G/wi, Zentralkalahari, Botswana. L 56, ø 6

Knochenrauchrohr und **Beutel**. G/wi, Zentralkalahari, Botswana. L 16

Kleines **Querbeil** zum Zerhacken von Fleisch, Wurzeln oder Holz. G/wi, Zentralkalahari, Botswana. L 26

Schöpfkelle aus Schildkrötenpanzer. G/wi, Zentralkalahari, Botswana. L 19, B 13

Schildkrötenbüchschen gefüllt mit pulverisiertem Duftholz. G/wi, Zentralkalahari, Botswana. L 10, B 6

Straußenei mit Zackendekor. Wasserbehälter. G/wi, Zentralkalahari, Botswana. ø 41

Stab und **Gegenlager** zum **Feuerbohren**. !Ko, Bere, Botswana. L 32, 26

Orakelknochen im Lederbeutel zur Vorhersage von Jagdbeute. G/wi, Zentralkalahari, Botswana. Beutel L 12, B 15

Wassersaugrohr. Trinkhalm zum Anzapfen unterirdischer Wasserreservoirs. G/wi, Zentralkalahari, Botswana. L 52

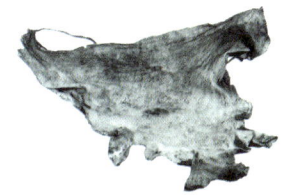

Männerhose. Durchziehschurz aus Antilopenleder. G/wi, Zentralkalahari, Botswana. L 67, B 65

Bohrer zum Durchbohren von Straußeneischeibchen. G/wi, Zentralkalahari, Botswana. L 48

Kette aus Straußeneischeibchen. !Ko, Takatswane, Botswana. L 540

Frauenschürzchen aus Binsen und Sumpfried, *lye*. Eipo, Dingerkon, Irian Jaya. L 13, B 15

Tragnetz, *aleng*, für Süßkartoffeln, Pflanzgut und Säuglinge. Eipo, Dingerkon, Irian Jaya. L 19, B 15

Frauenarmreif aus Kupferringen. G/wi, Zentralkalahari, Botswana. ø 5

Zusammengerollter **Männergürtel** aus Rotan und Bast, *deytenga*. Eipo, Malingdam, Irian Jaya. L 130, B 6

Kleines **Halsbeutelchen**, *minmindob*. Eipo, Malingdam, Irian Jaya. L 5, B 4

Armreif aus einem dünnen Holzstreifen mit Branddekor. G/wi, Zentralkalahari, Botswana. ø 9

Peniskalebasse, *sanyum*. Endstück der Flaschenkürbisart Lagenaria siceraria. Eipo, Malingdam, Irian Jaya. L 26

Bogen, *yin*, und **Pfeile**, *mal*, für Jagd und Krieg. Eipo, Malingdam, Irian Jaya. L 130, 110-125

Geflochtene **Armbänder** aus Giraffenschwanzhaar. G/wi, Zentralkalahari, Botswana. ø 5-11

Bambusohrpflock eines Mannes, *amol*. Eipo, Malingdam, Irian Jaya. L 6, ø 6

Knochenahle, *yumce*, auch bei Flechtarbeiten benutzt. Eipo, Malingdam, Irian Jaya. L 8

Haarschmuck aus Glasperlen, getragen als Amulett. !Kung, Tsumkwe, Namibia. L 5-8

Nasenpflöcke, *ufurya*, eines Mannes, davon einer mit Knochenahle, *yumce*. Eipo, Imde, Irian Jaya. L 9 und 7

Messer aus Bambus, *fa*, und Hartholz zum Zerteilen von Fleisch. Eipo, Malingdam, Irian Jaya. L 28, 18

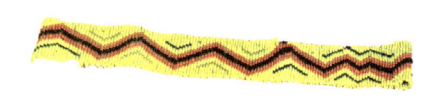

Stirnband aus Glasperlen mit Tiersehne verbunden. !Ko, Nojani, Botswana. L 52, B 4

Oberarmreifen, *toubnedama*. Von Männern geflochten. Eipo, Malingdam, Irian Jaya. B 6-8, ø 2

Nagetierzahnmesser, *sepe si*, zum Schnitzen und Gravieren von Ornamenten. Eipo, Malingdam, Irian Jaya. L 13

Steinmesser, *kape*. Vor allem zum Zerteilen und Schaben von Taro. Eipo, Malingdam, Irian Jaya. L 13, B 4

Grabstock mit Brandornamenten, vor allem von Frauen benutzt. !Ko, Bere, Botswana. L 68

Frauentanzschmuck aus Leder mit Glas- und Eisenperlen, *ozondjise*. Himba, Kaokoveld, Namibia. L 38, B 25

Behälter aus der *mototuba*-Kalebasse mit roter Erdfarbe. Eipo, Malingdam, Irian Jaya. L 15

Rindenschüssel, *kau*, zur Zubereitung der Pandanus conoideus. Eipo, Dingerkon, Irian Jaya. L 40, H 20

Lederkette, *éha*. Anhänger mit Eisenperlen und Kauri-Muscheln verziert. Himba, Kaokoveld, Namibia. L 43

Kalebasse als **Wasserbehälter**, *makau*. Eipo, Malingdam, Irian Jaya. L 60

Steinmesser, *kape*, vor allem zur Zubereitung von Taro. Eipo, Munggona, Irian Jaya. L 23, B 2-6

Frauenarmschmuck, *ozongoho*, in Form einer Kupferspirale. Himba, Kaokoveld, Namibia. L 13, ø 8

Feuersäge, *ukwe sekne*, aus Lianen und hölzernem Gegenlager. Eipo, Malingdam, Irian Jaya. L 28

Trinkkalebasse, *mototuba*, mit seitlicher Öffnung. Eipo, Malingdam, Irian Jaya. L 23

Döschen aus Kuhhorn, *onja*, als Schminkbehälter. Himba, Kaokoveld, Namibia. H 11, ø 6

Glutbehälter, *ukwe nemfulula*, zum Transport von schwelenden Holzstückchen. Eipo, Dingerkon, Irian Jaya. L 20, ø 6

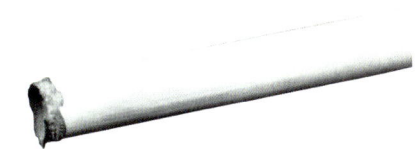

Behälter aus Bambus, *ma'i*, zum Transport und Aufbewahrung von Wasser. In-Yalenang, Kosarek, Irian Jaya. L 94

Fein geflochtene **Korbschale** mit farbiger Verzierung, *otjimbara*. Himba, Kaokoveld, Namibia. H 14, ø 25

Grabstock, *kama*, zum Pflanzen, Jäten und Ernten von Süßkartoffeln und anderen Knollenfrüchten. Eipo, Malingdam, Irian Jaya. L 70

Kunstvoller **Frauenkopfputz** aus Leder, *ekori*. Himba, Kaokoveld, Namibia. L 24

Geflochtener **Behälter** für Milch oder Maisbrei, *otjimbara*. Himba, Kaokoveld, Namibia. H 28, ø 23

Rot gefärbtes **Holzgefäß** mit Lederhenkel, *otjipuin*. Himba, Kaokoveld, Namibia. H 17, ø 13

Hölzerner **Schnupftabakbehälter** mit Eisenspachtel, *ombinga*. Himba, Kaokoveld, Namibia. ø 4

Eßgefäße, *hishima*, Kalebassen. Yanomami, Mahakohetheri, Venezuela. L 15, 14

Beutel aus Kuduhaut, *orumba*. Himba, Kaokoveld, Namibia. H 13

Ledersandalen, *ozongaku*, eines Häuptlings der Himba, Kaokoveld, Namibia. L 31, B 13

Wassergefäße mit Verzierungen, *shokatama ashi*, Kalebassen. Yanomami, Patanoetheri, Venezuela. L 25, 13

Kalebassengefäß zum Buttern, *ondukwa*. Himba, Kaokoveld, Namibia. H 27

Nackenstütze aus Holz, *otjihavero*. Himba, Kaokoveld, Namibia. H 13

Einfacher **Behälter** aus einem Palmblatt gefaltet, *karahasi*. Yanomami, Ihirimauetheri, Venezuela. L 29, B 7

Hölzerner **Milchtrichter** mit Messingrohr, *ombako*. Himba, Kaokoveld, Namibia. H 23, ø 13

Wurfspeer, *eso reonga*, mit Fellverzierung. Himba, Kaokoveld, Namibia. L 119

Tasche aus Palmblatt, *karahasi*, zum Aufbewahren von Federn. Yanomami, Ihirimauetheri, Venezuela. L 35, B 25

Großer **Holzlöffel**, *orutuuo*, mit Brandornamenten verziert. Himba, Kaokoveld, Namibia. L 33

Ein grob geschnittenes Metallstückchen als **Rasiermesser**, *otjitote*. Himba, Kaokoveld, Namibia. L 8, B 3

Beil mit Machetenbruchstück als Klinge, *haea*. Yanomami, Mayöböwetheri, Venezuela. L 45, B 30

Messer und **Lederscheide** mit Eisenperlen, *omutungo*. Himba, Kaokoveld, Namibia. L 56

Frauentragkorb, *wii*, für Gartenfrüchte. Yanomami, Ioetheri, Venezuela. H 29, ø 31

Steinbeilklingen, *pore-poope*. Heute nur noch zum Reiben der *yopo*-Droge benutzt. Yanomami, Kachoroatheri, Venezuela. L 10, B 7 und L 7, B 7

Hölzer und **Gegenlager** zum Feuerbohren, *pohoro ane hipe*. Yanomami, Wabutabutheri, Venezuela. L 25-68

Frauenkette mit Kaurimuscheln, *katum*. Eipo, Malingdam, Irian Jaya. L 53

Flacher **Korb**, *shoto*, in Zwirntechnik gearbeitet. Yanomami, Ioetheri, Venezuela. ø 30

Fackel, *warapa koko*, und Harzkugel, *warapa koshi*. Yanomami, Ihirimauetheri, Venezuela. L 40

»Brief«. Ein Gruß, der beim Abflug übergeben wurde. Eipo, Talim, Irian Jaya. L 16

Schlagstein, *ya dabim*, zum Herstellen der Steinbeilklingen. Eipo, Munggona, Irian Jaya. L 7, B 6

Schnupfrohr, *mokohiro*, der Schamanen. Yanomami, Ihirimauetheri, Venezuela. L 64

Betelmörser, *kemili*, und Stößel, *kepita*. Trobriander, Giwa, Papua Neuguinea. L 21 und 29

Steinklingenrohling, *ya*. Eipo, Malingdam, Irian Jaya. L 18

Bambusköcher, *thora*, mit Ritzdekor zur Aufbewahrung von Pfeilspitzen. Yanomami, Mayöböwetheri, Venezuela. L 32, ø 4

Kunstvoll verzierter **Betelspachtel**, *kena*. Trobriander, Tauwema, Papua Neuguinea. L 27

Steinklinge, *tutukema*. Trobriander, Tauwema, Papua Neuguinea. L 22, B 7

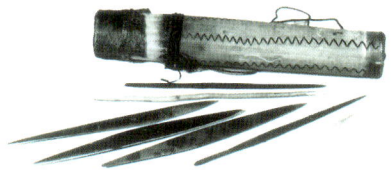

Bambusköcher, *thora*, mit **Pfeilspitzen**. Yanomami, Niyayobetheri, Venezuela. L 30, ø 5

Kleiner **Korb**, *peta*, zur Aufbewahrung von Yams. Trobriander, Tauwema, Papua Neuguinea. ø 40

Sakralstein, *siye*, mit Kaurikette umwickelt. Yali, Angguruk, Irian Jaya. L 79, B 9 (Stein) und L 240, B 2 (Kette)

Glasperlenkettchen mit großem Anhänger. !Kung, N≠gu≠nau, Namibia. L 26

Schnupftabakbehälter, *ombinga*, aus Horn. Himba, Kaokoveld, Namibia. L 20

Zeremoniale **Beilklinge**, *beku*. Trobriander, Kaduwaga, Papua Neuguinea. L 17, B 6-11

209

Zeremonialstein, der bei der Hochzeit übergeben wird. In-Yalenang, Irian Jaya. L 44, B 9

Tanznetz mit Federn, über einen stabilisierenden Holzrahmen gezogen. Woitapmin, Papua Neuguinea. L 34, B 21

Bananenbaststück, *doba*, mit dem nun sichtbaren Muster des *kaigini*-Holzbrettes. Trobriander, Tauwema, Papua Neuguinea. L 32, B 9-11

Steinaxt, *ya*, eines alten Mannes. Eipo, Malingdam, Irian Jaya. L 62

Aufwendig gearbeiteter **Schmuck aus einer Konusschnecke**, *mwali*, für das *kula*. Trobriander, Tauwema, Papua Neuguinea. L 30, B 25

Grundmaterial, *noku kudukudu*, der *doba*-Röckchen. Trobriander, Tauwema, Papua Neuguinea. L 32

Querbeil, *ligogu*, mit Eisenklinge. Trobriander, Giwa, Papua Neuguinea. L 38

***Kula*-Kette**, *soulava*, aus Spondylusschnecken und anderem Zierrat. Trobriander, Tauwema, Papua Neuguinea. L 120

Tanzrock für unverheiratete Mädchen, *doba pela kubukwabuya vivila*. Trobriander, Tauwema, Papua Neuguinea. L 83, B 32

Netz, *aleng*, mit Federschmuck. Eipo, Dingerkon, Irian Jaya. L 90, B 25

Modell eines **Auslegerbootes**, *masawa*. Trobriander, Tauwema, Papua Neuguinea. L 82, B 32, H 17

Tanzrock, für verheiratete Frauen, *doba pela nunumwaya*. Trobriander, Tauwema, Papua Neuguinea. L 76, B 38

Tanznetz, *bemol ak*, mit Tauben- und Papageienfedern. In-Yalenang, Kosarek, Irian Jaya. L 30, B 27

Schnittholz, *kaidabobu*, zur Herstellung der *doba*-Röckchen. Trobriander, Tauwema, Papua Neuguinea. L 45, B 6

Perlenbestickter **Lederbeutel** für persönliche Gegenstände. !Kung, N≠gu≠nau, Namibia. L 24, B 22

Tanznetz, *bemol ak*, mit Federn und Fellbesatz. In-Yalenang, Kosarek, Irian Jaya. L 42, B 10

Reliefiertes **Brett**, *kaigini*, zur Bearbeitung der Bananenblattstücke für die Röcke. Trobriander, Giwa, Papua Neuguinea. L 51, B 31

Lederschürzchen. Auf Tiersehnen aufgefädelte Glasperlenarbeit. !Kung, Ghanzi, Botswana. L 18, B 17

Rückenfell eines Mädchens. Meist zum Tanz getragen. !Kung, //Kauru, Namibia. L 38, B 25

Rohmaterial für die *atari* Pfeilspitzen. Hartholz, Affenknochen. Yanomami, Patanoetheri-Hapokashita, Venezuela. L 22

Pfeile, *shereka*, mit verschieden bearbeiteten Spitzen. Yanomami, Chachanoatheri, Venezuela. L 105-217

Männerschurz, beim Tanz getragen. !Kung, N≠gu≠nau, Namibia. L 151, B 23

Bambusköcher, *thora*, mit Inhalt. Yanomami, Mayöböwetheri, Venezuela. L 32, ø 6

Panzer, *ting*, aus Rotanschnüren geflochten, zum Schutz vor Pfeilen. Eipo, Imde, Irian Jaya. L 45, B 36

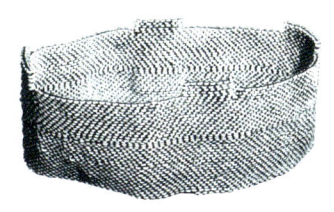

Stirnband aus Straußeneischeibchen. !Ko, Bere, Botswana. L 54, B 8

Nagetierzahnmesserchen, *thominaki*, aus dem Zahn einer Agouti-Art. Yanomami, Mahakohetheri, Venezuela. L 12

Bogen, *yin*, und **Pfeile**, *mal*, mit unterschiedlichen Spitzen. Eipo, Dingerkon, Irian Jaya. L 137, 100-120

Pfeile mit vergiftetem Vorschaft. !Ko, Takatswane, Botswana. L 56-60

Pfeilspitze mit Widerhaken aus Knochen, *atari*, wird meist zur Affenjagd verwendet. Yanomami, Patanoetheri, Venezuela. L 31

Kampfkeule, *puluta*, aus Hartholz. Trobriander, Tauwema, Papua Neuguinea. L 64, B 8

Rohlinge der *rahaka*-Pfeilspitzen, *takakarimi*-Bambus. Yanomami, Patanoetheri-Hapokashita, Venezuela. L 23

»Modernes« **Messer**, *akwi*, mit Metallklinge. Yanomami, Patanoetheri, Venezuela. L 15

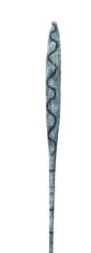

Palmholzkeule, *nabrushi* für den Zweikampf der Männer. Yanomami, Sakripuleri, Venezuela. L 160, B 9

Rohlinge der *rahaka*-Pfeilspitzen, *takakarimi*-Bambus. Yanomami, Patanoetheri-Hapokashita, Venezuela. L 25

Bogen aus Hartholz, *hatho*. Yanomami, Hasubuwetheri, Venezuela. L 215

Bartweiser aus Holz. Baule, Elfenbeinküste. H 30

Initiationsflöte mit kleinem Bartweiser aus Bambus und Holz. Angoram (Sepik-Fluß), Papua Neuguinea. L 50

Zweiteilige **Tonfigur** mit dem Motiv der Brustweisenden. Sanur, Bali, Indonesien. H 22

Bemalte **Maske** mit auffallendem Zeigen der Zunge. Sepik, Papua Neuguinea. L 35

Hölzerner **Zeremonialstab**, *ketukwa*, mit Figur eines Bartweisenden. Trobriander, Tauwema, Papua Neuguinea. L 60

Hölzerne **Wächterfigur** mit phallischem Drohen. Sanur, Bali, Indonesien. H 42

Männerschmuck aus Arafedern, *paushi*, in den Oberarmbändern getragen. Yanomami, Ioeteri, Venezuela. L 58

Weibliche **brustweisende Statuette** aus Holz. Dogon, Mali. H 43

Phallischer Krieger, eine Waffe schwingend. Holz. Sanur, Bali, Indonesien. H 23

Oberarmschmuck der Männer, *paushi*, aus Ara- und Raubvogelfedern. Yanomami, Ioetheri, Venezuela. L 50

Hockende weibliche Figur von einem Botenstab. Bas Zaire, Zaire. H. 16

Phallische Hockerfigur aus Stein. Sanur, Bali, Indonesien. H 13

Oberarmschmuck der Männer, *paushi*, aus Reiherfedern. Yanomami, Ioetheri, Venezuela. L 15

Hölzerne **Initiationsflöte** mit Figürchen einer Brustweisenden. Angoram (Sepik Fluß), Papua Neuguinea. L 98

Phallische Holzfigur. Singaradoga, Bali, Indonesien. H 51

Tukanbalg und **Arafedern** zum Einstecken in das Oberarmband, *paushi*. Yanomami, Kachoroatheri, Venezuela. L 57

Hölzerne Statuette einer **Brustweiserin**. Sanur, Bali, Indonesien. L 29, B 18

Hockerfigur mit auffallendem Zeigen der Zunge, aus Stein. Singaradoga, Bali, Indonesien. H 16

Federschmuck aus blauen Bälgen, *haimi*. Yanomami, Mayöböwetheri, Venezuela.

Armbinde aus Federbälgen und Papageienschnäbeln, *paruri hesikaki*. Yanomami, Mayöböwetheri, Venezuela.

Vogelbälge als Männerohrschmuck, *paushi purima*. Yanomami, Patanoetheri, Venezuela. L 8

Kopfbinde, *wisha shina*, aus dem Schwanzfell des Spinnenaffen. Yanomami, Niyayobetheri, Venezuela. L 95, B 4

Bündel aus **Bälgen** des *uaumi*-Vogels (Cotinga cayana), *paushi*. Yanomami, Wabutabutheri, Venezuela.

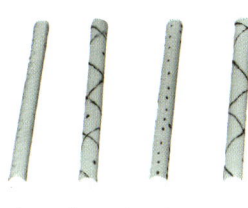

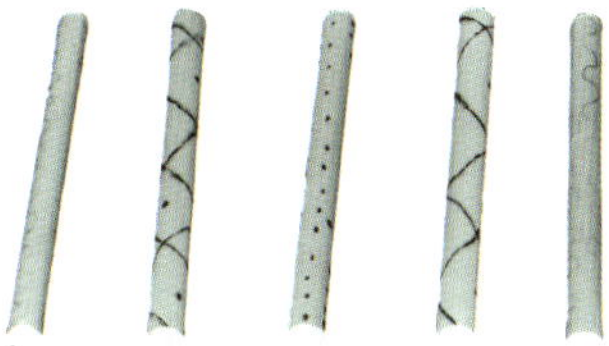

Ohrschmuck, *purima hike*, aus Bambus mit Ritzdekor. Yanomami, Patanoetheri, Venezuela. L 13, ø 1

Gewebte **Oberarmbinde** eines Mädchens, *shinari pokohami*. Baumwolle. Yanomami, Ihirimauetheri, Venezuela. L 10, B 2

Schmuckstäbe, *paushi ikimoi*, aus Federn. Yanomami, Wabutabutheri, Venezuela. L 23

Schmuckschnur mit künstlich eingedrehten Federn des *paushi ikimoi*. Yanomami, Wabutabutheri, Venezuela. L 37

Oberarmbinde aus Baumwolle mit Glasperlen, *tope tuyema pokohami*. Mädchenschmuck. Yanomami, Ihirimauetheri, Venezuela. L 10, B 2

Ohrpflock mit Federn, *paushi purima*, als Männerschmuck. Yanomami, Wabutabutheri, Venezuela. L 15

Schmuck aus Früchten, *rikirikimi*. Yanomami, Hasubuwetheri, Venezuela.

Baumwollwulst als **Männeroberarmband**, *shinari pokohami*. Yanomami, Hasubuwetheri, Venezuela. L 11

Ohrpflöcke, *paushi purima*, aus Pfeilrohr, Palmholz und Federn. Yanomami, Wabutabutheri, Venezuela. L 9-11

Früchterasseln, *rikirikimi*, als Anhänger für Ketten. Yanomami, Patanoetheri, Venezuela.

Kette mit Tierzähnen, *iwa naki tope*. Yanomami, Wabutabutheri, Venezuela. L 62

»Moderner« **Ohrschmuck** aus Plastikfolie. Yanomami, Niyayobetheri, Venezuela. L 11

Kinderschmuck, *paushi ihiru*, Käferflügeldecken, Gürteltierschwänze, Schulterblattknochen. Yanomami, Kachoroatheri, Venezuela.

Kette aus Wirbelknochen und Glasperlen, *oru uku tope*. Yanomami, Wabutabutheri, Venezuela. L 31

Kette aus Borstenperlen und Plastikschnur, *hiwara niosiki*. Yanomami, Wabutabutheri, Venezuela. L 26

Dolch aus Kasuarknochen, *lulay*, im Oberarmband getragen. Eipo, Marikla, Irian Jaya. L 28

Halsschmuck, *meley*. Cymbium Muschel und Kauri. Eipo, Malingdam, Irian Jaya. L 21, B 21

Initiationskrone, *watoshi*, des angehenden Schamanen. Palmblatt. Yanomami, Wawöwawötheri, Venezuela. ø 19-30

Armband, *toubnedama*, aus Rotanblattstreifen. Tauschobjekt unter Freunden und Initiierten. Eipo, Dingerkon, Irian Jaya. ø 7, B 2

Cymbiumbrustschmuck, *meley*, von Männern getragen. Eipo, Malingdam, Irian Jaya. L 14

Schmuck aus Vogelschwänzen, *mayepi ahupe shina*. Yanomami, Mayöböwetheri, Venezuela. L 25

Stirnband, *barateng*, aus Nassaschnecken und Rindenbast. Der wertvollste Schmuck. Eipo, Malingdam, Irian Jaya. L 53

Männerhalsschmuck aus Kasuarkiel, *make sekne*. Eipo, Malingdam, Irian Jaya. L 20

Rückenschmuck, *mum*, bereits initiierter Männer. Eipo, Malingdam, Irian Jaya. L 51

Stirnbinde, *barateng*, aus Nassaschnecken und Rindenbast. Eipo, Munggona, Irian Jaya. L 22

Männerhalsschmuck, *dingkila*. Papageienschnäbel auf Rotanfaser. Eipo, Malingdam, Irian Jaya. ø 15

Rückenschmuck, *mum*, mit Rindenfasern umwickelt. Eipo, Marikla, Irian Jaya. L 50

Männerstirnband mit Kaurimuscheln, *katum*. Eipo, Malingdam, Irian Jaya. L 70, B 2

Männerhalsband, *dingkila*. Holzreifen mit Vogelschnäbeln. Eipo, Malingdam, Irian Jaya. ø 14

Bambusohrpflock, *amol*, eines jungen Mannes. Eipo, Munggona, Irian Jaya. ø 5

Männertanzschmuck, *sing*. Grassamen, Knochen. Schräg über Schulter und Brust getragen. Eipo, Malingdam, Irian Jaya. L 84

Eberzahnschmuck, *basam si*, eines Jungen. Eipo, Malingdam, Irian Jaya. L 12

Kuskuszahnkette, *kabang si*. Tani, Dubokon, Irian Jaya. L 16

Schulterbrustband aus Orchideenbast, *sikye*. Männerschmuck. Eipo, Dingerkon, Irian Jaya. L 99

Schild, *ablenga mome dobne*, zur Geisterabwehr im Männerhaus. In-Yalenang, Kosarek, Irian Jaya. L 90, B 17

Kette aus Rindenfasern und Kaurimuscheln, *katum*. Eipo, Malingdam, Irian Jaya. L 48

Gürtel aus Vogelknochen, *make sekne*. Tanzschmuck der Männer. Eipo, Malingdam, Irian Jaya. L 60, B 6

Schild, Rückseite der vorigen Abbildung. In-Yalenang, Kosarek, Irian Jaya. L 90, B 17

Kuskuszahnkette, *kabang si*. Eipo, Malingdam, Irian Jaya. L 80

Lange **Peniskalebasse**, *sanyum*. Endstück der Flaschenkürbisart Lagenaria siceraria. Eipo, Malingdam, Irian Jaya. L 45

Kampfschild, *askom*. Ok, Imigavip, Papua Neuguinea. L 150, B 43

Kopfschmuck aus Vogelfedern, *wesen*. Eipo, Marikla, Irian Jaya. L 53

Peniskalebasse, *sanyum*. Endstück der Flaschenkürbisart Lagenaria siceraria. Eipo, Malingdam, Irian Jaya. L 19

Großes **Zeremonialschild,** *gope* (unterer Teil). Golf von Papua, Papua Neuguinea. L 255, B 39

Kopfschmuck aus Kasuarfedern, *kwit ma fotong*. Eipo, Malingdam, Irian Jaya. L 12, B 6

Kette aus Metallteilchen eines verunglückten Flugzeuges. Eipo, Munggona, Irian Jaya. L 15

Schild (oberer Teil). Asmat, Papua Neuguinea. L 170, B 45

Kopfschmuck aus Paradiesvogelfedern, *kulib ma fotong*. Eipo, Marikla, Irian Jaya. L 44

Schild, *kelabi*. Rituell in Hungerszeiten gefertigt. In-Yalenang, Kosarek, Irian Jaya. L 150, B 30

Abschlußbrett eines Bootes, *lagim*. Trobriander, Papua Neuguinea. L 100, B 60

Das Team

Die Herausgeber

Wulf Schiefenhövel

Johanna Uher

Renate Krell

Die Autoren

Bell-Krannhals, Ingrid, Dr. phil.,
Ethnologin, Dozentin am Seminar für Völkerkunde der Universität Basel, 1980 Felduntersuchungen bei den Lummi-Indianern im US-Bundesstaat Washington, seit 1982 Felduntersuchungen im Rahmen des interdisziplinären Projektes der Humanethologen bei den Trobriandern.
Beitrag: »Die Trobriander«, S. 56ff

Budack, Kuno, Dr. phil.,
Ethnologe, 1962-1963 wissenschaftlicher Mitarbeiter am Südafrika-Institut, 1963 bis 1965 wissenschaftlicher Mitarbeiter in der ethnologischen Abteilung der Eingeborenenkommission in Pretoria, 1966-1991 Regierungsethnologe in Namibia.
Beitrag: »Die Himba«, S. 46ff

Ehalt, Hubert Christian, Dr. phil.,
Sozialhistoriker und Anthropologe, Lehrbeauftragter für Anthropologie und Sozialgeschichte an der Universität Wien, Wissenschaftsreferent des Magistrates der Stadt Wien, Autor und Herausgeber von Arbeiten zu kulturwissenschaftlichen Themen.
Beitrag: »Irenäus Eibl-Eibesfeldt«, S. 10ff

Eibl-Eibesfeldt, Irenäus, Dr. phil.,
Professor an der Universität München, 1951 bis 1970 wissenschaftlicher Mitarbeiter von Konrad Lorenz, seit 1964 Felduntersuchungen in verschiedenen traditionellen Kulturen, seit 1970 Leiter der Forschungsstelle für Humanethologie in der Max-Planck-Gesellschaft, Gründer und seit 1992 wissenschaftlicher Leiter des Ludwig-Boltzmann-Instituts für Stadtethologie in Wien, Präsident der International Society for Human Ethology.
Beiträge: »Universalien«, S. 128ff; »Stadtethologie«, S. 138ff; »Das Böse«, S. 142ff

Grammer, Karl, Dr. rer. nat.,
Universitätsdozent an der Universität Wien, 1985 bis 1992 wissenschaftlicher Mitarbeiter der Forschungsstelle für Humanethologie, seit 1992 wissenschaftlicher Leiter des Ludwig-Boltzmann-Instituts für Stadtethologie in Wien.
Beitrag: »Stadtethologie«, S. 138ff

Herzog, Harald,
Linguist und Germanist, ab 1981 wissenschaftlicher Mitarbeiter der Forschungsstelle für Humanethologie und ab dieser Zeit langfristige Felduntersuchungen bei den Yanomami. Dort verunglückte er 1985 tödlich.
Beitrag »Die Yanomami« , S. 36ff

Herzog-Schröder, Gabriele, M.A.,
Ethnologin, seit 1987 wissenschaftliche Mitarbeiterin der Forschungsstelle für Humanethologie, seit 1983 wiederholte Felduntersuchungen bei den Yanomami, Engagement in der Menschenrechts- und Umweltbewegung.
Beitrag: »Rahaka«, S. 180ff

Hold-Cavell, Barbara, Dr. rer. nat.,
Biologin, 1971 bis 1979 wissenschaftliche Mitarbeiterin der Forschungsstelle für Humanethologie, 1976 Felduntersuchungen bei den Buschleuten, 1977 in Japan, 1979 bis 1983 akademische Rätin im Institut für Psychologie der Universität Regensburg.
Beitrag: »Oben und unten«, S. 92ff

Krell, Renate,
Photographin, seit 1972 Mitarbeiterin von I. Eibl-Eibesfeldt und unter anderem zuständig für das Bildarchiv der Forschungsstelle für Humanethologie, Teilnahme an verschiedenen Projekten, so auch 1983 und 1987 an den Felduntersuchungen bei den Trobriandern.
Beitrag: »Beschreibung der Ethnographika«, S. 204ff

Medicus, Gerhard, Dr. med.,
Lehrbeauftragter an der Universität Innsbruck, Psychiater am Landeskrankenhaus Hall in Tirol, 1983 bis 1985 Forschungsassistent bei Rupert Riedl, Universität Wien, seit 1988 auswärtiger Mitarbeiter der Forschungsstelle für Humanethologie.
Beitrag: »Norm oder Neigung?«, S. 166ff

Sbrzesny, Heide, Dr. rer. nat.,
Biologin, Studienrätin, von 1970 bis 1975 wissenschaftliche Mitarbeiterin der Forschungsstelle für Humanethologie, von 1970 bis 1975 verschiedene Felduntersuchungen bei den Buschleuten, ebenso 1976, 1983 und 1993, seit 1978 im Schuldienst.
Beitrag: »Spielend lernen«, S. 110ff

Schiefenhövel, Grete,
Kieferorthopädin, in den Jahren 1970 bis 1971, 1974 bis 1975, 1980 und 1990 Felduntersuchungen bei den Roro, den Pawaia und den Faiwolmin in Papua Neuguinea, bei den Eipo und den Trobriandern.
Beitrag: »Das Kind auf die Erde legen«, S. 70ff

Schiefenhövel, Wulf, Dr. med.,
Professor an der Universität München, Ethnomediziner und Humanethologe, seit 1975 wissenschaftlicher Mitarbeiter der Forschungsstelle für Humanethologie, Lehrbeauftragter an den Universitäten München und Innsbruck, seit 1965 Felduntersuchungen in Melanesien und Indonesien.
Beiträge: »Marginalie«, ab S. 10; »Die Eipo«, S. 26ff; »Die fünf Kulturen im Überblick«, S. 66f; »Das Kind auf die Erde legen«, S. 70ff; »Schön von innen und außen«, S. 190ff; »Höhepunkte des Lebens«, S. 196ff; »Beschreibung der Ethnographika«, S. 204ff

Schleidt, Margret, Dr. rer. nat.,
Humanethologin und Psychotherapeutin, Schülerin von Konrad Lorenz, seit 1974 wissenschaftliche Mitarbeiterin der Forschungsstelle für Humanethologie, Lehrbeauftragte an der Universität Innsbruck.
Beitrag: »Hier bin ich, wo bist Du?«, S. 78ff

Senft, Barbara,
Grundschullehrerin, Heilpädagogin, in den Jahren 1983 und 1989 ethnologische und ethnopädagogische Felduntersuchungen bei den Trobriandern.
Beitrag: »mwasawa«, S. 100ff

Senft, Gunter, Dr. phil.,
Privatdozent an der Technischen Universität Berlin, Sprachwissenschaftler, 1981-1989 wissenschaftlicher Mitarbeiter der Forschungsstelle für Humanethologie, seit 1990 wissenschaftlicher Mitarbeiter der Forschungsgruppe Kognitive Anthropologie am Max-Planck-Institut für Psycholinguistik Nijmegen, Niederlande, seit 1982 Felduntersuchungen bei den Trobriandern.
Beitrag: »mwasawa«, S. 100ff

Sütterlin, Christa, Dr. phil.,
Kunsthistorikerin, 1980 bis 83 wissenschaftliche Mitarbeiterin am Institut für Medizinische Psychologie der Universität München, seit 1983 wissenschaftliche Mitarbeiterin der Forschungsstelle für Humanethologie, 1990 Felduntersuchungen bei den Trobriandern.
Beiträge: »Kindsymbole«, S. 118ff; »Angst und Angstbewältigung«, S. 146ff; »Die Macht der Zeichen«, S. 152ff

Tramitz, Christiane, Dr. phil.,
Psycholinguistin, seit dem Jahr 1986 wissenschaftliche Mitarbeiterin der Forschungsstelle für Humanethologie, Stipendiatin der Deutschen Forschungsgemeinschaft.
Beitrag: »Subtile Ermutigung«, S. 134ff

Uher, Johanna, Dr. phil.,
Kunstwissenschaftlerin, 1987 bis 1992 wissenschaftliche Mitarbeiterin der Forschungsstelle für Humanethologie, 1991 Felduntersuchungen in Südafrika, seit 1993 wissenschaftliche Assistentin am Lehrstuhl für Allgemeine Pädagogik der Universität Erlangen-Nürnberg.
Beiträge: »Die Macht der Zeichen«, S. 152ff; »Schützende Muster«, S. 160ff; »Beschreibung der Ethnographika«, S. 204ff

Wiessner, Polly, Ph.D.,
Ethnologin, Archäologin, Lehrbeauftragte an der Universität München, seit 1981 Mitarbeiterin der Forschungsstelle für Humanethologie, 1973 bis 1977 Felduntersuchungen bei den !Kung-Buschleuten und 1985 bis 1988 bei den Enga im Hochland von Papua Neuguinea.
Beiträge: »Die Buschleute«, S. 16ff; »Hxaro«, S. 174ff

Literaturverzeichnis

Ainsworth, M.D.S. 1969. Object relations, dependency, and attachment: A theoretical review of the infant-mother relationship. *Child Development* 40:969-1025

Ainsworth, M.D.S., E. Blehar, E. Waters und S. Wall 1978. *Patterns of attachment*. Hillsdale:Lawrence Erlbaum Ass.

Anati, E. 1980. *La civilisation du Val Camonica*. Paris:Arthaud

Anisfeld, E., V. Casper, M. Nozyke und N. Cunningham 1990. Does infant carrying promote attachment? An experimental study of the effects of increased physical contact on the development of attachment. *Child Development* 61:1617-27

Arnheim, R. 1965. *Kunst und Sehen. Eine Psychologie des schöpferischen Auges*. Berlin:de Gruyter

Barnard, A. 1992. *Hunters and herders of southern Africa: A comparative ethnography of the Khoisan Peoples*. Cambridge:Cambridge University Press

Behm-Blancke, G. 1991. Zur Vorstellungswelt des Homo erectus von Bilzingsleben. In *Menschenwerdung. Millionen Jahre Menschheitsentwicklung - natur- und geisteswissenschaftliche Ergebnisse*. J. Herrmann und H. Ullrich (Hrsg.), SS. 287-295. Berlin:Akademie Verlag

Bell, S.M. und M.D.S. Ainsworth 1972. Infant crying and maternal responsiveness. *Child Development* 43:1171-90

Bell-Krannhals, I. 1990. *Haben um zu geben. Eigentum und Besitz auf den Trobriand-Inseln, Papua Neuguinea*. Basler Beiträge zur Ethnologie, Bd. 31. Basel:Museum für Völkerkunde

Bischof, N. 1985. *Das Rätsel Ödipus*. München:Piper

Blest, A. 1957. The function of eye-spot patterns in the Lepidoptera. *Behaviour* XI:209-255

Bowlby, J. 1958. The nature of the child's tie to the mother. *International Journal of Psychoanalysis* 39:350-73

Bowlby, J. 1969. *Attachment and Loss*. Bd. 1. New York:Basic Books

Bruner, J.S., A. Jolly und K. Sylva (Hrsg.) 1978. *Play. Its role in development and evolution*. Harmondsworth:Penguin

Budack, K. 1987. Inter-ethnic relations as expressed in name-giving and cultural mimicry. *Namibia* 11:41-53

Caporeal, L.R. 1981. The paralanguage of caregiving: Baby talk to the instrumentalized aged. *Journal of Personality and Social Psychology* 40:876-884

Casparek-Türkkan, E. 1991. *Teddybären*. München:Heyne

Chagnon, N.A. 1983. *Yanomamö: The fierce people*. New York:Holt, Rinehart and Winston

Chance, M.R.A. 1967. Attention-structure as the basis of primate rankorders. *Man* 2:503-518

Cieslik, J. und M. Cieslik 1979. *Puppen. Europäische Puppen 1800-1930*. München:Mosaik

Cooper, R.P. und R.N. Aslin. 1990. Preference for infant-directed speech in the first month after birth. *Child Development* 61:1584-95

Coss, R. 1968. The ethological command in art. *Leonardo* 1:273-287

Coss, R. 1970. The perceptual aspects of eye-spot patterns and their relevance to gaze behavior. In *Behaviour studies in psychiatry*. S. und C. Hutt (Hrsg.):121-147. Oxford:Pergamon Press

Coss, R. 1974. Reflections on the evil eye. *Human Behavior* 3, 10:16-22

Darwin, Ch. 1872. *The expression of emotions in man and animals*. London, Murray

Darwin, Ch. 1875. *Die Abstammung des Menschen*. Stuttgart: Scheizerbart

Daucher, H.M. 1967. *Künstlerisches und rationalisiertes Sehen*. München:Ehrenwirt

Dunbar, B. 1988. *Primate Social Systems*. London:Croom Helm

Eibl-Eibesfeldt, I. 1950. Über die Jugendentwicklung des Verhaltens eines männlichen Dachses (Meles meles L.) unter besonderer Berücksichtigung des Spiels. *Zeitschrift für Tierpsychologie* 7:327-355

Eibl-Eibesfeldt,I. 1960, ^{7}1984, ^{8}1991 überarb. *Galápagos. Die Arche Noah im Pazifik*. München:Piper

Eibl-Eibesfeldt,I. 1966. Ethologie, die Biologie des Verhaltens. In *Handbuch der Biologie II*. SS. 341-559. Frankfurt:Akademische Verlagsgesellschaft, Athenaion

Eibl-Eibesfeldt, I. 1967, ^{7}1987. *Grundriß der vergleichenden Verhaltensforschung*. München:Piper

Eibl-Eibesfeldt, I. 1970, ^{2}1975. *Ethology - The Biology of Behavior*. New York:Holt,Rinehart and Winston

Eibl-Eibesfeldt, I. 1970, ^{13}1987. *Liebe und Haß. Zur Naturgeschichte elementarer Verhaltensweisen*. München:Piper

Eibl-Eibesfeldt, I. 1972. *Die !Ko-Buschmanngesellschaft. Aggressionskontrolle und Gruppenbindung*. München:Piper

Eibl-Eibesfeldt, I. 1973. *Der vorprogrammierte Mensch. Das Ererbte als bestimmender Faktor im menschlichen Verhalten*. Wien:Molden; 1976, ^{5}1984 München:dtv; 1986 Kiel: Orion Heimreiter

Eibl-Eibesfeldt, I. 1973. The expressive behavior of the deaf-and-blind born. In *Social communication and movement*. M.v.Cranach und I. Vine (Hrsg.):163-194. London: Academic Press

Eibl-Eibesfeldt, I. 1975, ^{2}1984. *Krieg und Frieden aus der Sicht der Verhaltensforschung*. München:Piper

Eibl-Eibesfeldt, I. 1976. *Menschenforschung auf neuen Wegen*. Wien:Molden; 1984 München:Goldmann

Eibl-Eibesfeldt, I. 1979. Functions of ritual. Ritual and ritualization from a biological perspective. In *Human Ethology: Claims and limits of a new discipline*. M.v.Cranach, K. Foppa, W. Lepenies und D. Ploog (Hrsg.):3-93. London:Maison des Sciences de l'Homme and Cambridge University Press

Eibl-Eibesfeldt, I. 1981. Stammesgeschichtliche und kulturelle Ritualisierung. *Nova acta Leopoldina*, N.F. 54 Nr. 245:722-729

Eibl-Eibesfeldt, I. 1982, ^{2}1985. *Die Malediven. Paradies im Indischen Ozean*. München:Piper

Eibl-Eibesfeldt, I. 1983. Patterns of parent-child interaction in a cross-cultural perspective. In *The Behaviour of Human Infants* A. Oliverio und M. Zappella (Hrsg.): 177-217. New York:Plenum Press

Eibl-Eibesfeldt, I. 1984, ^{2}1986. *Die Biologie des menschlichen Verhaltens. Grundriß der Humanethologie*. München: Piper

Eibl-Eibesfeldt, I. 1988. *Der Mensch, das riskierte Wesen. Zur Naturgeschichte menschlicher Unvernunft*. München:Piper

Eibl-Eibesfeldt, I. 1991. *Das verbindende Erbe*. Köln:Kiepenheuer & Witsch

Eibl-Eibesfeldt, I. 1992. *Und grün des Lebens goldner Baum. Erfahrungen eines Naturforschers*. Köln:Kiepenheuer & Witsch

Eibl-Eibesfeldt, I. und H. Hass 1967. Neue Wege der Humanethologie. *Homo* 18:13-23

Eibl-Eibesfeldt, I. und H. Hass 1985. Sozialer Wohnbau und Umstrukturierung der Städte aus biologischer Sicht. In *Stadt und Lebensqualität. Neue Konzepte auf dem Prüfstand der Humanethologie und der Bewohnerurteile*. I.Eibl-Eibesfeldt, H.Hass, K.Freisitzer, E.Gehmacher & H.Glück (Hrsg.):49-84. Stuttgart:DVA; Wien:Österr.Bundesverlag

Eibl-Eibesfeldt, I., W. Schiefenhövel und V. Heeschen 1989. *Kommunikation bei den Eipo - Eine humanethologische Bestandsaufnahme*. Berlin:Reimer

Eibl-Eibesfeldt, I., G. Senft und B. Senft 1987. Trobriander (Ost-Neuguinea, Trobriand-Inseln, Kaile'una) Fadenspiele »ninikula«. Publikationen zu Wissenschaftlichen Filmen, Sektion Ethnologie, Serie 15, Nr. 25/E 2958. Göttingen: IWF

Eibl-Eibesfeldt, I. und Ch. Sütterlin 1985. Das Bartweisen als apotropäischer Gestus. *Homo* 36, 4:241-250

Eibl-Eibesfeldt, I. und Ch. Sütterlin 1992. *Im Banne der Angst. Zur Natur- und Kunstgeschichte menschlicher Abwehrsymbolik*. München:Piper

Eibl-Eibesfeldt, I. und W. Wickler 1968. Die ethologische Deutung einiger Wächterfiguren auf Bali. *Zeitschrift für Tierpsychologie* 25:719-726.

Ellworth, Ph., M. Carlsmith und A. Henson 1972: The stare as a stimulus to flight in human subjects. A series of field experiments. *Journal of Personality and Social Psychology* 21, 3:302-311

Erikson, E.H. 1950. *Childhood and Society*. New York:Norton & Co.

Frank, R.H. 1988. *Passions within Reason*. New York:Norton & Co.

Fraser, D. 1965. The heraldic women: A study in diffusion. In *The many faces of primitive art*. D. Fraser (Hrsg.):36-99. New Jersey:Englewood & Cliff

Fromm, E. 1974. *Anatomie der menschlichen Destruktivität*. Stuttgart:DVA

Fullard, W. und A.M. Reiling 1976. An investigation of Lorenz's »babyness«. *Child Development* 47:1191-1193

Gardner B.T. und L. Wallach 1965. Shapes and figures identified as baby's head. *Perceptual and Motor Skills* 20:135-142

Gardner, R.A. und B.T.Gardner 1969. Teaching sign language to a chimpanzee. *Science* 165:664-672

Gehlen, A. 1940 *Der Mensch, seine Natur und seine Stellung in der Welt.* Berlin:Athenäum

Gombrich, E. 1984. *The sense of order. A study in the psychology of decorative art.* Oxford:Phaidon Press

Goodall, J. 1986. *The Chimpanzees of Gombe.* Cambridge:Belknap Press

Goodall, J. 1991. *Ein Herz für Schimpansen.* Reinbeck bei Hamburg:Rowohlt

Gould, S. J. 1980. *The panda's thumb. More reflections in natural history.* New York, London:Norton & Co.

Grammer, K. 1982. *Wettbewerb und Kooperation: Strategien des Eingriffs in Konflikte unter Kindern einer Kindergartengruppe.* Dissertation, Universität München.

Grammer, K. 1988. *Biologische Grundlagen des Sozialverhaltens.* Darmstadt:Wissenschaftliche Buchgesellschaft

Grammer, K. 1993. My Home is My Castle. In *Funkkolleg Der Mensch, Anthropologie heute.* W. Schiefenhövel, Ch. Vogel und G. Vollmer (Hrsg.) Studieneinheit 16. Tübingen:Deutsches Institut für Fernstudien

Grammer, K. und K. Atzwanger 1992. Wie Du mir, so ich dir: Freundschaften, Verhaltensstrategien und soziale Reziprozität. In *Evolution, Erziehung, Schule.* Ch. Adick und U. Krebs (Hrsg.):171-194. Erlanger Forschungen, Reihe A, Bd.63. Nürnberg:Universität Erlangen-Nürnberg

Grammer, K., W. Schiefenhövel, M. Schleidt, B. Lorenz und I. Eibl-Eibesfeldt 1988. Patterns on the face. *Ethology* 77:279-299

Grossmann, K. E., P. August, E. Fremmer-Bombik, A. Friedl, K. Grossmann, H. Scheurer-Englisch, G. Spangler, C. Stephan und G. Suess 1989. Die Bindungstheorie: Modell und entwicklungspsychologische Forschung. In *Handbuch der Kleinkindforschung.* H. Keller (Hrsg.):31-55. Heidelberg:Springer

Hall, J. A. 1984. *Nonverbal sex differences.* Baltimore:John Hopkins

Harlow, H. F. 1958. The nature of love. *American Psychologist* 13:673-685

Hass, H. 1968. Wir Menschen. Wien:Molden

Hassenstein, B. 1973. *Verhaltensbiologie des Kindes.* München:Piper

Heinz, H. J. 1966. *The social organisation of the !Ko-Bushmen.* Dissertation, Dept. of Anthropology, University of South Africa, Johannesburg

Herzog, G. 1990. *Patanoetheri. Eine Dorfgemeinschaft der Yanomami im südlichen Venezuela.* Hohenschäftlarn:Klaus Renner

Herzog-Schröder, G. 1992. Ich und die anderen. Fremd und vertraut. In *Funkkolleg Der Mensch, Anthropologie heute* W. Schiefenhövel, Ch. Vogel, G. Vollmer (Hrsg.). Studieneinheit 12. Tübingen:Deutsches Institut für Fernstudien,

Hess, E. 1965. Attitude and pupil size. *Scientific American* 212, 4:46-54

Hess, E. 1977. *Das sprechende Auge.* München:Kindler

Hinde, R. und L. A. Barden 1985. The evolution of the Teddy Bear. *Animal Behaviour* 33:1371-1372

Hold, B.C.L. 1976. Attention-structure and rankspecific behaviour in preschool children. In *The Social Structure of Attention.* M.R.A. Chance und R.R. Larsen (Hrsg.):177-201. London:Wiley & Sons

Hold-Cavell, B.C.L. und D. Borsutzky 1986. Strategies to obtain high regard: A longitudinal study of a group of preschool children. *Ethology and Sociobiology* 7:39-56

Hooff, J. A. R. A. van 1967. The facial displays of the catarrhine monkeys and apes in *Primate ethology.* D. Morris (Hrsg.):7-68. London:Weidenfeld and Nicolson

Huffmann, M. 1987. Consort intrusion and female mate choice in Japanese Macaques (Macaca fuscata). *Ethology* 75:221-234.

Huizinga, J. 1981. *Homo Ludens. Vom Ursprung der Kultur im Spiel.* Hamburg:Rowohlt

Keller, H. und R. Boigs 1991. The development of exploratory behavior in *Infant development:perspectives from German speaking countries.* M. E. Lamb und H. Keller (Hrsg.):275-297. Hillsdale:Lawrence Erlbaum Ass.

Kecskesi, M. 1982. *Kunst aus dem alten Afrika.* Innsbruck:Pinguin

Kitahara-Frisch, J. 1980. Symbolizing Technology as a Key to Human Evolution in *Symbol as sense.* M. Foster und S. Brandes (Hrsg.):211-223. New York:Academic Press

Koch, G. 1984. *Malingdam. Ethnographische Notizen über einen Siedlungsbereich im oberen Eipomek-Tal, Zentrales Bergland von Irian Jaya (West-Neuguinea), Indonesien.* Berlin:Dietrich Reimer

Koenig, O. 1975. *Urmotiv Auge. Neuentdeckte Züge menschlichen Verhaltens.* München:Piper

Kohts, N. 1935. *Jungaffe und menschliches Kind.* Moskau

Konner, M. 1977. Infancy among the Kalahari Desert San in *Culture and infancy.* P.H. Leiderman, S.R. Tulkin und A. Rosenfeld (Hrsg.):287-328. New York:Academic Press

Kummer, H. 1971. *Sozialverhalten der Primaten.* Berlin:Springer

Kummer, H. 1991. Evolutionary Transformations of Possessive Behavior in *To have possessions: A handbook on ownership and property.* F.W. Rudmin (Hrsg.), *Journal of Social Behavior and Personality* [Special Issue] 6, 6:75 - 83

Lee, R.B. 1979. *The !Kung San: Men, women and work in a foraging society.* Cambridge:Cambridge University Press

Lee, R.B. 1984. *The Dobe !Kung.* New York:Holt, Rinehart and Winston

Lee, R.B. und I. DeVore 1968. *Kalahari hunter-gatherers: Studies of !Kung San and their neighbors.* Cambridge:Cambridge University Press.

Lewis-Williams, D. und Th. Dowson 1989. *Images of power. Understanding Bushman rock art.* Johannesburg:Southern Book Publishers

Lommel, A. 1962. *Motiv und Variation.* München:Staatliches Museum für Völkerkunde

Loots, G.M.P. 1985. *Social relationships in groups of children: An observational study.* Dissertation, Universität Amsterdam

Lorenz, K. 1935. Der Kumpan in der Umwelt des Vogels. *Journal für Ornithologie* 83:137-213 u. 289-413

Lorenz, K. 1943. Die angeborenen Formen möglicher Erfahrung. *Zeitschrift für Tierpsychologie* 5, 2:235-409.

Lorenz, K. 1973. *Die Rückseite des Spiegels.* München:Piper.

Lorenz, K. 1984. *Das sogenannte Böse. Zur Naturgeschichte der Aggression.* München:Piper

Main, M., N. Kaplan und J. Cassidy 1985. Security in infancy, childhood, and adulthood: A move to the level of representation in *Growing points of attachment theory and research.* I. Bretherton und W. Waters (Hrsg.):66-106. Monography Social Research Child Development 50

Malan, J.S. 1973. The Herero speaking peoples of Kaokoland. *Cimbebasia*, Ser.B, Nr. 2

Malinowski, B. (1922) 1978. *Argonauts of the Western Pacific. An Account of Native Enterprise and Adventure in the Archipelagoes of Melanesian New Guinea.* London:Routledge & Kegan Paul

Malinowski, B. (1929) 1968. *The sexual life of savages in North-Western Melanesia.* London:Routledge & Kegan Paul

Malinowski, B. (1935) 1978. *Coral Gardens and Their Magic. A Study of the Methods of Tilling the Soil and of Agricultural Rites in the Trobriand Islands*, vol.I: *The Description of Gardening*, vol.II: *The Language of Magic and Gardening.* New York: P.R.Reynolds

Markl, H. 1986 *Evolution, Genetik und menschliches Verhalten. Zur Frage wissenschaftlicher Verantwortung.* München:Piper

Marshall, L. 1976. *The !Kung of Nyae Nyae.* Cambridge:Harvard University Press

Mauss, M. 1923/24. Essai sur le don: Forme et raison de l'échange dans les sociétés archaïques. *L'Année Sociologique.* Paris:Presses Universitaire

McGrew, W. C. 1992. *Chimpanzee material culture: Implications for human evolution.* Cambridge:Cambridge University Press

Mead, M. 1935. *Sex and temperament in three primitive societies.* New York:William Morrow

Medicus, G. 1985, Evolutionäre Psychologie in *Evolution, Ordnung und Erkenntnis.* J.A. Ott, G.P. Wagner und F.M. Wuketits (Hrsg.):126-150. Berlin:Parey

Medicus, G. und S. Hopf 1990. The Phylogeny of Male/Female Differences in Sexual Behavior in *Pedophilia. Biosocial dimensions.* J.R. Feierman (Hrsg.):122-149. New York:Springer

Metzger, W. 1936, 2^{1}1954. *Gesetze des Sehens.* Frankfurt/M.:Suhrkamp

Montagner, H., A. Restoin, D. Rodriguez, V. Ullmann, M. Viala, D. Laurent und D. Godard 1988. Social interactions of young children with peers and their modifications in relation to environmental factors in *Social Fabrics of Mind.* M.R.A. Chance (Hrsg.):237-255. Howe, London:Lawrence Erlbaum Ass.

Morris, D. 1963. *Biologie der Kunst.* Düsseldorf:Karl Rauch

Naaktgeboren, C. und E. Slijper

1970. *Biologie der Geburt.* Hamburg:Parey

Nickel, H. und U. Schmid-Denter 1980. *Sozialverhalten von Vorschulkindern.* München:Ernst Reinhardt

Ozols, J. 1988. Zur Ikonographie der eiszeitlichen Handdarstellungen. *Antike Welt*:46-52.

Papousek, M. 1985. Umgang mit dem schreienden Säugling. *Sozialpädiatrie* 7:294-300

Plutarch. *De mulierum virtutibus.* Zitiert in S. Reinach *Cultes, mythes et religions.* IV. Paris:Leroux:117

Pöschl, U. 1985. Die vertikale Gebärhaltung der Trobriander in Papua Neuguinea. *gynäkologische praxis* 9:207-220

Popper, K.R. 1984. *Auf der Suche nach einer besseren Welt.* München:Serie Piper 699

Premack, D. 1971. Language in Chimpanzees. *Science* 172:808-822

Rajecki, D.W., M.W. Lamb und P. Obmascher 1978. Towards a general theory of infantile attachment: A comparative review of aspects of the social bond. *The Behavioural and Brain Sciences* 3:417-464

Reinach, S. 1912. *Cultes, mythes et religions.* IV. Paris:Leroux.

Robinson, Ch., J. Lockard und R. Adams 1980. Who looks at a baby in public. *Ethology and Sociobiology* 1:87-91.

Rousseau, J.-J. 1762. Du contrat social ou principes du droit politique

Sahlins, M. 1972. *Stone age Economics.* New York:Aldine de Gruyter

Sbrzesny, H. 1976. *Die Spiele der !Ko-Buschleute – unter besonderer Berücksichtigung ihrer sozialisierenden und gruppenbindenden Funktionen.* München:Piper

Schiefenhövel, G. und W. Schiefenhövel 1990. Wie zeichnen unbeeinflußte Bewohner des Berglandes von Neuguinea? in *Kinder denken in Bildern.* H.Daucher (Hrsg.):219-227. München:Piper

Schiefenhövel, W. 1984. Bindung und Lösung. Sozialpraktiken im Hochland von Neuguinea in *Bindung und Besitzdenken beim Kleinkind.* C. Eggers (Hrsg.):51-80. München:Urban und Schwarzenberg

Schiefenhövel,W. 1988. Geburtsverhalten und reproduktive Strategien der Eipo – Ergebnisse humanethologischer und ethnomedizinischer Untersuchungen im zentralen Bergland von Irian Jaya (West-Neuguinea). Berlin:Reimer

Schiefenhövel, W. 1990. Kulturvergleichende und verhaltensbiologische Überlegungen zur Geburt in *Wissenschaftskolleg zu Berlin, Jahrbuch 1988/89.* W. Lepenies (Hrsg.):184-205. Berlin:Nicolaische Verlagsbuchhandlung

Schiefenhövel, W. 1990. Ethnologisch-humanethologische Feldbeobachtungen zur Interaktion mit Säuglingen in *Der unruhige Säugling.* M.J. Pachler und H.-M. Straßburg (Hrsg.):25-40. Lübeck:Hansisches Verlagskontor

Schiefenhövel, W. 1991. Eipo in *Encyclopedia of World Cultures, vol.II, Oceania.* T.E. Hays (Hrsg.):55-59. Boston:G.K.Hall & Co.

Schiefenhövel, W. 1991. Ethnomedizinische und verhaltensbiologische Beiträge zur pädiatrischen Versorgung. *Curare* 14,4:195-204

Schiefenhövel, W. 1992. Zwischen Patriarchat und Matrilinearität – Melanesische Antworten auf ein biopsychologisches und soziokulturelles Problem in *Interdisziplinäre Aspekte der Geschlechterverhältnisse in einer sich wandelnden Zeit.* K.F.Wessel & H.A.G.Bosinski (Hrsg.):144-164. Bielefeld:Kleine

Schiefenhövel, W. 1992. Naturvölker als Naturwissenschaftler. *P.M.Perspektive »Naturvölker«*: 40-43

Schiefenhövel, W. und I. Bell-Krannhals 1986. Wer teilt, hat teil an der Macht: Systeme der Yams-Vergabe auf den Trobriand Inseln, Papua-Neuguinea. *Mitteilungen der Anthropologischen Gesellschaft in Wien* 116:19-39

Schiefenhövel, W. und I.Eibl-Eibesfeldt 1989. Verhaltensbiologische Grundlagen frühkindlicher Sozialisation – Ergebnisse kulturenvergleichender Forschung in *Kindliche Entwicklung in der Industriegesellschaft.* Schriftenreihe der Deutschen Liga für das Kind in Familie und Gesellschaft 20:33-46

Schiefenhövel, W., K.Grammer und I.Eibl-Eibesfeldt 1988. Stadtethologie: Methoden und erste Ergebnisse verhaltensbiologischer Untersuchungen in einigen Wiener Wohnanlagen. In *Wie wohnen wir morgen? Dokumentation des Int. Symp. »Lebensqualität in der Großstadt – Wohnbau und Wohnumfeld unter Einbeziehung biologischer Aspekte«.* Institut für Stadtforschung (Hrsg.):173-190. Wien.

Schiefenhövel, W., Ch. Vogel und G. Vollmer (Hrsg.) 1992/93. Funkkolleg *Der Mensch. Anthropologie heute.* Tübingen:Deutsches Institut für Fernstudien

Schjelderup-Ebbe, T. 1922. Soziale Verhältnisse bei Vögeln. *Zeitschrift für Tierpsychologie* 90:106-107.

Schleidt, M. 1989. Die humanethologische Perspektive: Menschliche Frühentwicklung aus ethologischer Sicht in *Handbuch der Kleinkindforschung.* H.Keller (Hrsg.):15-29. Heidelberg:Springer

Schleidt, M. 1992. Halt mich fest, laß mich los in *Funkkolleg Der Mensch, Anthropologie heute.* W. Schiefenhövel, Ch. Vogel, G. Vollmer (Hrsg.) Studieneinheit 9. Tübingen:Deutsches Institut für Fernstudien

Schuster, M.und H. Beisl 1978. *Kunst Psychologie.* Köln:Du Mont

Senft, B. 1985. Kindheit in Tauwema. Die ersten 7 Jahre im Leben der Kinder auf den Trobriand-Inseln. Andechs, Frieding:Mimeo

Senft, B. und G. Senft 1986. Ninikula – Fadenspiele auf den Trobriand-Inseln, Papua-Neuguinea, *Baessler-Archiv,* NF 34:93-235.

Senft, G. 1986. *Kilivila The Language of the Trobriand Islanders.* Berlin:Mouton de Gruyter

Senft, G. 1991. Prolegomena to the Pragmatics of »Situational Intentional« Varieties in Kilivila Language. In *Levels of Linguistic Adaptation. Selected Papers from the 1987 International Pragmatics Conference. Part II..* J. Verschueren (Hrsg.): 235-248

Shostak, M. 1981. *Nisa: The life and works of a !Kung woman.* Cambridge:Harvard University Press

Silberbauer, G.B. 1981. *Hunter and habitat in the Central Kalahari Desert.* Cambridge:Cambridge University Press

Souter, G. 1963. New Guinea:The last unknown. Sydney

Spitz, R. 1965. *The first year of life.* New York:International Press

Sternglanz, S.H., J.L. Gray und M. Murakami 1977. Adult preferences for infantile facial features: An ethological approach. *Animal Behaviour* 25:108-115

Sütterlin, Ch. 1989: Universals in apotropaic symbolism: A behavioral and comparative approach to some medieval sculptures. *Leonardo* 22, 1:65-74

Tanaka, J. 1980. *The San hunter-gatherers of the Kalahari.* Tokyo:University of Tokyo Press

Tiger, L. 1969. *Men in groups.* New York:Random House

Tramitz, C. 1990. *Auf den ersten Blick.* Wiesbaden:Westdeutscher Verlag

Tramitz, C. 1993. *Versteh mich. Die weibliche Körpersprache und ihre Wirkung auf den Mann.* München:C. Bertelsmann (Dezember 1993)

Uher, J. 1991: *Die Ästhetik von Zick-Zack und Welle. Ethologische Aspekte zur Wirkung linearer Muster.* Dissertation, Universität München

Uher, J. (im Druck 1993) Zigzag rock art. Ethological aspects in Bushmen rock art. In *Diversity in Khoisan Rock Art research.* D. Lewis-Williams und Th. Dowson (Hrsg.). Hamburg:Buske

Verschueren, J. (Hrsg.) (1991): *Levels of linguistic adaptation. Selected Papers from the 1987 International Pragmatics Conference. Part II.* Amsterdam:John Benjamins

Waal de, F.B.M. 1982. *Chimpanzee politics.* London:Allen & Unwin

Waal de, F.B.M. 1991. *Wilde Diplomaten, Versöhnung und Entspannungspolitik bei Affen und Menschen.* München:Carl Hanser

Wagner, H. 1974. Signs, symbols, and interaction Theory. *Social Focus* 7, 2:101-111

Wertheimer, M. 1925: *Drei Abhandlungen zur Gestalttheorie.* Erlangen

Wickler, W.und U. Seibt 1984/85. Formenreihen aus alter Zeit. *Mannheimer Forum* 84/85:173-236

Wiessner, P. 1977. Hxaro: A regional system of reciprocity for reducing Risk among the !Kung San. Dissertation, Ann Arbor Michigan:University Microfilms

Wiessner, P. 1982. Risk, reciprocity and social influences on !Kung San economics. In *Politics and History in Band Societies.* E. Leacock und R. Lee (Hrsg.): 61-84. Cambridge:Cambridge University Press

Wiessner, P. 1986. !Kung San networks in a generational perspective. In *The Past and Future of !Kung Ethnography.* M. Biesele, R. Gordon und R. Lee (Hrsg.):103-136. Hamburg:Helmut Buske

Wilmsen, E. N. 1989. *Land filled with flies.* Chicago:University of Chicago Press

Wilson, E.O. 1975. *Sociobiology: The new synthesis.* Cambridge, Mass.:Belknap Press – Harvard University Press

Zerries, O. 1964. *Waika. die kulturgeschichtliche Stellung der Waika-Indianer des oberen Orinoko im Rahmen der Völkerkunde Südamerikas.* München:Renner

Zerries, O. und M. Schuster 1974. *Mahekodotedi, Monographie eines Dorfes der Waika-Indianer (Yanoama) am oberen Orinoko (Venezuela).* München:Renner.

Bildnachweis

Böck-Büchner, Bärbel: Zeichnungen 125 Mi. u. (u. li. nach J.und M. Cieslik 1979), 169

Eibl-Eibesfeldt, Bernolf: 36 li.

Eibl-Eibesfeldt, Irenäus: Titel und S.3, 14, 15 o., 16, 17, 18/19, 20, 21, 22, 23, 24, 25, 26 li., 30, 34, 35 li., 38/39, 40, 41, 42, 43, 44 o., 45, 48/49, 50/51, 53, 54, 55, 60, 61, 68/69 Mi.o. u., 79, 80, 82, 83 li., 87, 91, 104, 112, 113 u., 117 li., 119, 122, 131 o., 140 o., 148 o., 149 u., 150 u., 151 re. o. Mi.u., 156 Mi., 159, 160, 161, 162 u., 165 li.o., 167 re. o. Mi. u., 172, 176, 179, 188 o., 197, Rücktitel re. Mi.u.

Heunemann, Annette: 162 o.

Heunemann, Dieter: 4 o., 8 li.o., 9 u., 11, 15 u., 26/27, 32, 46 li., 46/47, 52, Rücktitel li.o.

Herzog, Harald: 5 (2.v.o.), 36/37, 44 u., 101, 165 re.o., 181, 182, Rücktitel li.u..

Herzog-Schröder, Gabriele: 183, 185

Hold-Cavell, Barbara: 95

Kacher, Hermann: Zeichnungen 149 Mi., 154 o.

Krell, Renate: 4 u., 5 o., 56 li, 58/59, 62, 63 u., 64 re.o.u., 65, 86 li.o.u., 81, 84, 85, 86 li.o.u., 89, 90, 102/103, 106, 111, 113 o., 115, 126 u., 127 li.o., 131 u., 150 o., 151 li.Mi., 155 u., 158 o., 162 Mi., 163 u., 164 u., 167 li.o., 187, 189 li.o., 202-215, 216 o.u.Mi., Rücktitel li. Mi.

Krell, Wolfgang: 216 u.

Lorenz, Konrad: 123

Schiefenhövel, Grete: 28/29, Rücktitel re.o.

Schiefenhövel, Wulf: 4 Mi., 5 (3.v.o.), 8 u., 9 o., 31, 33, 35 re., 56/57, 63 o., 64 li., 69 re. o. u., 71, 72/73, 75, 76, 83 re., 86 re., 105, 114, 117 re.,126 o., 127 re. o. u., 130, 139, 140 u., 141, 143, 144, 145, 153, 164 o., 164/165 u., 188 li.u., 188/189 u., 189 re.o., 191, 192, 193, 194, 195, 198, 199, 200

Senft, Barbara: 107, 108, 109

Sütterlin, Christa: 155 re. o. Mi., 156 u., 157 Mi.

Uher, Johanna: 163 o.

Wiessner, Polly: 175

S. 154 o. aus: W.Wickler und U.Seibt (1984/85) Nr. 13 a-q, Zeichnung: H. Kacher

S. 154 u., a, b aus: A. Lommel (1962) Nr. 53, 54, c aus: Valencia, R.de und Sujo Volski, J. (1987) Nr. 102, d aus: E. Anati (1980) Nr. 9, 10, e aus: A. Lommel (1962) Nr. 101

S. 155 re.o. Galerie Sonnenfels, Wien, Foto: C. Sütterlin

S. 156 o. aus: J. Ozols (1988) Nr. 9.1,3 und 10.7

S. 156 u. Völkerkundemuseum Dresden, Foto: C. Sütterlin

S 157 o. aus: A. Schweeger-Hefel (1981) Nr. 23 b. Mit freundlicher Genehmigung der Galerie Fred Jahn, München

S. 158 u. aus: Hannoversche Fibel (1930), Schulbuchsammlung der Universität Erlangen-Nürnberg

Karten: S. 66 li.o., re. o. u., R. Krell, li. u. J. Yellen; S. 67 li. o., G. Herzog-Schröder, Mi. re. o., re. u., R. Krell, li. u Mi. nach I. Eibl-Eibesfeldt

Bilder aus 16 mm-Filmen von I. Eibl-Eibesfeldt: 88, 93, 96, 98, 99, 116, 121, 125, 129, 132, 133, 135, 136, 137, 147, 148 u., 149 o., 155 li., 171, 173

Bildunterschriften:

S. 146-163 C. Sütterlin, J. Uher; alle weiteren W. Schiefenhövel

Register

A
Abstammung 66f., s.a. matrilinear, s.a. patrilinear
Abstammungsregeln 66
Abstraktion, -Gesicht 156f.
Abwendung 87
Abwehr, -Gestik 146ff.,161f., -Zauber 148f.
Aggression 92ff.,98f.,142ff., 148f.,158, -Abblockung142, 144, -Gruppen 145
Agta, Philippinen 136
Ahnen, -Geister 52f.
Ahnfrau 74
Allianzen 40,174ff.,184,186, s.a. Hxaro
Ambivalenz, -Verhalten 88, 134f., -Gefühle 145
Amulett 149,161
Analogie 170
Androgynie 194
Angola 50f.,67
Angst 80,87f.,95,146ff., Achtmonatsangst 88, -Bewältigung 146ff.,149, -Trennungsangst 79,88
Anonymität 140
Anpassung, -stammesgeschichtlich 130f.,142ff., -Neuanpassung 140
Ansehen 63,94,97
Apotropaion 150,162f.
Arbeitsbereiche,- geschlechtsspezifisch 42
Arimawetheri 182, s.a. Yanomami
Attrappe 87,148,162f.
Aufmerksamkeit 95, -Spiele 103
Augengruß 86, 129,133
Augen, -Kontakt 86, -Motiv 161ff.
Ausdrucksbewegungen 132f., -Verhalten 148ff.
Auseinandersetzungen 180f., s.a. Konflikte
Auslegerboote, Kanu 56f.,60,62
Austronesier 30,60,67
Autorität 55

B
Babysprache 84ff.
Barnard, A. 20
Baumbestattung 31
Bartweisen 150f.
Begrüßung 45
Behaviorismus 131f.
Bemalung 60, s.a. Schmuck
Beruhigungssaugen 80
Beschneidung 53
Besitz, Besitzer 22,60,87,99, 166ff., -abgeben 170f., -Anspruch 166,170, -Norm 168,173, -Recht 170,173, -territorialer 173, -Verhalten 168ff.
Bestattung 31,184,186

Betelnuß 62f.
Bezugsperson 79,82,84,87,91
Bindung 78ff.,199, -Gruppen 198ff., -Konzept von Bowlby und Ainsworth 78,82f., -Mutter-Kind 78ff.,86ff., -Objekt 87ff.
Blick, -Kontakt 94f., -Verhalten 162f.
Botswana 68
Brutpflege 89ff.
Buschleute 16ff.,66,79,90, 92ff.,104,110ff.,120f.,131, 146f.,149,161, 172ff.,174ff., 179

C
Cook, James 60

D
Daumenlutschen 80f.
Dichtkunst 35
Dominanz 92ff.,145, -Recht 173, -Verhalten 149
Dorf, s.a. Wohnen
Droge 40,44,63
Drohen, -Gebärde 98,142, 148ff.,161, -Masken 162f., -Mimik 163, -phallisches 148f.

E
Ehe 35, -partner 34f.,55,62, -Trennung 35
Eigendarstellung 45
Eipo 26ff.,66,70ff.,82f.,86,88, 90,94,112,114,117,129, 132f.,140,143ff.,148,155, 193f.,198f.
Eipomek 26ff.,66
Eltern 144
Emotionen, 134f.,affiliativ/agonal 145, -Kind 88f.,130, -Reaktionen 174
Entrecasteau, Antoine de 60
Ernährung, s.a. Nahrung
Erntewettbewerb, kayasa 200f.
Erstgebärende 64,70ff.
Erziehung 84,96,98f.
Evolution, -kulturelle 145
Exogamie 35,55
Exploration, -Verhalten 88ff.,91,112f.

F
Fadenspiel, Mwasawa 100ff.
Familie 62,90f.,184, -Klan 63
Feind 183, -Schema 146, s.a. Krieg
Felsenmalereien 154,156,163,198
female bonding 113
Feste 196ff., -Ernte 61,65,194, -Heirat 62, -Palmfruchtfest 40, -Totenfeste 62
Fetisch 123,150,190

Feuer, -Heiliges 52, -Herstellung 34
Fischer 61
Flechtarbeiten 65
Flirt 133ff., -Signale 137
Frauen 34,113,134ff., -Haus 32,70,74
Freiheit 99
Friede 94,145, -stiften 186
Führer, 34,44, -Spiel 85,116f., -Verhalten 84f., s.a. Häuptlinge
Fürsorge, -Eltern 144, -Verhalten 85
Furcht 146ff., -Fremdenfurcht 88f.

G
Gärten, Gartenbau 31,40, 66f., 104,145
Gast, Gastgeber 45,185
Geben und Nehmen 62,84,172f.,184
Geburt, Gebären, 32,34,65, 70ff.,107, -Hilfe 74ff.,107, -Körperhaltung 72,74
Geister 65
Geld 65
Gesang 190
Geschenke 35,56,172f.,174ff., s.a. Hxaro
Geschlechtsrolle 42,113f.,134f.,193f.
Gesellschaft, -akephale 34
Gesicht, -Bemalung 194, -Darstellung 156f.,162, -Erkennung 156, -Spielgesicht 100
Gestaltgesetze 160
Gestaltwahrnehmung 156
Gestik 100,135ff.,148ff.
Green, F. 51
Grundnahrungsmittel 61,66, s.a. Nahrung
Gruppe 91, -Größe 44,140
G/wi, s.a. Buschleute

H
Hackordnung 92
Häuptling 34,55,60,62,64,67, -paramount-chief (Trobr.) 62, -proehewe (Yanomami) 44
Heiler 44,52,75, s.a. Schamane
Heilformel 75
Heirat 41,62,177,193, -Allianzen 184
Herero 50ff.
Hierarchie 54f.,92,168
Hilfe 63,74f.,85
Himba 46ff.,66,88,91,120, 122, 135,172
Hxaro 172,174ff.

I
Idol 123
Imitation 42,99,110ff.

Imponieren, -Abbildungen 156, -Gehabe 92,99, -Haltung 155
Initiation, Initiand 198
Insektennahrung 31f.
Instinkt-Dressur-Verschränkung 166
Inzest, -Vermeidung 62,108f.
Irian Jaya 155

J
Jagd 21,32,42,63,114,179, 182,185
Jäger und Sammler 25f.,99, 131,175ff.,179

K
Kaduwaga, Trobriand Inseln 64
Kaileuna, Trobriand Inseln 60ff., 70
Kalahari 20ff.,99,104,146,175
Kampf 142f., -Scheinkämpfe 115
Kannibalismus 34, -Endokannibalismus 36
Kauri 190
Khoe, s. Buschleute
Khoisan s. Buschleute
Kilivila 60,109
Kindchenschema 91,112,123f.
Kinder 68ff, Kindergarten 94ff.,948,117, -Gruppen 34,89,90,94f.,100f.,110ff., -Kleinkinder 90f.,110,112f., -Sterblichkeit 74
Kindstötung (Abort) 74,192
Kiriwina, Trobriand Inseln 60ff.
Klan 62f.,74, -Klanexogamie 35,62
!Ko, s. Buschleute
Kokospalme 61,65
Kommunikation 78,80,84ff., -Abbruch 87,144, -akustisch 80,84ff., -Kunst 149ff., -Schrift 158, -soziale 141
Kompetenz, soziale 92f.
Konflikte 24,43,94f.,144f.,180
Kontakt 82, -Anbahnung 134ff., -Bereitschaft 87, -Blick 87, -Vermeidung 87, -Spiel 96f., s.a. Gruppen, s.a. Körper, s.a. Mutter-Kind
Körper, -Kontakt 34,74,81ff., 112, -Sprache 134f., 136f. s.a. Geburt
Krieg 34,66f.,145,180f.
Kula, Tauschsystem 66f.,198ff.
Kultur 91, -materielle 40, -spezifische Zeichen 157, -Wandel 55, -Wesen 130,157
!Kung, s. Buschleute
Kunst, -Kommunikation 148ff.
Kwakiutl 172

L
Lächeln 87,134f.
Lagim, Abschlußbrett

62,65,159
Laute 82f.
Lernen 84,88f.,90f.,131,166, -Kindergruppen 90f., -kulturspezifisch 90f., -soziokulturell 90f.
Liebe 35,91
Lieder 35,66,190,198
Losuia, Trobriand-Inseln 62

M
Macht, -Streben 144
Männer, -Aggressivität 144, -Haus 28,32,144, -Kontaktanbahnung 135ff.
Mahekototheri 182, s.a Yanomami
Malan, J.S. 51
male bonding 113
Masawa 58f.,62,65
matrilinear 55,62,194
Medizin 65
Medizinmann 38, s.a. Schamane, s.a. Heilkundiger
Medlpa 151
Melanesien 62,80
Melonentanz 116
Menschenaffen s. Primaten, nicht-menschliche
Menstruation 32,70
Mikronesien, Inseln 61
Milchritual 54f.
Mimik 81,100,133,149, -Drohen 142, s.a. Spielgesicht
Mimikry, -Status 173
Missionen 60,65f.
Munggona, Neuguinea 28,74,142,190
Musik 49,65,117,194
Mutter 74f.,80f.,90
Mutter-Kind 78ff.,86f.,90,103, -Körperkontakt 22f.,80ff.,88
Mwali 56, s.a. Kula
Mwasawa 100ff.
Mythen, Mythos 35,65,104, 196

N
Nahrung 21ff.,30ff.,40,42ff., 52,61f., -Abgabe 184f., -Erwerb 176, -Geschenke 176, -Neugeborene 80, -Pflanzen 56,61,66f., -Tausch 175f.
Nauru, Trobriand-Inseln 60
Neugeborenes 76f.
Neugier 87f.,90,130
Neuguinea 30
Neuropeptide 144,
Ninikula, Fadenspiel (Trobriand-Inseln) 104ff.
Normen 43,116,166f.,170, -Druck 138, -Filter 147

O
Ökonomie, anthropologische 174
Omarakana 60
Ontogenese 132,134
Orinoco 36,180
Ornamente 152ff.,158ff.

Ovamboland 52

P
Padre Cocco 182
Palmfruchtfest 42
Pandanus, Schraubenbaum 58,61
Papua 30,94,112
Papua Neuguinea 60,190
Partnerschaften 179, s.a. Ehe, s.a Hxaro, s.a. Tausch
Patanoetheri 182, s.a. Yanomami
patrilinear 34,55
Peniskalebasse 148
Pfeile 22,44,182ff., -Gift 22,24,182, -Spitzen 45, s.a. Rahaka
Pflanzer 31f.,61
Phallus 149
Phylogenese 81,128ff.
Phytophilie 141
Polygynie 194
Polynesien 155
Ponape 61
Primaten, nicht-menschliche 79f.,88,90,92f.,142,146, 157,161,166,170,172f., -Besitzverhalten 170,172f., -Malen 161,166,170, -Sprachfähigkeit 157
Propaganda 145
Prolaktin 22
Pseudospeziation, kulturelle 30
Puppen 42,55,118ff.,123f.

R
Rahaka, Pfeilspitze 180ff.
Rang 60,63,92ff., -Kindergruppen 96ff.
Rechte und Pflichten 55,62
Regenmenge 21,30
Religion 194,196,199, -Vorstellungen 65
Reziprozität 170,176f.
Rhythmusspiele 100
Rituale 52f.,65,185,196,198f., -Bindungsgespräche 45, s.a. Geben und Nehmen

S
Säugling 22,34,80ff.,86f., -Sterblichkeit 34
Sagopalme 61
San, s. Buschleute
Schamane, - shapori (Yanomami) 24f.,44f.,180ff., s.a. Heiler
Schamweisen 74,149
Schema, -Bildung 155
Schmerz 75f.,87f.,146,182
Schmuck 33,52,64,107,161, 190ff.
Schönheit 190ff.
Schnitzkunst 65
Selbstdarstellung 157,193
Selbstvertrauen 91
Sexualpartner 62, -Anspielungen 109
Shapono 36,40,182

Sicherheit 88,91, -Objekte 124f.
Signal, -Verständnis 125
Souter, George 30
Sozialisation 34,42,91,98f., 103, 110ff.,114ff.
Sozial, -Kontrolle 138, -Netze 187, -Partner 117,178f., -Regeln 43, -Struktur 55, -Verhalten 168f.
Soziobiologie 92
Speisen, s. Nahrung
Spiel 95ff.,98, 100ff.,103f, 108f., -Einüben von Verhalten 42, -Fadenspiele 100ff., -Gesicht 100,112, -Gruppen 89,95f.,112ff.,116f., -Kultur 116f., -Partner 96f. -Raufspiele 42,98, -Verhalten 88
Spielzeug 42,97,120
Spotten 99
Sprache 157, -Babysprache 84ff., -Kilivila 109, -Papua 30, -Spiel 109, s.a. Buschleute
Stadtethologie 138ff.
Status 176f.,196, -Kindergruppen 96ff., -Mimikry 173
Stein, -Werkzeuge 32,40, -Schleuder 63
Stillen 32,78,80,82,86
Streit 97
Subspeziation 132
Süßkartoffel 66
Superzeichen 154
Surrogate 118ff. s.a. Puppe
Symbolik 65,107,118ff.,152ff., 157,184,187, -Abwehr 149f., -Verhalten 115f., 177
Symmetriefigur 155

T
Tabak 62
Tabu 62,75,109, Totentabu 187
Tanz 24f.,38,113,190ff.,198f., s.a.Trancetanz, s.a. Melonentanz
Taub-Blind-Geborene 133,162
Tausch 45,62, -Geschenke 200f., -Objekte 40,45,62, 184,187f., -Partner 25,45, 62f.,172f.,178f., -Systeme 62ff.,187f., s.a. Kula, s.a. Hxaro
Tauwema 61,64f.,70,191,199
Technologien 22
Teddy-Bär 118ff.
Teilen 45,171,185
Territorialität 142,157,173
Testosteron 144
Tod 31,34,178,186f.
Todeszauber 65
Töten 24,144f.,180,187
Totem 31
Toten, -Asche 36,186, -Fest 62
Tourismus 61
Traglasten 82,
Tragling 81
Trance-Tanz 23f.
Trobriand, Denis de 60

Trobriander, Trobriand Inseln 56ff,67,81,84f.,89ff.,100, 102ff.,104,110f.,113,115, 120,130,133,140,153, 166ff.,172,191f.,194f.,197
Trost 81f., -Kindergruppen 116
Trotzreaktion 89
Tshukhwe 20

U
Unterstützen 97f.
Universalien 123ff.,128ff., 142ff.,199, -Spiel 103

V
Vater 79,90
Venezuela 67
Ventilsitten 109
Verhalten 81ff.,90ff., 100ff., 168f., - Ambivalenz 88, -angeboren 86,132,139,148, -Dispositionen 140,145, -Gebährverhalten 77, -kulturspezifisch 91,148, -Taub-Blind-Geborene 133,162, -Steuerungen, biopsychologische 91,125, Abwehr, s.a. Bindung, s.a. Drohen, s.a. Exploration, s.a. Sozial
Verspotten 99,116
Verwandte 55,103,174ff., -Struktur 44f., -Verband 43
Viehzucht 52,67
Vielweiberei 55,64

W
Waffen 32,145,180ff.
Wahrnehmungsleistungen 160
Waika, s. Yanomami
Weinen 82ff., 144
Werkzeuge 32,40
Wettbewerb 43,94,98,193, -Ernte 200f.
Wettermagie 65
Wissen, -Vermittlung 104
Witwe 61,194
Wochenbett 32,70
Wohnungen 40ff.,52,66f.,131, 138ff., -Zufriedenheit 141

X
!Xo, s. Buschleute

Y
Yams 56, 60f. 65, 166, -Ernte 62,65,104,200f., -Häuser 60f.
Yanomami 36ff.,67,87,100f., 113,133,173,180ff.

Z
Zauber 65,74f., -Abwehr 148ff., -Heiler 38, s.a. Schamane
Zeremonien 198f., -Besuchs 184, -Bestattung 31,187, -Zahnfeil 52, -Yams 166,200f.

© 1993 Realis Verlags-GmbH, München
Alle Rechte vorbehalten
Titel der Originalausgabe: Im Spiegel der anderen

Lizenzausgabe für den Verlag Langen Müller
in der F.A. Herbig Verlagsbuchhandlung GmbH, München
Konzeption: Cornelius Büchner
Schutzumschlag: Wolfgang Heinzel, München,
unter Verwendung eines Fotos von Irenäus Eibl-Eibesfeldt
Satz und Reproduktionen: Realis Verlags-GmbH
Gesetzt aus: Souvenir und Frutiger
Druck und Binden: Danubiaprint š.p.
Printed in Slovacia 1993

ISBN 3-7844-2463-5

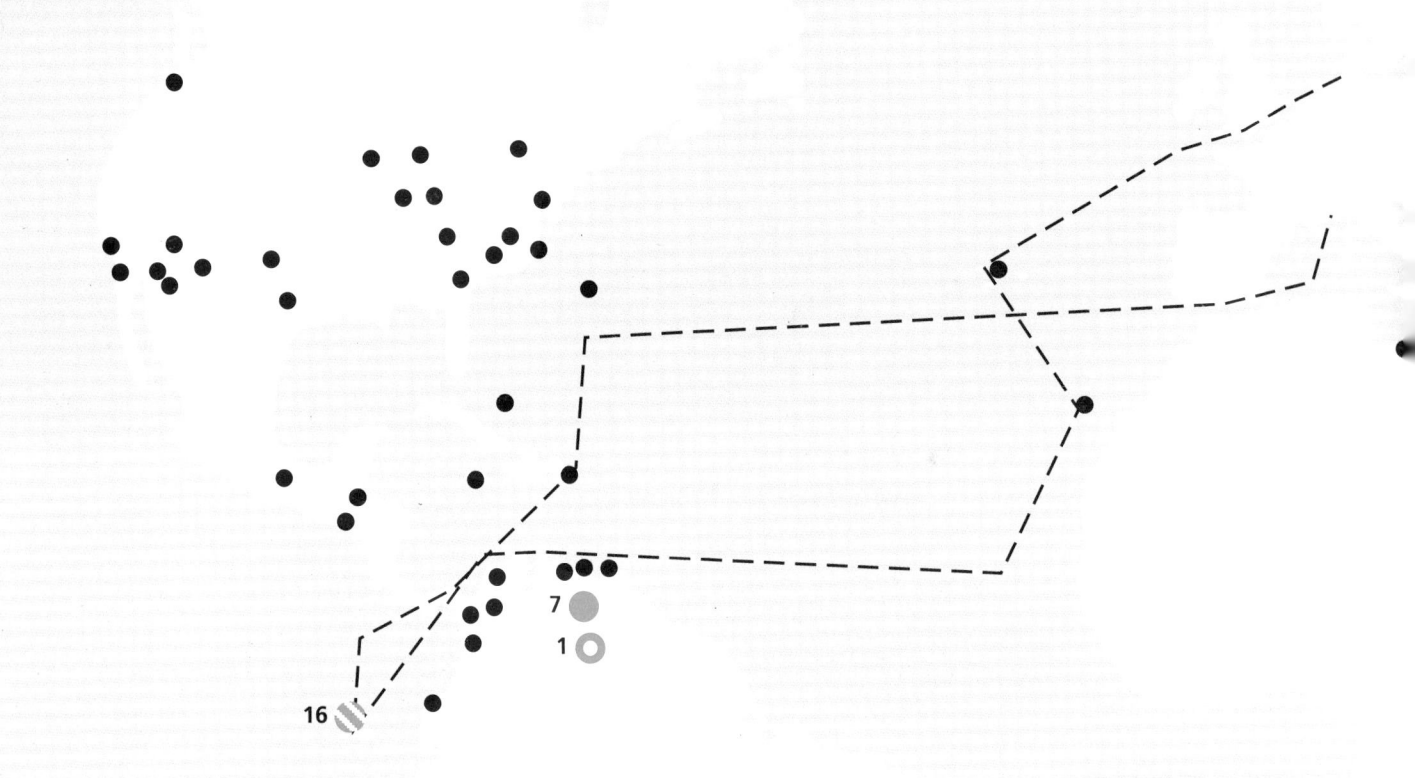

○ *Humanethologische Langzeitstudien außerhalb Europas (Hauptarbeitsgebiete)*

1 Yanomami, 2 Himba, !Kung-Buschleute, 3 !Ko- und G/wi-Buschleute, 4 Balinesien, 5 Eipo, 6 Trobriander

● *Einmalige Dokumentationsreisen*

7 Hoti, 8 Ayoreo (Moro), 9 Gidjingali, 10 Pintubi und Walbiri, 11 Agta, 12 Tasaday, Blit und Tboli, 13 Karamojo, Turkana, 14 Woitapmin, Daribi, Kukukuku und Biami, 15 Samoaner

▨ *Zoologische Arbeitsgebiete*

16 Galápagos, 17 Tanganjika, 18 Malediven

● *Besuchte Orte außerhalb Europas*

---- *Route der 1. und 2. »Xarifa-Expedition«*